国家社科基金项目（06XSH017）资助

自然灾害与社会易损性

郭跃

— 著 —

中国社会科学出版社

图书在版编目（CIP）数据

自然灾害与社会易损性／郭跃著．—北京：中国社会科学出版社，
2013.8

ISBN 978-7-5161-3204-3

Ⅰ.①自…　Ⅱ.①郭…　Ⅲ.①自然灾害—社会学—研究
Ⅳ.①X43-05

中国版本图书馆 CIP 数据核字（2013）第 213818 号

出 版 人	赵剑英	
责任编辑	关　桐	
责任校对	李　莉	
责任印制	王炳图	

出　　版	中国社会科学出版社	
社　　址	北京鼓楼西大街甲 158 号　（邮编 100720）	
网　　址	http：//www.csspw.cn	
	中文域名：中国社科网　010-64070619	
发 行 部	010-84083685	
门 市 部	010-84029450	
经　　销	新华书店及其他书店	

印　　刷	北京君升印刷有限公司	
装　　订	廊坊市广阳区广增装订厂	
版　　次	2013 年 8 月第 1 版	
印　　次	2013 年 8 月第 1 次印刷	

开　　本	880×1230　1/32	
印　　张	11.875	
插　　页	2	
字　　数	310 千字	
定　　价	36.00 元	

凡购买中国社会科学出版社图书，如有质量问题请与本社联系调换
电话：010-64009791

目　　录

前言 ……………………………………………………………（1）

第一章　绪论 …………………………………………………（1）

一　自然灾害及其社会易损性研究的由来 …………………（1）

（一）自然灾害 ………………………………………………（1）

（二）灾害的社会易损性研究的由来 ………………………（5）

二　灾害的社会易损性研究现状 ……………………………（7）

（一）国外自然灾害易损性研究的现状 ……………………（7）

（二）国内自然灾害易损性研究的现状 ……………………（10）

三　灾害社会易损性的研究意义 ……………………………（12）

第二章　灾害社会易损性的研究方法 ………………………（17）

一　社会调查与描述 …………………………………………（17）

二　点与面相结合的评估分析 ………………………………（18）

三　主成分、因子分析法 ……………………………………（20）

（一）主成分分析法 …………………………………………（20）

（二）因子分析法 ……………………………………………（23）

四　层次分析法 ………………………………………………（26）

五　地理信息系统的空间分析与应用 ………………………（29）

（一）3S 技术简介 ……………………………………………（29）

（二）3S 技术的结合 …………………………………………（33）

六　社会综合评判的数学方法 ………………………………（34）

（一）人工神经网络 …………………………………………（34）

（二）模糊综合评判法 ……………………………（38）

（三）灰色模型分析法 ……………………………（39）

第三章　灾害研究的起源与发展 ………………………（42）

一　环境决定论与或然论 ………………………………（42）

二　人类生态学派 ………………………………………（44）

三　灾害行为学派 ………………………………………（47）

四　区域灾害系统学说 …………………………………（49）

（一）致灾因子论 …………………………………（49）

（二）孕灾环境论 …………………………………（52）

（三）承灾体论 ……………………………………（54）

（四）区域灾害系统论 ……………………………（55）

五　人地关系失衡论 ……………………………………（57）

第四章　灾害系统的组成 ………………………………（62）

一　灾害系统概述 ………………………………………（62）

二　自然环境系统 ………………………………………（64）

（一）大气圈：气象气候灾害子系统 ……………（64）

（二）水圈：水文灾害子系统 ……………………（72）

（三）岩石圈：地质灾害子系统 …………………（76）

（四）生物圈：生物灾害子系统 …………………（80）

三　人为环境系统 ………………………………………（81）

（一）基础设施 ……………………………………（81）

（二）房屋建筑 ……………………………………（83）

四　人类社会系统 ………………………………………（86）

（一）人口 …………………………………………（87）

（二）文化 …………………………………………（88）

（三）政治 …………………………………………（89）

（四）经济 …………………………………………（91）

（五）信息交流 ……………………………………（92）

第五章　自然灾害的社会学审视 ……………………（94）
　一　自然灾害的属性 ………………………………（94）
　　（一）自然灾害的自然属性 ……………………（94）
　　（二）自然灾害的社会属性 ……………………（96）
　二　自然灾害的社会学视野 ………………………（98）
　　（一）功能主义视角的自然灾害 ………………（98）
　　（二）冲突论视角的自然灾害 …………………（99）
　三　自然灾害的社会学性质 ………………………（100）
　　（一）灾害最终结果的社会性 …………………（101）
　　（二）灾害过程的社会性 ………………………（101）
　　（三）灾害原因的社会性 ………………………（101）
　　（四）灾害和社会的双向互动性 ………………（102）
第六章　自然灾害与社会经济活动 …………………（104）
　一　自然灾害与社会经济活动相互作用的基本关系 ……（104）
　二　自然灾害与社会经济活动的历史动态 …………（107）
　三　自然灾害对社会经济活动造成的破坏 …………（110）
　　（一）自然灾害造成社会人员伤亡 ……………（111）
　　（二）自然灾害造成社会经济损失 ……………（115）
　四　自然灾害和社会经济活动的相互作用 …………（118）
　　（一）自然灾害与区域资源开发 ………………（119）
　　（二）自然灾害与生命线系统工程 ……………（125）
　　（三）自然灾害与公共医疗和紧急救援队伍建设 …（130）
　　（四）自然灾害与社会经济秩序 ………………（132）
　五　自然灾害与社会经济活动的耦合分析 …………（133）
　　（一）区域社会经济活动的评价：区域社会
　　　　　经济活动强度 …………………………（134）
　　（二）区域自然灾害评价：区域灾害损毁模数 ……（136）
　　（三）重庆市区域社会经济活动与自然灾害

　　　　的耦合分析 ……………………………………（137）
第七章　灾害易损性的概念与性质 …………………（147）
　　一　自然灾害与易损性 ……………………………（147）
　　二　易损性的含义 …………………………………（149）
　　三　社会易损性概念模型及框架 …………………（152）
　　　　（一）作为风险成分的易损性模型 …………（153）
　　　　（二）BBC 易损性框架 ……………………（153）
　　　　（三）压力和减轻模型（PAR）……………（154）
　　　　（四）地方易损模型 ……………………………（155）
　　　　（五）灾害社会易损性概念模型 ……………（156）
　　四　风险、脆弱性与易损性 ………………………（157）
　　　　（一）风险 …………………………………（157）
　　　　（二）脆弱性 ………………………………（159）
　　五　灾害易损性的性质 ……………………………（160）
　　　　（一）易损性的存在既是普遍的，又是特殊的 ……（160）
　　　　（二）易损性的表现形式是多种多样的 ………（161）
　　　　（三）易损性的强弱是动态变化的 …………（161）
　　　　（四）易损性的形态既是有形的，又是无形的 ……（162）
　　六　易损性的识别 …………………………………（162）
第八章　影响灾害易损性的主要社会因素 …………（166）
　　一　人口特征 ………………………………………（167）
　　二　社会结构 ………………………………………（167）
　　　　（一）社会经济活动 ……………………………（168）
　　　　（二）社会组织结构和社会资本 ……………（169）
　　　　（三）社会保障制度 ……………………………（171）
　　　　（四）社会冲突的协调能力 ……………………（171）
　　三　社会文化 ………………………………………（172）
第九章　区域自然灾害社会易损性评价 ……………（176）

一　区域自然灾害社会易损性评价流程 …………………（176）

二　区域自然灾害社会易损性评价指标体系 …………（177）

（一）评价指标选取的原则 …………………………（178）

（二）灾害社会易损性指标体系的设计 ……………（179）

（三）自然灾害社会易损性评价指标体系框架 ……（180）

三　社会易损性评价的模型和计算 …………………（188）

第十章　国外灾害易损性评估及易损性分析案例 ………（191）

一　灾害通用易损性指数 ……………………………（191）

二　灾害风险指数系统（DRI）中的易损性指标 ……（194）

三　美国社会易损性指数（SoVI）………………………（196）

四　斯里兰卡飓风易损性分析 ………………………（202）

（一）21 号热带气旋 …………………………………（202）

（二）灾害的房屋损失 ………………………………（203）

（三）斯里兰卡案例的社会易损性分析 ……………（206）

（四）易损性分析的结论 ……………………………（216）

五　关于灾害易损性评价的评述 ……………………（217）

第十一章　中国自然灾害社会易损性评价 ………………（221）

一　中国自然灾害的基本特征 ………………………（222）

（一）自然灾害类型多样、强度大、频率高、

损失严重 ………………………………………（222）

（二）自然灾害灾害链、灾害群多发 ………………（229）

二　中国自然灾害发生的自然背景 …………………（231）

（一）地质地貌环境成灾因子 ………………………（231）

（二）气象气候环境成灾因子 ………………………（233）

（三）水文环境成灾因子 ……………………………（235）

三　中国自然灾害发生的社会背景 …………………（236）

（一）人口驱动因子 …………………………………（237）

（二）社会结构与经济发展驱动因子 ………………（239）

　　　（三）灾害文化驱动因子 ……………………………（243）
　四　中国自然灾害社会易损性评价指标体系 …………（244）
　　　（一）中国自然灾害社会易损性评价指标的筛选……（245）
　　　（二）数据基础与处理 ………………………………（246）
　　　（三）指标权重的确定 ………………………………（248）
　　　（四）社会易损度的计算及等级划分 ………………（250）
　五　中国自然灾害社会易损性评价 ……………………（250）
　　　（一）中国社会人口易损性评价 ……………………（251）
　　　（二）中国社会结构易损性评价 ……………………（253）
　　　（三）中国灾害社会文化易损性评价 ………………（255）
　　　（四）中国灾害社会易损性的综合评价 ……………（257）
　六　中国自然灾害社会易损性区域分析 ………………（262）
　　　（一）东部经济地带自然灾害社会易损性
　　　　　　区域分析 ……………………………………（262）
　　　（二）中部经济地带自然灾害社会易损性
　　　　　　区域分析 ……………………………………（265）
　　　（三）西部经济地带自然灾害社会易损性
　　　　　　区域分析 ……………………………………（268）
　　　（四）结果分析 ………………………………………（271）

第十二章　重庆市自然灾害及其社会驱动因子分析 ……（275）
　一　重庆市自然灾害概况 ………………………………（275）
　　　（一）灾害种类多，影响范围广，并以旱灾、
　　　　　　暴雨洪灾和地质灾害为主 …………………（276）
　　　（二）气象灾害出现频繁、呈明显的时空差异 ……（283）
　　　（三）地质灾害类型多、数量多，且常与其他自然
　　　　　　灾害相伴发生，形成破坏严重的灾害链 ……（284）
　　　（四）自然灾害呈现周期缩短、损失加重的趋势 ……（284）
　二　重庆市自然灾害的自然地理背景 …………………（285）

（一）地形地貌因素 ……………………………………（286）

（二）气象气候因素 ……………………………………（288）

三　重庆市自然灾害的社会驱动因子分析 …………（294）

（一）重庆市灾害的人文地理背景 …………………（294）

（二）自然灾害的社会驱动因子分析 ………………（297）

第十三章　重庆市自然灾害社会易损性评价 …………（306）

一　重庆市区域灾害社会易损性评价体系的构建 ……（306）

二　重庆市自然灾害社会易损的系统评价 …………（308）

（一）基础数据采集与处理 …………………………（308）

（二）重庆市区域人口易损系统评价 ………………（308）

（三）重庆市区域社会结构易损系统评价 …………（311）

（四）重庆市区域社会文化易损系统评价 …………（315）

（五）重庆市区域自然灾害易损系统评价 …………（317）

三　重庆市自然灾害社会易损性综合评价 …………（320）

四　评价结论 …………………………………………（324）

五　重庆市自然灾害社会易损性评价结果验证 ………（325）

（一）建立验证模型 …………………………………（326）

（二）拟合结果分析 …………………………………（326）

第十四章　灾害易损性分析在防灾减灾中的应用 ………（329）

一　社会易损性分析为灾害政策制定开辟了新的
理解范式 …………………………………………（329）

（一）人类应当承担灾害的主要责任 ………………（330）

（二）从更为广阔的视角认识灾害及其后果 ………（330）

（三）放弃导致短期行为的思维模式 ………………（331）

（四）减灾行为不是固定的而是动态的 ……………（332）

（五）维系自然环境和修复生态平衡才是减灾
的最高境界 ……………………………………（332）

二　社会易损性分析是制定减灾防灾规划和政策

　　　的一个重要依据 ……………………………… （333）
　　（一）自然灾害形成的社会因素的分析依据 ……（333）
　　（二）自然灾害重点防御区域确定的前提 ………（333）
　　（三）自然灾害的区域防御及救济能力
　　　　　评价的依据 ……………………………… （334）
　　（四）灾害应急管理的一个重要支撑 …………（335）
　　（五）正确选择防灾救灾对策的科学依据 ………（336）
三　重庆市防灾减灾的社会对策与措施 …………（337）
　　（一）重点关注和保护弱势群体，减少灾害
　　　　　对人们的伤害 …………………………（337）
　　（二）推进易损职业减灾进程和科技投入，
　　　　　提升灾害的抵御能力 ………………………（338）
　　（三）进一步完善社会组织结构，增强社会
　　　　　的抗灾能力 …………………………………（339）
　　（四）加强贫困地区的基础设施的建设，增强
　　　　　社会的承灾能力 ………………………………（340）
　　（五）加强城市地区的志愿者队伍建设，增强
　　　　　社区灾害自救的能力 …………………………（340）
　　（六）加强灾害危机管理队伍的建设，增强
　　　　　社会抗灾的驾驭能力 …………………………（342）
　　（七）保证社会安全稳定，减轻灾害损失 …………（343）
　　（八）利用制度创新，降低社会的易损性 ………（344）
　　（九）积极推进灾害保险，提高社会的救灾
　　　　　保障和恢复能力 ………………………………（345）
　　（十）提高社会文化素养，增强社会防灾
　　　　　减灾意识 ……………………………………（346）
第十五章　全球化与自然灾害社会易损性 …………（348）
一　全球化及其本质特征 ……………………………（348）

二　全球化背景下的自然灾害发展新特点 ……………（351）

三　全球化引起灾害社会风险的增加 ………………（354）

四　全球化对灾害社会易损性的双重影响 …………（356）

　　（一）全球化发展对自然灾害的社会易损性缓冲……（356）

　　（二）全球化发展对自然灾害的社会易损性加剧……（359）

五　全球化背景下的防灾减灾全球合作的必要性 ……（360）

六　全球化背景下自然灾害社会易损性研究的趋势……（361）

前　言

　　随着人类社会的发展，人类的教育科技和创新能力不断增强，开发利用自然资源的能力也前所未有，社会财富生产和积累空前丰富，通信高度发达和普及，减灾防灾的技术手段和物质实力也大大增强，但是自然灾害肆虐人类社会的强度和频度却丝毫没有减弱，甚至愈来愈烈，造成的社会经济损失愈来愈严重。据世界自然灾情数据库相关资料统计表明，20 世纪 90 年代世界共发生 2975 次重大自然灾害事件，造成 11169 人口死亡，19.58 亿人口受灾，直接经济损失达 6995.65 亿美元；到 21 世纪的 2000—2009 年十年间，世界共发生 4491 次重大自然灾害事件，造成 838601 人口死亡，22.95 亿人口受灾，直接经济损失达 8903.05 亿美元。近年来，巨灾频临我们这个星球，对人类社会破坏更加惨重，2004 年 12 月 26 日，印度洋大地震和海啸造成 165708 人死亡，532898 人受灾，44.516 亿美元经济损失；2008 年 5 月 12 日四川汶川 8.0 级特大地震造成 87476 人遇难，45976596 人受灾，失踪 17923 人，直接经济损失达 850 亿美元；2010 年 1 月 12 日，加勒比岛国海地 7.3 级地震造成 22.2570 万人丧生，19.6 万人受伤，80 亿美元的经济损失，超过了海地的 GDP；2010 年 2 月 27 日智利 8.8 级强震造成 562 人遇难，2671556 人受灾，经济损失达 300 亿美元。2011 年 3 月 11 日，日本东北部海域发生里氏 9.0 级地震并引发海啸，造成 19846 人死亡，368820 人受灾，经济损失达 2100 亿美元。

　　在这严峻和残酷的灾难面前，我们不得不深刻反思：为什么社会进步了，技术先进了，财富丰富了，人类在自然灾害面前还是那样渺小，那样无奈？尽管我们在科学意义上探索和揭示自然灾害的发生、发展和空间分布格局，在工程技术上采取先进的手段和措施来抵御自然灾害都取得了积极的进展，但是我们仍然面临不断增长的灾害经济损失、减灾措施只是延缓灾难发生的时间、生态环境的恶化以及巨型的自然灾害面前无所作为的困境。我们需要宽广的视野，更新观念，重新认识人类社会自身行为的缺陷，重新认识自然与人类社会相互作用的复杂关系，把减灾防灾关注的重心焦点更多地从自然和工程技术领域转到人类社会系统及其易损性上。

　　21 世纪是人类社会高速发展的新时代，也是社会灾害管理形势更加严峻的时代。随着工业化和城市化的深入推进，人类的自然资源的开采利用强度大幅度增加，对自然环境的影响和干扰破坏更加深刻，更加迅速，人与自然之间的矛盾将更加尖锐，自然灾害引发因素将更加多样和复杂，人为因素更加突出，自然灾害造成的破坏已不是单一的结果，次生灾害的破坏性可能更大，对自然灾害形成机制的认知，防灾减灾措施的部署就不仅限于工程技术层面，而更多的是涉及社会层面，自然灾害的管理更加复杂。全球变暖是 21 世纪的一个时代特征，由于人类活动，特别是工业排放造成的温室气体的浓度的持续增加，使得地球的温室效应愈来愈明显，大气温度的升高，引起的极地冰川消融，海平面上升，极端天气的出现更加频繁，自然灾害管理的形势更加严峻和任务更加艰巨。经济全球化的浪潮席卷全球，这是 21 世纪的又一特征。在全球化背景下自然灾害对人类社会影响的范围和深度都在不断增大，未来自然灾害发生的频率和不确定性也在增加，极端的自然灾害事件越来越多、人为导致的自然灾害事件、技术风险性灾害事件在不断增加，这对人类灾害管理提出了严峻的挑战。

为适应减灾防灾的新形势，寻求立足于人类社会的减灾防灾新途径，作者于2006年向全国哲学规划办公室申请获得了"自然灾害的社会易损性研究：以重庆为例"的国家社科基金项目（06XSH017）。该项目着眼于人类社会，探索"人与自然灾害的关系"，围绕着自然灾害的社会易损性这一主题开展了四个层面的创新性工作：（1）基本理论层面：自然灾害易损性的概念模型、自然灾害的社会学特征、自然灾害易损性的性质、影响易损性的社会因素、自然灾害与人类社会经济活动的相互关系、区域自然灾害社会易损性的评价指标体系；（2）研究方法层面：区域自然灾害社会易损性评价的方法与程序，地理信息系统的空间分析，数学因子分析和耦合分析运用于自然灾害社会易损性的评价和自然灾害与社会经济活动耦合关系的验证；（3）灾害管理层面：灾害理解范式和灾害管理的新理念，建立减灾防灾政策的科学依据、减灾防灾的社会对策和措施；（4）实证研究层面：重庆市自然灾害的背景与灾害发生发展的社会机制、影响易损性因素、重庆社会易损性评价指标体系及易损性分析、社会易损性的空间规律及其控制因素和灾害最为易损的地区和人群的鉴别。

本书以"自然灾害的社会易损性研究：以重庆为例"课题成果为基础，结合国外相关研究成果，力图揭示自然灾害与社会易损性的相互关系，展现自然灾害的新认识，自然灾害社会易损性基本理论以及区域自然灾害社会易损性评价的框架和方法。全书共分十五章：第一章和第二章介绍了灾害易损性研究的由来、研究现状、研究意义和主要的研究方法，第三章回顾了灾害研究的起源与发展，第四章阐述了灾害系统的组成，第五章和第六章分析了自然灾害的社会学性质和自然灾害与社会经济活动的关系，第七章—九章探讨了灾害易损性的相关概念、影响因素和区域自然灾害易损性评价体系和评价流程，第十章介绍了国外灾害易损性评估指标和易损性分析的案例，第十一章—十三章是中国和重庆自然灾害社会易损性评价的实践，第十四章提出了基于灾害易损性分析的区域减灾防灾社会对策与措施，第十五章展望了全球化背景下的灾害社会易损性。

本书是我和我的研究生们5年来共同劳动的结果。各章的作者如下：

第一章，郭跃

第二章，龙亭芳、郭跃

第三章，赵振江、郭跃

第四章，陈余琴、郭跃

第五章，郭跃

第六章，赵振江、王建华、郭跃、高凯

第七章，郭跃、程晓昀、朱芳

第八章，郭跃、王海军

第九章，郭跃、赵为权、高凯

第十章，郭跃、陈余琴

第十一章，赵振江

第十二章，王建华

第十三章，郭跃、高凯、赵为全

第十四章，郭跃、程晓昀、朱芳

第十五章，赵振江、郭跃

自然灾害与易损性研究是一个跨学科的科学问题，它涉及自然、社会、经济、文化、道德伦理、心理等多种复杂因素，需要社会学家、科学家、经济学家、医学家和工程家等的合作，为寻求科学的减灾防灾方法，建立更加安全的、可持续发展的社会共同努力。

郭跃

2012 年 7 月 28 日

第一章　绪论

一　自然灾害及其社会易损性研究的由来

（一）自然灾害

自然灾害的含义是广泛的。一般认为，自然灾害系指人力迄今尚不能支配控制的、具有一定破坏性的各种自然力，通过非正常方式的释放而给人类造成的危害。在这个意义上，人们把灾害理解为我们通常看到的灾害的表面现象，看到地震、火山、泥石流、旱灾等现象，自然灾害是在日常生活之外的偶然事件。

随着人类在同自然灾害的斗争中不断发展，人们对自然灾害的认识也不断深化。马宗晋院士指出，"地球上的自然变异，包括人类与生物活动的诱发作用引起的自然变异，无时无地不在发生，当其变异强度给人类的生存和物质文明建设带来严重的危害时，即构成了自然灾害"①。叶义华先生认为，"自然灾害是自然界中物质运动变化的结果。其所以称为灾害，是因为这些自然现象的结果超出了一定的限度，并对人类的生存和环境产生了灾难性的危害。所以说，自然灾害就是那些会给人类生存和发展带来

---

① 马宗晋、高庆华：《减轻自然灾害系统工程初议》，施雅风、黄鼎成、陈泮勤《中国自然灾害灾情分析与减灾对策》，河北科技出版社 1992 年版，第 56 页。

各种祸害的自然现象"①。

因此，我们可以说自然灾害是自然和社会两种力量相互作用的结果，其影响可以通过个人和社会的调整来减轻。灾害损失是由于狭隘的、目光短浅的发展模式、文化内涵，甚至技术所造成的对自然环境破坏的后果（丹尼斯·米勒蒂，2004）。

通过对自然灾害概念的界定我们认识到，人们对自然灾害的界定或是侧重从自然灾害的成因，或是侧重自然灾害对人类社会造成的后果来进行的。依据概念的界定，人们对自然灾害进行了划分，大致有以下几种：

根据自然灾害致灾因子发生作用的时间可以分为缓变的和突发的两种。缓变的自然灾害如水土流失、土地沙漠化、盐渍化、气候的长周期演变、淡水趋势性减少等；突发性的自然灾害，如洪水、干旱、地震、暴风、火山、崩塌、滑坡、泥石流、地裂缝、海啸、海冰、冻害、雹灾、农林病虫害、森林火灾等。

根据自然灾害成因中自然致灾因素的主次关系可以分为自然灾害（纯粹的自然灾害）和社会灾害（人为的自然灾害）。自然灾害一词除了包括火山、地震、山崩、海啸等"纯粹的"自然灾害外，还应当包括诸如臭氧层变化、水体污染、水土流失、烟雾事件酸雨、森林火灾、全球气候异常、尘暴、沙漠化等打上了人类活动烙印的、深深地渗透着人为因素的自然灾害。即便像洪涝、干旱、暴雨、龙卷风等水文气象因素引发的自然灾害，其生成的更为深层的原因往往在于人类改造自然的种种盲目行为和失当行为（诸如滥伐森林、毁坏草原、围湖造田等），从而招致大自然的无情惩罚和报复。从这个意义上讲，自然灾害的频频发生

---

① 叶义华、许梦国、叶义成：《城市防灾工程》，冶金工业出版社1999年版，第96页。

可视为人与自然矛盾激化的一种"恶"的反映①。

自然灾害作为人与自然关系的一种反映，既包括有"纯自然灾害"，又包括大量的"人为灾害"。纯自然原因的灾害，通常具有人力不可抗拒和不可避免的性质，但人为因素间接引起的灾害，一般具有可以预测、防治和避免的性质。自然灾害损害人类利益，对人类社会的破坏效应十分明显：它破坏人类社会建立的秩序和组织结构；威胁人类生命健康，造成人员伤亡；破坏城镇、企业和房屋等工程设施；破坏铁路、公路、桥梁、航道等交通设施，威胁交通安全；破坏生命线工程、水利工程；破坏农作物、森林、树木资源、土地资源、水资源；破坏各种室内设施和财产。因此，认识自然灾害的本质，减轻和防御自然灾害对人类社会的破坏作用一直就是人类社会发展的一个重要任务。

随着现代人们对灾害研究的深入和人们防灾减灾实践的发展，人们对自然灾害的认知更加深入。自然灾害事实上是通过人与自然的关系而表现出的人与人的关系。无论是发达国家对于发展中国家的生态危机转嫁，还是由区域性污染而造成的社会公害，都充分证明：灾害的造成是少部分人对多数人或者是对全体人的危害；自然灾害的致灾因子中，人为的因素应付主要责任，"人类而非自然是导致灾害损失的根源"；自然灾害是系统性的。自然灾害的发生往往会引发、衍生其他次生灾害，而其自然灾害造成的对整个社会系统的不利影响也在凸显，人们意识到自然灾害作为一种生态系统的异变，不仅影响着自然的系统，更对人类的社会系统造成深刻的影响。正如谢礼立先生指出："自然灾害是指发生在生态系统中的自然过程，可导致社会系统失去稳定和平衡的非常事件，其特点是'损失'。即，使社会造成生命和财

---

① 罗祖德、徐长乐：《灾害与我们》，上海科学技术教育出版社 1995 年版，第103 页。

产损失或导致社会在各种原生的和有机的资源方面出现严重的供需不平衡，并进而造成社会正常秩序的中断或破坏，使损失进一步加重。"①

纵观人类历史就是与自然界斗争的历史，人类从自然界获取食物和资源，同时自然界又以灾害的形式作用于人类，自然环境与人类社会是一对运动发展的对立统一体。自然事件被称为灾害是因为对人类社会的价值造成了损失，人类在每一次自然灾害中吸取经验和教训，同时人类改造自然的能力和力度也随着生产力的发展，对自然的改造力度也大大增加，自然界的自我调节规律也极大地受到人类活动的影响，可能产生新的自然变异，从而引发新的自然灾害，人类与自然灾害的斗争将永远也不会因为人类能力的增加而消失。自然灾害就是人类与自然界不断互动的一种结果和现象。

恩格斯在《自然辩证法》中指出："我们不要过分陶醉于我们对自然界的胜利。对于每一次这样的胜利，自然界都对我们进行报复。每一次胜利，起初确实取得了我们预期的结果，但往后和再往后却发生完全不同的、出乎意料的影响，常常把最初的结果又消除了。"随着人类经济发展、技术进步，改造自然的能力大大加强，人类活动的烙印深深打在了自然环境上，因人类活动引发的自然灾害对人类的影响越来越突出。这一矛盾的实质就是"人地关系"问题。人活动的场所被定义为生存空间，这种场所总是存在于一定的地理环境当中的，两者之间不可避免地具有相互作用与相互影响，这种影响与作用通过物质流、能量流、信息流的方式产生作用。如果能在两者之间找到一种"优雅"的平衡则有利于人类的发展，反之，大自然则会毫不犹豫地报复施加

---

① 谢礼立：《自然灾害的特点与管理》，丁石孙《城市灾害管理》，群言出版社2004年版，第99—102页。

这种影响的人类。

在我国古代社会就有社会的整体观，荀子认为，社会之理与自然之理是相同的，"君臣、父子、兄弟、夫妇，始则终、中则始，与天地同理，与万世同久，夫是谓之大本。故丧祭、朝聘、旅师一也。贵贱、生杀、与夺一也"。人类社会与自然界一样也是一个有机整体。灾害作用于社会的部分地区和人群时，我们也看到对整个社会的影响。这是因为人类社会本身也是矛盾对立统一体。人类社会的和谐发展考察的核心就是人与人的关系。在人与人的关系中，生产关系是最主要的关系，正像马克思讲的"我们都在受'看不见的手'在指挥"。经济关系与经济实体是不可分的辩证统一关系。社会总是通过一系列的关系和矛盾组成社会关系，社会关系是不断运动发展的。从这个角度上讲，这种社会存在和社会关系本身对灾害的形成具有普遍意义。

（二）灾害的社会易损性研究的由来

灾害，作为一种自然现象，从总体上讲是不可以完全避免的，经常发生的自然灾害具有突发性，严重威胁着人类的生存和发展。人类社会生活史，始终伴随着与自然灾害的斗争。可以说，人类社会生活史就是一个抵御和防治自然灾害的艰苦历程。人类文明史，就是人类与灾难持续抗争的历史。从古巴比伦的《季尔加米士史诗》，古希腊的《荷马史诗》，古印度洪水传说《摩奴传》，到《圣经·旧约》，到中国的盘古开天地、女娲补天、精卫填海、后羿射日、大禹治水、炎帝尝百草、夸父追日、愚公移山，可以说，世界上众多著名的史诗、神话传说和宗教经典所刻录的轨迹，无不深刻地显示着这类惊心动魄事件的社会记忆①。

---

① 曲彦斌：《自然灾害研究的人文社会科学探索视点》，《文化学刊》2008 年第 4 期。

随着人类社会的发展，人们逐渐认识到只有从科学的意义上认识自然灾害的发生、发展，才会尽可能减小自然灾害对人类社会造成的危害。半个世纪以来，国际社会和灾害学术界一直致力于自然灾害的基本问题研究，对世界自然灾害的成因，发生、发展和时空分布，人类社会对灾害响应及其减灾防灾策略等都有了长足的进展。1945年，世界著名的地理学家吉尔伯特·怀特在其完成的密西西比河流域洪水灾害分析中，将人类调整和适应与地理环境演变综合起来，解释这一地区洪水加剧的原因，发现区域人地系统的易损性是造成这一地区洪水灾害灾情扩大和加剧的重要原因。随后，人们逐渐认识到，相对于人类很难左右的自然系统而言，提高社会对灾害的适应能力，降低自然灾害的社会易损性更值得探讨与关注。

20世纪70年代以来，愈来愈多的灾害研究者和国际社会开始关注这样一个问题：人类社会在灾害面前是否变得更加易损或脆弱？随着人类社会经济的快速发展，技术的进步，财富的积累，人类防灾减灾的技术手段增多了，物质实力都明显增强了；然而，众多的研究数据表明，自然灾害的发生频率及其造成的损失并没有因此而减少。这种现象是传统的自然灾害理解范式不能解释的。

同时人们也发现，类似强度的自然灾害，在不同的社会经济背景下，其后果差异很大，比如发生在美国加利福尼亚和尼加拉瓜的地震。

一些社会学家在20世纪70年代就开始怀疑传统的自然灾害的理解范式。他们认为虽然洪水、地震是自然过程，但与它们有关的灾难不是自然的，为了理解灾难，人们有必要把眼光集中于社会过程，即社会的易损性。

1994年5月在日本横滨召开的世界减灾大会，通过了《横滨宣言》和《建立更安全的环境——横滨战略和行动计划》两个文件，指出国际十年减灾的后五年，要重视开展提高社会易损性的活动，建议通过高层次的宣言、立法、决策和行动，表达减轻灾害易损性的政治承诺。1995 年的减灾日，联合国提出"最易损的人群：即妇女和儿童——预防的关键"的主题。

二　灾害的社会易损性研究现状

（一）国外自然灾害易损性研究的现状

20 世纪 50—60 年代，美国发生了地震等一系列自然灾害，灾害社会科学的研究受到了政府的重视和需要，配合地震预报的自然科学研究，社会科学方面的研究也表现出了浓厚的兴趣和需要。由此开始了自然灾害的社会易损性研究。

1975 年，地理学家吉尔伯特·怀特和社会学家尤金·哈斯主持，有研究生、学者以及决策者组成的专家委员会，对美国自然灾害进行首次国家评估。这是对美国国家自然风险与灾害理论和减灾行为的全面回顾、评估。这一工作重点是基于社会科学方法的灾害评估，旨在确立国家政策的导向，并规划今后研究的关键课题（White，2001）。这为以后自然灾害的社会学研究指明了方向。

1978 年拜顿等人编著的《环境灾害》一书中对易损性有个较为宽泛的定义，即易损性指易于遭受自然灾害的破坏和损害。关注的主题是自然灾害条件的分布、人类占用的灾害地带和灾害可能带来的损失度。1982 年英国布拉福特大学的地理学家威斯特盖特和奥基菲领导的灾害研究中心最早认识到了易损性重要性，并着力开展了灾害易损性研究。

在 20 世纪 80 年代初期，英国巴斯大学的地理学者在加勒比海和印度尼西亚地区的灾害野外调查中，继续着社会易损性的研究工作。1983 年地理学家肯尼斯·赫威特编辑出版了题为《从人类生态学看：灾难的解释》的论文集，该书被认为是灾害易损性研究发展史上的一个里程碑。赫威特为灾害研究和管理提供一个不同于传统范式的灾害研究思路和方法。即认为，对自然灾害来说，重要的事情不是靠灾害事件的条件或行为来解释灾害的特征、后果及形成原因，而是要分析当代的社会秩序，灾害的日常关系和塑造这些特征的更深远的历史环境。

1994 年布莱克、卡农、戴维斯和威斯纳在专著《风险：自然致灾因子、人类易损性和灾害》中强调易损性就是个人或群体预见、处理、抵御灾害和从灾害中恢复的能力的特征，它涉及自然或社会灾害威胁人们生活程度的各种因素。在灾害背景下，社会中一些阶层比另一些阶层的人们更容易遭受到灾害的破坏和损失，这些影响因素包括：社会阶层、种姓、种族、性别、残疾、年龄等。这类概念关注的主题是社会对灾害的抵御和恢复能力，灾害事件的性质当作是已知的条件，它强调易损性的社会结构，注重分析影响人们处理灾害能力的历史、文化、社会和经济过程（陈英方，2000）。并提出了灾害的压力与减轻模型（PAR）（$D = H + V$，灾害 = 致灾因子 + 易损性），指出"易损性"是灾害形成的根源，致灾因子是灾害形成的必要条件，在同一致灾强度下，灾情随易损性的增强而扩大；他还认识到全球人口增长、城市化、全球经济一体化、全球气候变化等宏观因素对区域乃至个人易损性的影响；灾害镶嵌于日常生活之中，减灾就是要减轻灾害形成的压力（包括致灾因素和社会的易损性）。

史密斯对易损性有更为广泛的理解，是指灾害风险及其处理灾害事件的社会和经济能力的综合量度。他将灾害危险的敏感性和人类对这种危险的响应能力结合起来，它相对应的概念是社会的恢复力。将灾害风险包含在易损性概念之内。米勒蒂也特别强调灾情是灾害系统各要素相互作用的结果，他认为灾害系统由地球物理系统、人类系统与结构系统共同组成。

　　日本学者尤伊透考虑了特殊的人群易损性（无家可归者、边缘人群），并试图建立其社会易损性模型来增强灾害规划和灾害管理。

　　在 20 世纪末，肯尼斯·赫威特进一步将易损性研究和"调整"的思想扩展到自然、技术、人为灾害的各个领域和减轻灾害的各个环节。认为任何灾害的形成都存在四个方面的影响因素，即致灾因子（Hazards）、易损性和适应性（Vulnerability and adaptability）、危险（灾害）的干扰条件（Intervening conditions of danger）、人类的应对和调整（Human coping and adjustments）。每种因素都会对灾害的形成及灾情程度有相当的影响。任何灾害的产生及其影响方式都不可避免地要追溯到其物质生活背景，灾害产生的自然环境、地理位置和社会关系。减轻灾害损失和灾害影响，需综合分析和处理各种影响因素，充分发挥政治、经济、管理、政策等方面的作用，调动人的应对和调整能力。肯尼斯·赫威特的思想将减灾研究和实践向综合化方向大大地向前推动了一步。

　　美国学者苏珊·卡特的工作，在理论和实践应用上大大推进了灾害易损性研究发展。她深刻阐述了灾害易损性的概念，以县域为单位综合自然和社会指标定量分析评价了美国乔治敦县的地方易损性，并建立了包括自然层面和社会层面的易损性概念模型，利用地理信息系统这种技术手段开展了乔治敦县灾害易损性评价；同时以国家社会经济和人口统计数据建立了美国自然灾害社会易损性指数（Social Vulnerability Index），应用社会易损性指数可以提高人类确定威胁可持续性和稳定性的社会因素从而指导危险性评价和选择可持续减灾措施。

　　近二十年来，许多灾害研究者和管理者不断地重申和发展着这种灾害易损性分析方法，"易损性"一词愈来愈多地出现在灾害研究的文章和政府灾害管理的文件中，"易损性"不仅逐渐成为了灾害研究领域里的一个中心概念（White，2001），而且也成了国际社会解决贫困、人口、发展和环境问题的基础。

（二）国内自然灾害易损性研究的现状

中国对灾害易损性研究大致始于20世纪90年代，基本上是伴随着"国际减灾十年计划"和全球变化研究的实施而起步的。

在20世纪90年代初期，一些中国学者开始关注自然灾害的社会因素。罗祖德对城市自然灾害的社会因素进行了分析，提出政策对城市灾害的正负导向效应，城市规划、公共设施、人口和财富的集中程度，城市资源的开发利用及科技对城市减灾的贡献率等方面进行了探讨。同时还分析了社会因素对城市自然灾害的反馈作用，为后来灾害研究提供了新思路①。金晓冬和罗云对区域经济的易灾性进行了综合评价研究（金晓冬，1993），事实上他们的工作就是我国灾害易损性研究的初步萌芽。

1996年，地理学者姜彤、许朋柱在《大自然探索》上发表了《自然灾害研究的新趋势——社会易损性分析》，该文介绍了国际减灾中出现的社会易损性分析的新趋势，阐述了灾害、易损性和灾难的概念，指出易损性就是易于受到伤害或损伤，它反映了特定社会的人们及其拥有的财产对自然灾害的承受能力，可以看做是自然系统以及受该系统影响的人类系统的函数；同时他们还探讨了易损性的内容和内涵，分析评价方法和应用实践。呼吁社会应充分注意社会易损性分析在自然灾害和减灾防灾研究中的重要地位，积极开展社会易损性分析和评价工作②。该文标志着

---

① 罗祖德、徐长乐：《灾害与我们》，上海科技教育出版社1995年版，第20页。

② 姜彤、许朋柱：《自然灾害研究的新趋势——社会易损性分析》，《大自然探索》1996年第2期。

中国学者对灾害社会易损性研究的认同。

　　1997年，社会学者郭强进一步界定社会易损性的内涵和外延，分析了自然灾害与社会易损性关系，指出易损性反映了特定社会的人们生存与发展所依赖的自然环境与社会环境（包括社会结构、社会组织、社会运行机制、社会成员）对灾害冲击的承受能力和脆弱程度。1998年，张梁、张业成、罗元华等将社会经济易损性评价作为灾情评估的一项重要内容。他们认为易损性是指受灾体遭受地质灾害破坏机会的多少与发生损毁的难易程度，社会经济易损性由社会经济条件和受灾体直接条件两方面基本要素构成，社会经济条件要素主要包括人口分布、城镇分布、土地资源分布、交通设施分布、大型企业分布、产值分布等，受灾体条件的直接要素主要包括受灾体类、数量、价值、损害程度等；易损性评价的主要内容就是划分受灾体类型、调查统计各类受灾体数量和分布、核算受灾体价值、分析破坏程度和损失率。他们以县为单元，选取人口密度、单位面积工业产值、单位面积农业产值、交通干线密度和土地资源丰度作为指标进行了中国区域地质灾害易损性分析[①]。

　　毛德华、王立辉从孕育洪涝灾害的环境变异性、社会经济敏感性、城市土地利用对洪涝的放大作用，防洪标准和人为设障等方面对湖南城市洪涝的易损性进行了总体诊断。并选取人口密度、工业产值密度、道路网密度、排水管道密度、建成区绿地率等指标，运用模糊综合评判对之进行了定量评估并将全省城市洪涝的易损性程度划分为5个等级。李闽探讨了人口安全易损性定义和评价方法，研究了人口伤亡与各种影响因素的关系，给出了人口安全易损性数学模型。蒋勇军、况明生等选取灾害密度、灾

---

　　① 张梁、张业成、罗元华：《地质灾害灾情评估理论与实践》，地质出版社1998年版，第120—160页。

害频数、经济（GDP）损失模数、生命易损模数等易损性评价指标对重庆市各区县市的脆弱性和易损强度进行了综合评估，并且计算出了各区县市的易损度，结合 GIS 方法对重庆市进行了易损度区划（蒋勇军，2001）。郭跃较为全面地回顾了易损性研究的历史发展过程，总结梳理和评述了易损性的概念，分析了易损性的一些属性，阐述了易损性识别和测量的一些基本理念和方法，指出自然过程和社会过程的相互作用是易损性概念的核心内容，社会易损性是灾害发生的重要条件。

　　总的来说，灾害易损性愈来愈引起社会和学界的关注，研究也取得了一些积极的进展，但目前国内外对灾害易损性的研究还不成熟，一些基本理论问题尚未解决，大都停留在灾害的人类和社会易损性定性分析和概念模型分析上，缺乏对灾害形成的社会结构、社会制度以及社会文化背景的深入探讨，尚未建立易损性研究的比较完整的体系。国内这个领域研究较少，鉴于社会易损性分析难度较大，灾害易损性研究仅限于物质和经济的易损性，回避社会易损性的研究，但我们相信随着社会的关注和研究的日益深入，易损性的统一概念，易损性评价的指标体系、评价模型和评价方法等基本问题近期都可能得到解决；易损性研究的一些新领域，比如，易损性与土地利用规划，易损性与可持续发展，易损性与区域开发等，也将会取得令人鼓舞的成就。易损性研究是一个跨学科的科学问题，它涉及自然、社会、经济、文化、道德伦理、心理等多种复杂因素，需要社会学家、科学家、经济学家、医学家和工程家等的合作，为寻求科学的减灾防灾方法，建立更加安全的、可持续发展的社会共同努力。

三　灾害社会易损性的研究意义

　　人与自然的和谐是以人为本全面、协调、可持续的科学发展观指导构建和谐社会的重要内容。近年来，一系列重大的公共安全事件和自然灾害及安全生产事故，造成了重大的生命财产损失，对社会秩序和地区发展都造成了严重影响，以人为本，从人类社会自身角度出发，研究自然灾害的易损性，对于我们认识自然灾害的本质，构建减灾防灾策略和措施具有重要的战略意义。2006 年 1 月 10 日，为建立健全应对突发重大自然灾害紧急救助体系和运行机制，规范紧急救助行为，提高紧急救助能力，国务院颁布了《国家自然灾害救助应急预案》，同时，也要求各省市区建立完善的救灾减灾预案，这就增加了关于灾害易损性尤其是社会易损性研究的紧迫性。灾害社会易损性的研究有利于各地方认识灾害发生的社会机制，制定更加符合地区社会实际的灾害预防、应急、救助和恢复重建的政策、规划和措施。

灾害社会易损性研究具有较高的理论价值和应用前景。在理论上，它开辟了灾害研究的新的理解范式和新的思路，深化了对灾害本质的认识。

易损性就是指易于遭受自然灾害的破坏和损害的程度。易损性研究对于我们认识自然灾害的本质，构建减灾防灾策略和措施具有重要的意义。

按人类生态学的观点，人和聚落的易损状态是自然灾害形成的重要原因，因为自然灾害是自然现象与相关的社会易损状态相结合的结果。地震、台风、洪水是自然的力量，但随后我们看到的后果是这些力量对人类及其聚落影响的结果，这个结果与社会对自然灾害的敏感程度有关，而社会和聚落对自然灾害的敏感程度（易损性）则是以社会决策和社会行动为条件的，即社会及其易损性是灾害的重要原因之一。

易损性的概念是一种方法，它把人类社会政治、经济、文化的日常过程转变成灾害环境的风险程度的判别。在灾害环境中，一些人群、一些团体比其他群体更易受到破坏和伤害，这既意味着社会存在着不等的灾害风险。易损性分析就是力图解释社会经济系统怎样把不同的人们置于不同的灾害风险水平。

易损性作为人类社会对自然灾害敏感的程度，它是人类社会组成和结构的函数，这个函数是可以调整和改造的，它的减少或降低应该是人类减灾防灾的重要手段。从一定程度上讲，自然灾害是无法控制的，人类要在未来几十年完全认识自然灾害事件也是非常困难的，所以，从自然的角度，控制和预防自然灾害的成效是有限的，为了得到一个更加安全的环境，人类必须通过减少灾害易损性来实现。

易损性的概念也是一种管理，它把灾害关注的重心从自然事件转移到人类社会本身，关注人类社会的安全和可持续发展，关注社会弱势群体和落后地区，关注社会的公平；它把管理空间从灾后的响应和恢复拓宽到灾前的预防和备灾，从部门的应急行为拓展到全社会的日常行为。因此，易损性的概念将有利于区域社会发展规划和开发过程的改善，也有利于社会民主化和人权的发展。

自1995年减灾日，联合国提出"最易损的人群：妇女和儿童是预防的关键"的减灾主题以来，国际社会日益关注灾害易损性问题，这种关注对发展中国家贫困人群和易损人群的灾害伤害率和死亡率的减少都起了积极的作用（White，2001）。我们相信，随着易损性研究的深入，关注易损性对社会的减灾防灾还将起到更大的作用。

自然灾害是自然界与人类社会经济系统相互作用的产物，它伴随着人类的产生而产生，伴随着人口增长、科技与社会进步以及人类对自然资源利用广度和深度的变化而变化。21世纪以来，随着人口、资源与环境矛盾的日益加深，全球自然灾害成灾次数、经济损失和受灾人口明显增多，自然灾害对人类社会所造成的危害触目惊心。人类活动对自然灾害的影响越来越大，许多人类活动因素加剧了自然灾害的发生，如人口密度增加、人口迁徙与无计划的城市化、环境退化与全球气候变化等。

参考文献：

A. Maskrey：*Disaster Mitigation：a community—based approach*，Oxford：Oxford Oxfam，1989.

Burton Ian，and others，*The Environment as Hazard（Second Edition）*，New York：The Guilford Press，1993.

Dennis Mileti，*Disasters by Design：A Reassessment of Nature Hazards in the United States*，Washington，D. C.：Joseph Henry Press，1999.

Gilbert White，"Knowing better and losing ever more：the use of knowledge in hazards management,"*Environmental hazards*，3（3）2001，pp. 81—92.

Kennedy Smith，*Environmental Hazards：Assessing risk and resucing disaster*，London：Routledge，1992.

Kenneth Hewitt：*Interpretation of Calamity from the View—point of Human Ecology*，Bostont：Allen and Uniwin，1983.

Susan Jefery，"The creation of vulnerability to natural disaster Case studies from the Dominican Republic"，*Disaster*，（1）1982，pp. 38—43.

Susan Cutter，"Vulnerability to environmental hazards"，*Progress in Human Geography*，20（4）1996，pp. 529—539

Susan Cutter，"Social Vulnerability to Environmental Hazards"，*Social Science Quarterly*，84（2）2003，pp. 242—262

Terry Cannon，"Vulnerability analysis and the explanation of natural disasters"，*Disasters，Development and Environment*，ed. A. Varley，Chichester：John Wiley & Sons Ltd，1994，p. 13—30

陈英方、陈长林、崔秋文：《美国自然灾害的社会学研究》，《灾害博览》2000 年第 4 期。

丹尼斯、米勒蒂：《人为的灾害》，湖北人民出版社 2004 年版。

郭强：《浅析自然灾害与社会易损性之关系》，《大自然探索》1997 年第 2 期。

郭跃：《灾害易损性研究的回顾与展望》，《灾害学》2005 年第 4 期。

郭跃：《地质灾害系统的复杂性分析》，《重庆师范学院学报》2001 年第 4 期。

金晓冬、罗云：《区域社会经济的"易灾性"综合评价实践》，《灾害学》1993 年第 4 期。

蒋勇军、况明生：《区域易损性分析、评估及易损度区划——以重庆市为例》，《灾害学》2001 年第 3 期。

李闽：《地质灾害人口安全易损性区划研究》，《中国地质矿产经济》2002 年第 8 期。

刘雪松、王晓琼：《自然灾害的释义及伦理省思：人类中心主义的反思和修正》，《自然灾害学报》2006 年第 6 期。

毛德华、王立辉：《湖南城市洪涝易损性诊断与评估》，《长江流域资源与环境》2002 年第 1 期。

第二章　灾害社会易损性的研究方法

在人们认识世界与改造世界的各种活动中，都要遵循一定的方向法则，运用一定的符号研究对象是几点方式与方法，否则就可能事半功倍而不可能取得成功。

灾害社会易损性研究涉及地理学、生态学、灾害学、社会学、系统动力学、地理信息系统、遥感等众多学科，其中涉及自然与社会科学的众多知识，根据各学科研究问题的目的不同，各个学科常用的研究方法不同，要想达到较好的效果、实现研究的目的，一般要选择好方向和合适的途径，并且往往要多种方法灵活配套使用，要利用遥感、GIS等先进的技术手段，数理统计分析与系统动力学分析相结合的方法，宏观定性与微观定量分析，自然生态与社会历史分析相结合的方法，对自然灾害的社会易损性进行定量度量。

一　社会调查与描述

从一般社会学研究方式上来看，可以分为三种基本的方法，即描述性研究和解释性研究及预测性研究。

社会研究的主要目的之一就是对某些社会现象、社会问题及它们的特征进行客观、准确的描述，通过审核、整理和汇总的资料说明研究总体或局部的某些特征、状况的分布，描述性研究一般解决社会科学上"是什么"的方法。描述性研究也是认识世界探索社会奥秘的第一步，不可或缺的一步，是解释性研究及预测性研究方法的基础，这就决定了它的应用范围较广，几乎涉及所有的社会性研究。

　　社会调查研究的目标往往不在于描述而在于解释，所谓解释就是对研究对象的行为、特征、因果关系等为什么产生或变化的回答。解决科学上"为什么"的问题。解释性研究大致可分为解释的定性方法和定量的方法。定性方法从本书的研究来看，要主要建立在地理学，生态学、社会心理学、行为学、管理学和经济学的基础之上的，通过相关研究成果、专家经验和实际调查分析来建立逻辑关系，解释作用机制。对于解释的定量方法往往就是要求双变量和多变量的统计分析。

　　灾害学研究涉及的理论和角度较多，同时影响灾害易损性的因素复杂，而且在具体的影响机制还有待进一步探讨的情况下，对灾害易损性定义的框架下，结合描述性的研究方式理解灾害的形成、发生、发展，加深对灾害本质的理解。在解释性研究方式下，要对灾害易损关系影响因素的提取、分类、确定影响级别层次，并在此基础上设立指标体系，构造能够真实反映实际的变量来刻画易损性，利用统计调查数据对自然灾害进行定量度量。因此，在总体上来看如何有机结合描述性方法和解释性方法是判断科学性的基本依据，定性定量方法结合应用在自然灾害社会易损性调查和度量上成功的关键。

二　点与面相结合的评估分析

　　地理学的核心问题是空间和尺度问题，分析单位大小问题最早最广泛关注的也是地理学，研究分析单位的大小会直接影响研究的技术路线和方法系统，更重要的是直接涉及研究结论甚至是研究的意义。就灾害评估研究而言，常有点评估和面评估之分。

点评估：是指对某个具体的人、物或一个具有相同活动条件和特征的相对独立的灾害群的灾情或易损程度进行的评估。如一个采矿工人、一个特定自然社会条件下的居民群体等。点评估的范围一般不超过几十平方公里，行政区范围一般不超过几个乡（镇）或一个县（市）。点评估的对象是具体的单一的灾害体或灾害事件，通过评估要比较准确地量化它的损失水平和易损程度。其基本手段除了专门性调查统计外，还需要进行必要的测试和试验。它所使用的各种指标以及得出的不同层次的评价结果，基本上达到绝对的量化程度。

面评估：是对一个具有相对统一特征的自然区域或社会经济区域（如一个小流域或整座城市）进行的灾害易损性评估。评估区面积一般从几十平方公里到几平方公里，行政范围一般为一个县（市）或几个县（市）。由于进行面评估的地区都是一定的灾害发生的程度下对评价区进行全面的社会承受能力或灾后恢复能力的判断，属于综合评价。面评估的目标是认识一个有限地区的地质灾害的破坏损失程度或抵抗能力，其意义除了指导灾害防治规划外，还将为地区规划、资源开发和全面的区域可持续发展宏观决策提供依据。面评估的基本内容要确定区域社会基本的生存条件、生产方式、社会的组织程度和社会文化心理特征等，并选择恰当的指标来刻画和反映区域对灾害的抵御能力和恢复能力，但所采取的调查方法一般限于全面调查统计，辅以必要的重点深入调查，所使用的指标和各层次的评价结果虽然达到绝对量化程度，但精度要低于点评估。

灾情的点评估与面评估评价的基本内容一致，但参与评价的基本要素或因子的精确度和表示方式不尽相同。点评价的各种基础信息最具体，并具有最高程度的定量化，所取得的评价目标最准确细致。如点评价的易损性评价中，根据人口密度、建筑资产密度、土地类型及总价值密度等分析灾害活动区的承灾敏感度；以不同承灾体的破坏率、损失率以及单位时间、单位面积的损失强度等指标评价历史损失和预测损失。而面评估使用的基础信息和追求的分析结果，多是非量化的相对性指标。

三　主成分、因子分析法

（一）主成分分析法

地理环境是多要素的复杂系统，在我们进行地理系统分析时，多变量问题是经常会遇到的。变量太多，无疑会增加分析问题的难度与复杂性，而且在许多实际问题中，多个变量之间是具有一定的相关关系的。因此，我们就会很自然地想到，能否在各个变量之间相关关系研究的基础上，用较少的新变量代替原来较多的变量，而且使这些较少的新变量尽可能多地保留原来较多的变量所反映的信息？事实上，这种想法是可以实现的，主成分分析方法就是综合处理这种问题的一种强有力的方法（何晓群，1998）。

1. 主成分分析方法的原理

主成分分析是把原来多个变量化为少数几个综合指标的一种统计分析方法，从数学角度来看，这是一种降维处理技术。假定有 n 个地理样本，每个样本共有 p 个变量描述，这样就构成了一个 n × p 阶的地理数据矩阵：

$$X = \begin{pmatrix} X_{11} & X_{12} \cdots X_{1p} \\ X_{21} & X_{22} \cdots X_{2p} \\ M & M \cdots M \\ X_{n1} & X_{n2} \cdots X_{np} \end{pmatrix} \qquad （式2—1）$$

如何从这么多变量的数据中抓住地理事物的内在规律性呢？要解决这一问题，自然要在 p 维空间中加以考察，这是比较麻烦的。为了克服这一困难，就需要进行降维处理，即用较少的几个综合指标来代替原来较多的变量指标，而且使这些较少的综合指标既能尽量多地反映原来较多指标所反映的信息，同时它们之间又是彼此独立的。那么，这些综合指标（即新变量）应如何选取呢？显然，其最简单的形式就是取原来变量指标的线性组合，适当调整组合系数，使新的变量指标之间相互独立且代表性最好。

如果记原来的变量指标为 $x_1, x_2 \cdots x_p$，它们的综合指标——新变量指标为 $x_1, x_2 \cdots, z_m$（$m \leqslant p$）。则

$$\begin{cases} x_1 = l_{11}x_1 + l_{12}x_2 + \cdots + l_{1p}x_p \\ x_2 = l_{21}x_1 + l_{22}x_2 + \cdots + l_{2p}x_p \\ z_m = l_{m1}x_1 + l_{m2}x_2 + \cdots + l_{mp}x_p \end{cases} \qquad （式2—2）$$

在公式2—2中，系数 lij 由下列原则来决定：

（1）Z_i 与 Z_j（$i \neq j$；$i, j = 1, 2, \cdots, m$）相互无关；

（2）Z_1 是 $X_1, X_2, \cdots, X_p$ 的一切线性组合中方差最大者；Z_2 是与 Z_1 不相关的 $X_1, X_2, \cdots, X_p$ 的所有线性组合中方差最大者；……；Z_m 是与 $Z_1, Z_2, \cdots Z_m - 1$ 都不相关的 $X_1, X_2, \cdots, X_p$ 的所有线性组合中方差最大者。

这样决定的新变量指标 $Z_1, Z_2, \cdots, Z_m$ 分别称为原变量指标 $X_1, X_2, \cdots, X_p$ 的第一、第二、…、第 m 主成分。其中，Z_1 在总方差中占的比例最大，$Z_2, Z_3, \cdots, Z_m$ 的方差依次递减。在实际问题的分析中，常挑选前几个最大的主成分，这样既减少了变量的数目，又抓住了主要矛盾，简化了变量之间的关系。

从以上分析可以看出，找主成分就是确定原来变量 X_j（$j = 1, 2, \cdots, p$）在诸主成分 Z_i（$i = 1, 2, \cdots, m$）上的载荷 l_{ij}（$i = 1, 2, \cdots, m; j = 1, 2, \cdots, p$），从数学上容易知道，它们

分别是 X_1，X_2，$\cdots$，X_p 的相关矩阵的 m 个较大的特征值所对应的特征向量。

2. 主成分分析的计算步骤：

通过上述主成分分析的基本原理的介绍，我们可以把主成分分析计算步骤归纳如下：

（1）计算相关系数矩阵

$$R = \begin{bmatrix} r_{11} & r_{12} & \cdots & r_{1P} \\ r_{21} & r_{22} & \cdots & r_{2P} \\ M & M & M & M \\ r_{P1} & r_{P2} & \cdots & r_{PP} \end{bmatrix} \qquad （式2—3）$$

在公式 2—3 中，r_{ij}（i，j = 1，2，$\cdots$，p）为原来变量 x_i 与 x_j 的相关系数，其计算公式为

$$r_{ij} = \frac{\sum\limits_{k-1}^{n}(x_{ki} - \overline{x_i})(x_{kj} - \overline{x_j})}{\sqrt{\sum\limits_{k-1}^{n}(x_{ki} - \overline{x_i})^2 \sum\limits_{k-1}^{n}(x_{kj} - \overline{x_j})^2}} \qquad （式2—4）$$

因为 R 是实对称矩阵（即 $r_{ij} = r_{ji}$），所以只需计算其上三角元素或下三角元素即可。

（2）计算特征值与特征向量

首先解特征方程 $|\lambda_i - R| = 0$ 求出特征值 λ_i（i = 1，2，$\cdots$，p），并使其按大小顺序排列，即 $\lambda_1 \geq \lambda_2 \geq \cdots$，$\geq \lambda_p \geq 0$；然后分别求出对应于特征值 λ_i 的特征向量 e_i（i = 1，2，$\cdots$，p）。

（3）计算主成分贡献率及累计贡献率

主成分 z_i 贡献率：$r_i / \sum\limits_{k-1}^{p} \gamma_k (i = 1,2,\cdots,p)$，累计贡献率：$\sum\limits_{k-1}^{m} \gamma_k \Big/ \sum\limits_{k-1}^{p} \gamma_k$。

一般取累计贡献率达 85%—95% 的特征值 $\lambda_1,\lambda_2,\cdots\lambda_m$，所

对应的第一，第二，……，第 m（m≤p）个主成分。

（4）计算主成分载荷

$$p(z_k, x_i) = \sqrt{\gamma_k} e_{ki}(i, k = 1, 2, \cdots, p) \qquad （式2—5）$$

由此可以进一步计算主成分得分：

$$Z = \begin{bmatrix} z_{11} & z_{12} & \cdots & z_{1m} \\ z_{21} & z_{22} & \cdots & z_{2m} \\ M & M & M & M \\ z_{n1} & z_{n2} & \cdots & z_{nm} \end{bmatrix} \qquad （式2—6）$$

灾害社会易损性评价指标体系涵盖范围广，为了追求完备性往往会选择大量的指标，如果不用科学有效的方法对指标进行筛选，必然存在指标信息覆盖不全或信息重叠的现象。采用主成分分析法对指标体系进行降维处理是目前最常用的方法之一。该方法首先对原始数据进行标准化处理，然后计算指标相关系数并对重复指标加以合并（一般定义真相关系数≥0.95 的指标为重复指标），构造相关系数矩阵，通过计算方差贡献率和累积方差贡献率确定主成分个数及主成分指标。

（二）因子分析法

因子分析法是将众多错综复杂的变量归结为几个无关的综合因子的一种多变量统计分析方法（吴晓伟，2004）。其基本思想是根据相关性的大小对原始变量进行分组，使得同组内变量间的相关性较高，不同组之间的变量相关性较低。每组变量代表一个基本结构，这个基本结构称为公共因子，它们反映问题的一个方面或者说是一个维度。通过几个公共因子的方差贡献率作为权重来构造综合评价函数，从而简化众多原始变量及有效处理指标间的重复信息，达到降维、便于分析的目的。

1. 因子分析法原理

因子分析法的基本目的在于用少数几个随机变量来描述众多变量间的协方差关系，这里的少数几个随机变量是不可观测的，通常被称为因子。因子分析法的基本思想是根据相关性的大小将原始变量分组，使得同组内变量间的相关性较高，但不同组之间的变量相关性较低，并使得原始变量的信息丢失最少。每组变量代表一个基本结构（公共因子），它们可以反映问题的一个方面，或者说一个维度。通过几个公共因子的方差贡献率作为权重来构造综合评价函数，能够简化众多原始变量及有效处理指标间的重复信息，所以评价结果具有很强的客观合理性。

假设评价总体有 P 个评价指标即 $X = (X_1, X_2, \cdots, X_P)^T$，$Z = (Z_1, Z_2, \cdots, Z_P)^T$ 代表经标准化处理后的 x，其均值 E（Z）=0，协方差矩 D（Z）= Σ。因子分析模型就是把 $Z = (Z_1, Z_2, \cdots, Z_p)^T$ 分别表示成 m < p 个公共因子和一个特殊因子的线性加权

$$Z_1 = a_{11} Y_1 + a_{12} Y_2 + \cdots a_{1m} Y_m + \varepsilon_1$$
$$Z_2 = a_{21} Y_1 + a_{22} Y_2 + \cdots a_{2m} Y_m + \varepsilon_2 \qquad （式2—7）$$
$$Z_p = a_{p1} Y_1 + a_{p2} Y_2 + \cdots a_{pm} Y_m + \varepsilon_p$$

其中：Y_1，Y_2，$\cdots Y_M$ 称为 X 的公共因子，且 E（Y）= 0，D（Y）= Im；ε_i 称为 Xi 的特殊因子，通常假定 $\varepsilon_i \tilde{} N (0, \delta_i^2)$；系数 a_{ij} 称为变量 Xi 在因子 Fj 上的载荷，它揭示了第 i 个变量在第 j 个公共因子上的相对重要性。

（1）因子的提取。以上是因子分析方法的基本思想，现在根据原始变量矩阵估计因子载荷矩阵。因子载荷阵的估计方法有很多，笔者选用最普遍的主成分分析法。

步骤一：评价总体是 P 个评价指标的 n 个样品 $X_i = (X_{i1}, X_{(i2)}, \cdots, X_{(ip)})^T$，i = 1，2，$\cdots$，n，n > p 构造样本阵

$$X = \begin{bmatrix} X_1^T \\ X_2^T \\ M \\ X_t^n \end{bmatrix} = \begin{bmatrix} X_{11} & X_{12} & \cdots & X_{1p} \\ X_{21} & X_{22} & \cdots & X_{2p} \\ \cdots & \cdots & \cdots & \cdots \\ X_{n1} & X_{n2} & \cdots & X_{np} \end{bmatrix} \qquad (式\,2\!-\!8)$$

步骤二：对样本阵 X 中元进行如下变换

$$M_{ij} = \begin{cases} X_{ij}, & 对正指标 \\ 1/X_{ij}, & 对逆指标 \end{cases}$$

步骤三：对 M 阵中元进行标准化变换

$$Z_{ij} = (M_{ij} - \overline{M_j}) \qquad i = 1,\ 2,\ \cdots,\ n;\ j = 1,\ 2,\ \cdots,\ p$$

其中 $\dfrac{\overline{M_j} = \Sigma_{j=1}^n M_i j}{S_j}$，$S_j^2 = \dfrac{\Sigma_{j=1}^n (M_{ij} - \overline{M_j})^2}{n-1}$，得标准化阵 $Z = (Z_1,\ Z_2,\ \cdots,\ Z_p)^T$

步骤四：对标准化阵 Z 求样本相关系数阵

$$R = [r_{ij}]_{p \times p} = \frac{Z^T Z}{n-1}\ 其中\ r_{ij} = \frac{\Sigma_{k=1}^n Z_{kj} \cdot Z_{ki}}{n-1},\ i,\ j = 1,\ 2,\ \cdots,\ p$$

步骤五：解样本相关系数阵 R 的特征方程 $|R - \lambda I_p| = 0$ 得 P 个特征值 $\lambda_1 \geqslant \lambda_2 \geqslant \cdots \lambda_p \geqslant 0$。

步骤六：按 $\dfrac{\Sigma_{j=1}^m \lambda_j}{\Sigma_{j=1}^p \lambda_j} \geqslant 0.8$ 确定 m 值，使信息的利用率达到 80% 以上。对每个 λ_j，$j = 1,\ 2,\ \cdots,\ m$，解方程组 $Rb = \lambda_j b$，得单位特征向量 $b_n^j = \dfrac{b_j}{\|b_j\|}$。

步骤七：求出 $Z_1 = (Z_{i1},\ Z_{i2},\ \cdots,\ Z_{ip})^T$ $i = 1,\ 2,\ \cdots,\ n$ 的 m 个主成分 $u_j = Z_i^T b_j^0$ $j = 1,\ 2,\ \cdots,\ m$

步骤八：上面步骤七得到的 m 个主成分即为所求的 m 个公因子，根据需求选择进行因子旋转（考察因子的可解释性，如果难以解释，则进行旋转，一般采用方差最大化正交旋转，进行因子旋转较普遍）。

（2）计算因子得分。将公共因子表示为变量的线性组合，得到评价对象在各个公共因子的得分（由于因子得分函数中公共因子的个数 m 小于变量个数 P，因此不能精确计算出因子得分，通过最小二乘法或极大似然法可以对因子得分进行估计，得到每个公共因子的得分）。

以各公共因子的方差贡献率占公共因子总方差贡献率的比重作为权重进行加权汇总，建立因子综合得分函数。第 j 个公共因子的方差贡献率占公共因子总方差贡献率的比重 $= \dfrac{\lambda_j}{\sum_{j=1}^{m}\lambda_j}$

通过每个公共因子的得分和综合得分可以看出每个样本在不同的评价对象上的优劣和综合的评价结果有利于决策者更透彻地抓住实质。

2. 因子分析基本步骤

因子分析的步骤包括：（1）构造原始数据矩阵；（2）对原始数据进行同向化处理；（3）将同向化处理后的数据标准化以避免因量纲不同而带来的数据间的无意义比较；（4）求相关系数矩阵以及相关系数矩阵的特征值和特征向量；（5）采用主成分分析法根据因子贡献率提取公共因子；（6）求最大方差斜交旋转矩阵、特征值、累积贡献率；（7）计算因子得分和综合评价值。

四　层次分析法

层次分析法（Analytic Hierarchy Process 简称 AHP）是美国运筹学家匹茨堡大学教授 T. L. Saaty 于 20 世纪 70 年代初，在为美国国防部研究"根据各个工业部门对国家福利的贡献大小而进行电力分配"课题时，应用网络系统理论和多目标综合评价方法，提出的一种层次权重决策分析方法。（曹勇，2008）自然灾害易损性分析指标体系一般都是按照一定的层次系统建立起来的，符合层次分析法的特征。

层次分析法（AHP）的步骤如下：

1. 建立层次结构模型

将有关的各个因素按照不同属性自上而下地分解成若干层次，同一层的各因素从属于上一层的因素或对上层因素有影响，同时又支配下一层的因素或受到下层因素的作用。

2. 构造判断矩阵

在同一层次指标中，通过两两比较方式建立判断矩阵。比如，对于指标层 A 与下一层的 n 个要素 B_1，B_2，…，Bn 有联系。根据它们两两相对的重要程度构建判断矩阵，形式如表2—1：

表2—1　　　　　　　　　　判断矩阵的形式

A	B_1	B_2	…	B_n
B_1	b_{11}	b_{12}	…	b_{1n}
B_2	b_{21}	b_{22}	…	b_{2n}
…	…	…	…	…
B_n	B_{n1}	b_{n2}	…	b_{nn}

其相对比较重要程度，一般用1，3，5，7，9等5个等级标度。具体意义为表2—2。

表2—2　　　　　　　　　　比例标度表

因素/因素	量化值
同等重要	1
稍微重要	3
较强重要	5

因素/因素	量化值
强烈重要	7
极端重要	9
两相邻判断的中间值	2, 4, 6, 8

3. 层次单排序

层次单排序的目的是，对于上层次中的某元素而言，确定本层次与之有联系的元素重要性次序的权重值。

层次单排序的任务可以归结为计算判断矩阵的特征根和特征向量的问题，即对于判断矩阵 A，计算满足：

$$A_W = \lambda_{max} W \qquad\qquad （式2—9）$$

λ_{max} 为 A 的最大特征根，W 为对应于 λ_{max} 的正规化特征向量，W 的分量 W_i 就是对应元素单排序的权重值。

当判断矩阵 A 具有完全一致性时，$\lambda_{max} = n$。为了检验判断矩阵的一致性，需要检验它的一致性指标：

$$CI = \frac{\lambda_{max} - n}{n - 1} \qquad\qquad （式2—10）$$

当 $CI = 0$ 时，判断矩阵具有完全一致性；反之，CI 越大，则判断矩阵的一致性就越差。

一般的 1 或 2 阶判断矩阵总是具有完全一致性。对于 2 阶以上的判断矩阵，其一致性指标 CI 与同阶的平均一致性指标 RI（表3—3）之比，称为判断矩阵的随机一致性比例，记为 CR。一般当 $CR = \frac{CI}{RI} < 0.1$，就认为判断矩阵具有令人满意的一致性；否则就需要调整判断矩阵，直到满意为止（如表2—3）。

表 2—3 平均随机一致性指标

阶数	1	2	3	4	5	6	7	8	9	10	11	12	13
RI	0	0	0.58	0.9	1.12	1.24	1.32	1.41	1.45	1.49	1.52	1.54	1.56

4. 层次总排序

利用同一层次中所有层次单排序的结果，就可以计算针对上一层次而言的本层次所有元素的重要性权重，这就是层次总排序。

5. 一致性检验

为了评价层次总排序的计算结果的一致性，类似于层次单排序，需要进行一致性检验。具体的计算公式如下：

$$CI = \sum_{j=1}^{m} W_{aj}CI_j \qquad （式 2—11）$$

$$RI = \sum_{j=1}^{m} W_{aj}RI_j \qquad （式 2—12）$$

$$CR = \frac{CI}{RI} \qquad （式 2—13）$$

W_{aj} 代表 A 层次中的元素 A_j 的层次总排序权重，CI 为层次总排序一致性指标，CI_j 为与 A_j 对应的下一层次的判断矩阵的一致性指标；RI 为层次总排序的随机一致性指标，RI_j 为与 A_j 对应的下一层次中判断矩阵的随机一致性指标；CR 为层次总排序随机一致性比例。同样，当 $CR < 0.10$ 时，则认为层次总排序的计算结果具有令人满意的一致性；否则就需对本层次的各判断矩阵进行调整，从而使层次总排序具有令人满意的一致性。

五 地理信息系统的空间分析与应用

（一）3S 技术简介

1. 遥感技术（RS）

遥感（Remote Sensing）即在不直接接触的情况下，对目标或自然现象远距离感知的一种探测技术，狭义上是指在高空和外层空间的各种平台上，运用各种传感器（如摄影仪、扫描仪和雷达等）获取地表信息，通过数据的传输和处理，来研究地面物体形状、大小、位置、性质及其与环境相互关系的一门现代化技术科学。现代遥感技术具有以下特点：新型传感器不断出现；影像分辨率形成多级序列，可提供从粗到精的对地观测数据；可以反复地获得同一地区的影像数据；以多光谱段获取遥感数据。现代遥感技术具有以下优点：可获取大范围数据资料；获取信息的速度快，周期短；获取信息受条件限制少；获取信息的手段多，信息量大。其缺点是数据定位及分类精度差。

2. 地理信息系统（GIS）

地理信息系统（Geography Information Systems）是在计算机硬件与软件的支持下，运用系统工程和信息科学的理论，科学管理和综合分析具有空间内涵的地理数据，以提供对规划、管理、决策和研究所需信息的空间信息系统。

GIS 技术具有以下功能：数据输入，数据处理，空间分析和统计，地图显示与输出，二次开发和编程。GIS 有两个显著特征：一是它不仅可以像传统的数据库管理系统（DBMS）那样管理数字和文字（属性）信息，而且可以管理空间（图形）信息；二是它可以利用各种空间分析的方法，对多种不同的信息进行综合分析，寻求空间实体间的相互关系，分析和处理在一定区域内分布的现象和过程。GIS 的优势在于其强大的空间查询、分析和处理功能，缺点是数据获取难。

以研究和处理各种空间实体和空间关系为主要特征的地理信息系统集成了多学科的最新技术，如关系数据库管理、高效图形算法、插值、区划和网络分析，为空间分析提供了强大的工具，使得过去复杂困难的高级空间分析任务变得简单易行。目前绝大多数地理信息系统软件都有空间分析功能。空间分析早已成为地理信息系统的核心功能之一，它特有的对空间信息（特别是隐含信息）的提取、表现和传输功能，是地理信息系统区别于一般信息系统的主要功能特征。空间分析是对分析空间数据有关技术的统称。根据其所基于的数据模型，可以分为基于对象模型（矢量数据）的空间分析和栅格模型的空间分析。大部分 GIS 软件是以分层的方式组织空间数据，将专题信息按主题分层提取，同一地区的整个数据层集表达了该地区地理景观的内容。每个主题层，可以叫做一个数据层。数据层既可以用矢量结构的点、线、面图层文件方式表达，也可以用栅格结构的图层文件格式进行表达。叠加分析是地理信息系统最常用的提取空间隐含信息的手段之一。该方法源于传统的透明材料叠加，即将来自不同的数据源的图纸绘于透明纸上，在透光桌上将其叠放在一起，然后用笔勾出感兴趣的部分，提取出感兴趣的信息。地理信息系统的叠加分析是将有关主题层组成的数据层面，进行叠加产生一个新数据层面的操作，其结果综合了原来两层或多层要素所具有的属性。叠加分析不仅包含空间关系的比较，还包含属性关系的比较。

　　不管是区域评估、面评估或点评估，在其研究区内部都毫无疑问地存在着不同程度的经济、社会属性的地表空间分异。否则，在此地区开展易损性评价的必要性不会很大，比如戈壁滩。因此，采用空间单元法评价易损性时，评价单元大小的划定就显得尤为重要。如果划分得太大，就会隐蔽单元内的空间差异性，如果划分得太小，就会造成数据冗余、增加系统的开销。基于以上考虑，我们提出一个经验公式供易损性面评估过程参考：

$$C_L = \sqrt{(\sum_1^n L \max i)/n \cdot (\sum_1^n L \min i)/n} \qquad （式2—14）$$

其中：C_L——评价单元的边长；

L max——i 评价区第 i 大建筑物的最长边；

L min——i 评价区一般建筑物的最短边。

空间数据库是 GIS 软件进行空间分析的原始材料。本书采用 GIS 商业软件 ARCGIS 8.3 和遥感影像处理软件 ERDAS 8.6 作为数据采集和处理的平台，借助其强大的空间、属性数据处理能力进行数据入库和分析操作。针对不同基础资料情况，可以分类的按如下方法把基础数据导入空间数据库。

易损性评价是一种基于被评价区的经济、社会属性的空间映射过程，以其评价的时序逻辑来看，可以大致划分为（1）现实评价区域；（2）概念评价区域；（3）数字评价区域；（4）逻辑映射虚拟区域。用前文所述方法建立的易损性空间数据库大致可以划归为数字评价区域阶段，即将易损性评价所需的经济、社会指标以空间数据的形式虚拟在 GIS 系统中。下一步则需找到一种集成这些数据并将它们映射到某一评价面上的方法。大多数的商业 GIS 软件都提供了或多或少的这类方法。

3. 全球定位系统

全球定位系统（Global Positioning Systems）是为所获的空间目标及属性信息提供实时、快速的三维空间定位的一个全球性、全天候、高精度的导航传递系统，由地面控制站、GPS 卫星网和 GPS 接收机三部分组成。现覆盖全球的 24 颗 GPS 卫星分布在 6 个轨道平面上。每台 GPS 接收机无论在任何时候、任何位置都能接收到最少 4 颗 GPS 卫星发送的空间轨道信息，以确定该接收机的位置，从而提供高精度的二维定位导航及授时系统。目前，GPS 三维定位精度已提高到 6m。由于 GPS 提供了查找位置的最新手段，且速度快、精度高、不受气候和通信条件的影响，具有全天候、布点灵活、作业迅速的特点，现已广泛应用于农业、林业、水利、交通、航空、测绘、安全防范、军事、电力、通信、城市管理等部门。中国林科院已利用此技术进行了飞播与

飞防的导航试验。GPS 所得到的所有定点定位的数据都将能为
GIS 所利用。

　　GPS 系统具有以下主要特点：高精度、全天候、高效率、多
功能、操作简便、应用广泛等，但却无法给出目标的地理属性。

（二）3S 技术的结合

　　"3S" 技术集成，即把 RS、GIS 和 GPS 整合为一个完整的
技术系统。其中，GPS 主要是实时、快速地提供目标的空间位
置，RS 用于实时、快速地提供大面积地表物体及其环境的几
何与地理信息及各种变化，GIS 则是多种来源时空数据的综合
处理和应用分析的平台 3S 技术的集成有多种方式，较为常见
的是 3S 两两之间的集成，比如，GPS 与 GIS 的集成可用于环
境动态监测、环境管理、环境灾害预测等；GPS 与 RS 的集成
可用于自动定时数据的集成可用于全球环境变化监测、空间数
据自动更新等。

　　（1）数据获取与提取系统：数据来源主要包括遥感数据、
GPS 和实测数据、野外调查数据等。该系统中将充分发挥 RS 可
获取大范围数据资料；获取信息的速度快，周期短；获取信息受
条件限制少；获取信息的手段多，信息量大等特点，为系统提供
地质灾害的综合信息。同时利用 GPS 的定位功能提供目标的详
细地理坐标。实测数据可以弥补 RS 和 GPS 的缺陷，为系统提供
更加精确的原始数据。

　　（2）空间数据管理与分析系统：该系统中主要发挥 GIS 强
大的空间查询、分析和处理功能。实现数据的输入、处理和更
新；空间分析和统计、图形编辑等；同时利用 GIS 特有的空间
分析功能，结合遥感资料，可以在地质灾害监测系统中进行空间
叠加分析、缓冲区分析、三维模型分析等。可反映地质灾害的分
布特征，对防灾减灾具有指导意义。

六　社会综合评判的数学方法

常用的综合评判方法有人工神经网络法（ANN）、模糊综合评判法（FSE）、灰色模型法（GM）。

（一）人工神经网络

人工神经网络（Artificial Neural Network，ANN）是由大量简单的高度互连的处理元素（神经元）所组成的复杂网络计算系统，是模拟或学习生物神经网络（biological neural network）的信息处理模型，是一种抽象的数学模型，非常适合于具有非线性特征的区域可持续发展系统，并以其并行分布处理、自组织、自适应、自学习和具有容错性等独特的优良性质引起了广泛的关注。代表性的神经网络模型有感知器、多层映射 BP 网络、径向基函数（RBF）网络、自组织网络以及 Hopfield 网络等。应用人工神经网络判定区域差异或进行区域发展指标预测的步骤：确定网络结构并对输入神经元和输出神经元进行初始化；利用输入输出样本集对网络进行训练，对权值和域值进行学习和调整；输入新的样本进行重复训练，训练次数越多、预测、评判效果越好。

ANN 是由大量简单的处理单元组成的非线性、自适应、自组织系统，它试图通过模拟人类神经系统对信息进行加工、记忆、处理的方式，来实现对信息的系统处理。由于 ANN 方法具有非线性、高维性、不可预测性、吸引性、大规模并行处理、信息的分布或储存、自组织、学习、联想与记忆以及容错等特征，在预测具有高复杂程度的非线性时间序列方面明显优于传统预测方法，具有十分广阔的应用前景。

ANN 模型的最大优点是避免了知识表示的具体形式，不必要求有前提假设与事先的因子选择，且在理论上可以实现对任意函数的逼近，从而避免了因子选择不当而引起的预报误差。在众多的 ANN 预测模型中，前馈网络模型是应用最为广泛的。特别是在水科学领域，其 BP 算法得到了广泛的应用。由于 BP 算法是一种梯度下降搜索方法，因而不可避免地存在固有的不足，如容易陷入误差函数的局部最小点，对于较大的搜索空间多峰值和不可微函数不能有效地搜寻到全局最小点。而全局优化学习算法应用全体学习样本的信息，可有效地搜寻出全局最优点，克服了 BP 算法的不足。

采用目前应用最广泛的多层前馈神经网络模型（BP 模型）。典型的 BP 网络模型即误差反向传播神经网络是神经网络模型中使用最广泛的一类。它属于多层状型的人工神经网络，由若干层神经元组成，它们可分为输入层、隐层和输出层，各层的神经元作用都是不同的。输入层接受外界的信息；输出层则对输入信息进行判别和决策；中间的多层隐层则用来表示或存储知识。BP 网络中信号的传递是单向的，同一层中的神经元之间是不存在相互间的联系，而层与层之间多采用全互联方式，其连接程度用权值表示，并可通过学习来调节其值。最基本的三层 BP 神经网络的结构如图 2—1 所示。隐含单元与输入单元之间、输出单元与隐含单元之间通过相应的传递强度逐个相互联结，用来模拟神经细胞之间的相互联结。

BP 模型的学习思路是：当给定网络的一个输入模式时，它由输入层单元传递到隐层单元，逐层处理后，再送到输出层单元，由输出层单元处理后产生一个输出模式，这个过程称为前向传播。如果输出响应与期望输出模式有误差而不满足要求时，就转入误差后向传播，将误差值沿连接通路逐层传送并修正各层连续权值和阀值。这样不断重复前向传播和误差后向传播过程，直到各个训练模式都满足要求时，则学习结束。

实际应用时，首先要准备一组学习样本，其中的每个样本由输入样本和理想输出对组成。当网络的所有实际输出与其理想输出一致时，训练结束。否则，通过误差逆传播的方法来修正权值使网络的理想输出与实际输出一致。因此，整个训练过程实际上是一个始于输出层的反向传播的递归过程，通过多个样本的反复训练并朝着减小偏差的方向修改权值，最后达到满意的结果。综上所述，多层网络的训练方法是将某一组样本加到输入层，经隐含层处理，最后得到一个输出，如果这个输出与期望值不符，就会产生误差信号，通过反向传播改变权值，减少误差，如此循环，直到得到满意输出。

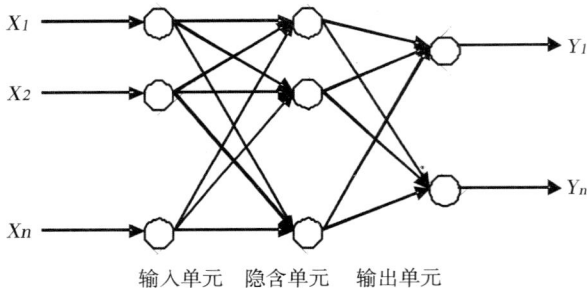

输入单元　隐含单元　输出单元

图 2—1　三层神经网络模型

BP 神经网络采用误差反馈学习算法，其学习过程由正向传播（网络正算）和反向传播（误差反馈）两部分组成。在正向传播过程中，输入信息经隐含单元逐层处理并传向输出层，如果输出层不能得到期望的输出，则转入反向传播过程，将实际值与网络输出之间的误差沿原来的联结通路返回，通过修改各层神经元的联系权值而使误差减小，然后再转入正向传播过程，反复迭代，直到误差小于给定的值为止。

假设 BP 网络每层有 N 个处理单元，训练集包括 M 个样本模式对（X_k，Y_k）。对第 p 个训练样本 p，单元 j 的输入总和记为 net_{pj}，输出记为 O_{pj}，则：

$$net_{pj} = \Sigma_{i=1}^{N} W_{ij}Q_{pi}$$　　　　　　　　　　（式 2—15）

$$Q_{pi} = f(net_{pj})$$　　　　　　　　　　　　（式 2—16）

式中 W_{ij}——神经元 i，j 之间的权重

Q_{pj}——单元 i 的输出

f——作用函数

$$f(x) = \frac{1}{1+e^{-x}}$$　　　　　　　　　　　（式 2—17）

如果任意设置网络初始权值，那么对每个输入模式 p，网络输出与期望输出一般总有误差，定义网络误差 E_p：

$$E_p = \frac{1}{2}\Sigma_j(d_{pj} - O_{pj})2$$　　　　　　　　（式 2—18）

式中 d_{pj}——对第 p 个输入模式输出单元 j 的期望输出

可改变网络的各个权重 W_{ij} 以使 E_P 尽可能减小，从而使实际输出值尽量逼近期望输出值，这实际上是求误差函数的极小值问题，可采用梯度最速下降法以使权值沿误差函数的负梯度方向改变。BP 算法权值修正公式可以表示为：

$$W_{ij}(t+1) = W_{ij}(t) + \eta\delta_{pj}Q_{pj}$$　　　　　（式 2—19）

对于隐含单元：

$$\eta_{pj} = f'(net_{pj})\Sigma_k\delta_{pk}W_{kj}$$　　　　　　　（式 2—20）

对于输出单元：

$$\delta_{pj} = f'(net_{pj})(d_{pj} - O_{pj})$$　　　　　　（式 2—21）

式中 δ_{pj}——训练误差

　　　　t——学习次数

　　　　η——学习因子

　　　　f'——激发函数的导数

η 取值越大则每次权值的改变越剧烈，这可能导致学习过程

发生振荡，因此为了使学习因子的取值足够大而又不致产生振荡，通常在权值修正公式中加入一个势态项，得：

$$W_{ij}（t+1）= W_{ij}（t）+ \eta \delta_{pj} + \alpha \left[W_{ij}（t）- W_{ij}（t-1）\right]$$

（式2—22）

式中 α——常数，势态因子

α 决定上一次学习的权值变化对本次权值新的影响程度。

（二）模糊综合评判法

模糊数学的理论基础是模糊集，是由美国自动控制专家查德（L. A. Zadeh）教授于1965年首先提出来的，就是运用模糊数学的有关理论和方法，建立隶属度函数，考虑不可量化因素的影响，进行综合分析和评估，即应用模糊理论评判区域发展的过程，建立相关的模糊集合（因素集、权重集和评判集）；计算各单一因素对各个评审等级的归属程度，构建模糊矩阵；建立模糊综合评判模型并对结果进行归一化处理。

模糊综合评判决策是针对受多种因素影响的事物作出全面评价的一种有效的多因素决策方法，又称为模糊综合决策。设 $U = \{u_1, u_2, \cdots, u_n\}$ 为 n 种因素，$V = \{v_1, v_2, \cdots, v_m\}$ 为 m 种评判。人们对 m 种评判并不是确定的，因此综合评判应该是 V 上的一个模糊子集 B = $(b_1, b_2, \cdots, b_m) \in \Gamma（V）$ 其中：b_j（$j = 1, 2, \cdots, m$）可看作第 j 种评判 v_j 对模糊集 B 的隶属度，$B（v_j）= b_j$。综合评判 B 依赖于各个因素的权重，它应该是 U 上的模糊子集 A = $(a_1, a_2, \cdots, a_n) \in \Gamma（U）$，且 $\Sigma_i^n = 1 \ \alpha_i = 1$，其中 α_i 表示第 i 种因素的权重。因此，只要给定权重 A，相应地可得到一个综合评判 B。

从以上分析可知，模糊综合决策的数学模型由 3 个要素组成，其步骤分为 4 步。

1. 因素集 $U = \{u_1, u_2, \cdots, u_n\}$。

2. 评判集 V = $\{v_1, v_2, \cdots, v_m\}$。

3. 单因素评判。即 f: $U \to \Gamma$（V），$u_i \to f(u_i) = (r_{i1}, r_{i2}, \cdots, r_{im}) \in \Gamma$（V）。

模糊映射 f 可诱导出模糊关系 Rf $\in \Gamma$（U × V），即 $R_f(u_i, v_j) = f(u_i)(v_j) = r_{ij}$，则表示 Rf 的矩阵为

$$R = \begin{bmatrix} r_{11} & r_{12} & \cdots & r_{1m} \\ r_{21} & r_{22} & \cdots & r_{2m} \\ \vdots & \vdots & & \vdots \\ r_{n1} & r_{n2} & \cdots & r_{nm} \end{bmatrix} \qquad （式 2—23）$$

称 R 为单因素评判矩阵。

4. 综合评判。对于权重 A = $(a_1, a_2, \cdots, a_n)$，取 max - min 合成运算，即用模型 M（$\wedge$，$\vee$）计算，可得到综合评判 B = A · R

即给出一种权重 A $\in \Gamma$（U），则得到一个综合评判 B = A · R $\in \Gamma$（u）。

（三）灰色模型分析法

社会灰色系统模型评估基于这样一个事实：区域发展系统是一个信息不完全或者不确知的灰色系统。其数学模型的关键是建立灰类型的白化权函数，即评估对象隶属于某个灰类的程度。灰色评估的步骤：构造由样本数和指标数组成的样本矩阵；确定各指标极性或测度，并进行等极性或等测度变换；确定各指标的类别界限（中类中限、高类下限、低类上限），根据类别界限分别构造各指标的白化权函数，并分别计算出各样点的指标类别权系数向量；确定各评估指标的权重，计算评估样点的综合权系数矩阵；判别各样点所属类型并划出三角坐标图；利用归一化的权系数向量计算各样点的综合评分，依分值大小进行排序。

灰色关联度分析法是灰色系统分析的一种方法。它是在多因

素统计分析中选取重要因素的有效方法（邓聚龙，2005）

灰色关联度分析步骤如下：

1. 建立参考序列和比较序列

参考序列记为：$x_0(k)$ $k = 1, 2, \cdots, n$

比较序列记为：$x_i(k)$ $k = 1, 2, \cdots, m$

将自然灾害造成的损失记为参考序列，将人口、社会结构、社会文化的具体因素记为比较序列。

2. 对各序列进行均值化处理

$$X_j(k) = \frac{X_i(k)}{\overline{X_1}} \quad j = 0, 1, 2, \cdots, m \qquad \text{（式 2—24）}$$

$$\overline{X_1} = \frac{1}{m} \sum\nolimits_1^m {}_{=1} X_1(k) \qquad \text{（式 2—25）}$$

3. 求关联系数

$$\xi_1(k) = \frac{\min_{i\min} k \mid x_o(k) - x_i(k) \mid + \rho \max_i \max_k}{\mid x_o(k) - x_i(k) \mid + \rho \max_i \max_k}$$

$$\frac{\mid x_o(k) - x_i(k) \mid}{\mid x_o(k) - x_i(k) \mid} \qquad \text{（式 2—26）}$$

式中：ρ 为分辨系数，一般为 0.5，$\xi_i(k)$ 为比较序列 x_i 的第 k 个元素与参考序列 x_0 的第 k 个元素之间的关联系数。

4. 求关联度

$$r_i = \frac{1}{n} \sum\nolimits_{k=1}^n \xi_i(k) \qquad \text{（式 2—27）}$$

5. 关联度排序

根据关联度 r_i 的大小进行排序，比较各指标设置是否合理，确定各指标对自然灾害损失影响程度的大小。

社会学定量研究是一个尚有争议的研究领域，不同的专家学者均有不同的见解和研究方法。其一，指标的选取问题。少量、静止的指标往往不能很好地反映可持续发展的动态变化过程，因此如何从众多因素中选择能很好地表现系统现在及未来状态的指标是未来研究的一个重要突破口。其二，定性指标的量化。社会指标往往并不都是以数字形式表现的，很多只是一种状态或过程的描述，将这些定性的因子进行科学准确的量化也是目前研究的重点。其三，指标体系设计方法的改进。目前的可持续发展指标体系大多把研究对象作为一个均质对象处理，忽略区域内部的差异。

参考文献

曹勇、周晓光、李宗元：《应用运筹学》，经济管理出版社 2008 年版，第 57 页。

邓聚龙：《灰色系统基本方法》，华中科技大学出版社 2005 年版，第 74 页。

何晓群：《现代统计分析方法与应用》，中国人民大学出版社 1998 年版。

吴晓伟：《因子分析模型在企业竞争力评价中的应用》，《工业技术经济》2004 年第 6 期。

张梁、张业成、罗元华：《地质灾害灾情评估理论与实践》，地质出版社 1988 年版。

第三章 灾害研究的起源与发展

　　纵观人类历史就是一部与灾害不断斗争的历史。人类与灾害之间有着千丝万缕的关系，灾害是人类与自然环境和社会环境相互作用的产物。人类行为在灾害系统中起到了不可忽视的作用。灾害学是自然科学和社会科学的交叉科学，有着自身独特的特点，其复杂性、不确定性、全球性等，给人类防灾减灾工作带来了很大的困难。地理学为近代灾害学研究提供了理论基础：环境决定论、或然论，给出了不同时期不同的人地关系思想；人类生态学派、灾害行为学派，指出了人类在灾害过程中起到了一定的作用。现在，在灾害学研究中形成了比较完善的灾害系统理论，致灾因子论、孕灾环境论、承灾体论，详细地探讨了灾害系统中的自然因素、社会因素对灾害产生的影响，为灾害研究实践提供了理论依据。

一　环境决定论与或然论

　　环境决定论，认为地理环境因素，决定社会历史状态、民族性格，特别强调自然环境的统治地位（或称地理环境决定论），它确认自然条件（即地理环境）是人类社会发展的决定性因素。其研究起源可以追溯到古希腊的一些著作，并一直延续到近代。希波克拉底在其《论空气、水和环境的影响》一书中认为，人类特性产生于气候；柏拉图认为人类精神生活与海洋影响有关。

公元前 4 世纪亚里士多德认为地理位置、气候、土壤等影响个别民族特性与社会性质。到近代，法国启蒙哲学家孟德斯鸠在《论法的精神》一书中，将亚里士多德的论证，扩展到不同气候的特殊性对各民族生理、心理、气质、宗教信仰、政治制度的决定性作用，认为"气候王国才是一切王国的第一位"。他将地理环境看成是社会发展的根本动力，人们最初生活在一个没有国家的自然状态中，这是一种友好和平的状态。黑格尔也是一位重要的"地理环境决定论"者，他认为整个世界的地理环境可以划分为"干燥的高地，广阔的草原和平原"。由于地理环境的不同，居住在这三种地区的民族社会生活和民族性格也产生了不同特征。以后，德国地理学家拉采尔、英国地理学家森普尔等人进一步发挥了孟德斯鸠的观点。拉采尔在《人类地理学》中，把人说成是环境的产物，其活动、分布等都受环境的严格限制。美国地理学家、地质学家埃尔斯沃思·亨廷顿在他的主要著作《文明与气候》、《民族特征》、《世界权利与进化》中，把气候视作影响整个文明的重要因素。19 世纪中后期，是实证主义——自然主义世界观鼎盛的时期，几乎所有的社会科学和思想家都受到这种世界观的影响。环境决定论被应用到多个领域去解释一系列的社会现象和自然现象，对社会的影响很大。

在 20 世纪 50—70 年代，灾害学思想形成深受环境决定论的影响，特别是社会科学中，将灾害定义为"上帝的行动"、"没有人能够对此负责的事件"、"不可预测的事件"等。事实上，在生产力极其落后的社会，人类的生活非常困难，食物匮乏，改造自然的能力较差。面对各种自然灾害、瘟疫等，人类几乎没有办法可以应对。所以，人类认为无法躲避灾害的发生，灾害的发生是由环境所决定的。虽然这一理论对灾害的认识过于绝对和片面，但其为灾害理论的研究奠定了基础。受此灾害理论的影响，产生了许多关于灾害研究的理论。

　　针对环境决定论的绝对化的倾向，法国地理学家维达尔·白兰士及其学生白吕纳提出一种不同的观点，认为地理环境为人类社会发展提供了多种可能，在一定范围内人们可以自由地选择和利用它们。白吕纳于 1910 年发表的《人地学原理》一书中认为自然是固定的，人文是无定的，两者之间的关系常随时代而变化。他强调除了自然的直接影响之外，还有很多其他的因素。人是一个积极的因素，不能用环境决定论来解释一切人生事实。这种观点后来被称为"或然论"或"环境可能论"。①

　　在人类与灾害不断斗争中，人们发现自然灾害与社会环境之间，并不像环境决定论那样，是一种直接的因果关系，而是非常复杂的系统。人为因素在灾害研究中也起到了一定的作用。"或然论"肯定了人的积极主动性，也承认自然环境在某种状况下有所限制，人们不可能在没有压力和威胁的情况下超越它。面对自然灾害的压力和威胁时，人类的能动性可以得到发挥，对自然环境具有一定的反作用，对从适应自然到改造自然。

二　人类生态学派

　　第二次世界大战以后，战争、工业化的迅速发展，人类的生产和生活严重地破坏了生态系统的平衡与稳定。科学家开始从哲学上探讨人类生态环境的发展，后来在社会学和地理学两大学科之间发展，形成了新的学科——人类生态学。1921 年美国社会学者帕克在《社会学导论》一书中以城市社会学的视角，首次提出了"Human ecology""人类生态学"一词（曾译为人文区位学）。在生态学视角中，自然界各种生物之间存在着相互依

---

　　①　王恩涌：《人文地理学》，高等教育出版社 2000 年版，第 150 页。

赖、相互共生的关系，生物群落是有秩序存在的；人类是群生群居的动物，他无法单独生存，相对来看，人是弱小的，他不仅需要一定的环境保护，还需要有同类伙伴繁荣协同合作；人类所有的活动对其发生的环境都有着某种影响，其中大部分的影响都是短期的，但是人类的某些活动，无论是直接的还是间接的，都是环境变化的主要原因①。

1923 年美国地理学者巴罗斯提出人类生态学概念，他在美国地理学者协会会刊上发表了《人类生态学》一文，主张地理学研究的目的，不在于考察环境本身的特征与客观存在的自然现象，而是研究人类对自然环境的反应，"地理学以弄清自然环境和人类分布、人类活动之间所存在的关系作为目标"，"以人类适应环境的观点，来观察这个问题，比从环境的影响出发看问题要明智"，人是中心论题，宣称地理学的中心课题是研究特定地区间的"人类生态学"。即人类生态学具有社会学和地理学的双重属性。

在灾害学研究方面，人类生态学论述了灾害和自然环境，灾害与社会活动相互作用与关系。1929 年芝加哥大学约翰·杜威指出：自然世界中人类寻求安全感的本性其实蕴涵了潜在的危险。它迫使个人和社会，从意识到行为寻觅舒适和安全，被人类认为是绝对真理，极大地影响到人类的文化，例如宗教、科学和哲学。我们面临的灾害风险，其本质不只是自然环境的灾变，与人类社会也密切相关，由于人类活动的干扰，灾害变得复杂，使人类不得不对灾害发生的原因和影响进行重新的认识。地理学家吉尔伯特·怀特深受杜威的影响，认为自然灾害是自然和社会两种力量相互作用的结果，灾害的影响可以通过社会和自然的调整

① 陈敏豪：《人类生态学——一种面向世界的文化》，上海交通大学出版社1988 年版，第 50 页。

来减轻灾害的损失。其实，怀特第一次提出了到现在仍然在困惑我们的问题：为什么我们采用了很多的新技术，新方法来应对灾害，但是我们的社会灾害损失不但没有减少反而增加了？

迈克尔佛探讨了社会与自然灾害之间的关系，指出"揭露环境塑造灾害，以及环境改变人类命运是社会学的主要成就之一"。迈克尔佛认为：社会对自然环境的索取，应当在自然环境可承受的范围之内。他认识到经济、政治、文化等因素与自然因素的有联系，确定了社会对自然环境的影响。人类只有减小自身从自然环境中获得物质或能量，才能避免和自然环境的冲突。

1983 年地理学家肯尼斯·赫威特编辑出版了题为"从人类生态学看：灾难的解释"的论文集，该书被认为是自然灾害易损性研究发展史上的一个里程碑。肯尼斯·赫威特推出该书的目的是要为灾害研究和管理提供一个不同于传统范式的灾害研究思路和方法。在传统的灾害范式中，灾害是极端地球物理过程的直接结果，处理灾害事务的唯一基础是应用地球物理和工程知识。而肯尼斯·赫威特认为，对自然灾害来说，重要的事情不是靠灾害事件的条件或行为来解释灾害的特征、后果及形成原因，而是要分析当代的社会秩序，灾害的日常关系和塑造这些特征的更深远的历史环境。

20 世纪 50 年代，人类生态学开始集中研究人口（P）、组织（O）、环境（E）、技术（T）各要素之间的关系，被称为 POET 模型或"生态复合体"。其注重了社会组织与自然环境之间的关系，但是其忽视了人口对自然环境的影响。20 世纪 60 年代，人类生态学在社会学研究领域占有主要地位，自然灾害的研究在社会学中分成了两个方向：人口研究和环境社会学研究。其中，米切尔·密克林提供了社会调整综合效益的证明，以证明社会调整的机理，可以适应自然环境。人类生态学派重新认识了人与社会在自然环境中的相互关系，承认了环境承载力的有限性，如果人类社会的索取超过了自然环境的承受能力就可能引发灾害。

从某种意义上讲，人类生态学认为人类社会也是一个大的生态系统，遵守生态的法则。人类的生存活动、生产活动、社会活动与自然环境是相互作用及互相影响的。人的生存空间包括个体空间和居住空间，个体空间是指人作为具有一定大小的实体，必须有容纳他们的空间；居住空间是指人居住的房屋，人地关系的两大基本概念是：一是强调人与自然环境的无机物、有机物界诸要素对空间的占有，二是人与自然界之间的物质、质量、信息的交流。人地关系同时又是一对矛盾的内涵，空间的占有，物质能量、信息的交流量的增加，伴随的是可占有空间的减少，物质能量信息交流的困难。如城市人口的大幅度增加，导致住房扩建，为了让更多的人就业，增加企业，让更多的人入学、受教育，增建学校占据更多的耕地；为了人流、物流、信息流、能量流的高速畅通，增修大量道路和管线占据大量的耕地；城市为了追求耕地的物质性，要消耗自然环境中大量的物质与能源，在医治造成城市社会生活中排放有害气体，工业废水、生活污水、固体废弃物日益严重，最终影响到城市的生态平衡。人类经济活动开发度增加造成一系列的环境和灾害问题，如沙尘暴、水土流失、气候异常、滑坡泥石流的增加，这些都是人地关系失调造成的结果。社会的存在和发展本身会造成灾害的发生的可能。

三 灾害行为学派

20 世纪 50 年代，在社会学领域中，发展起来的"灾害行为学派"，源于普里思关于人为的工程技术行为导致灾害的论文，他探索了灾害的性质与产生的条件，研究了社会环境中人的行为和自然环境的关系。认为环境有三种，即现象环境（自然客体)、个人环境(人类对现象环境的感知)和条件环境(影响行为的文化信仰和意愿);索南菲尔德提出了环境认知的四个层次:地理层次(环境)、作用层次(对人类施加影响的环境部分)、知觉层次(人以直接、间接经验认识到的环境部分)和行为层次(诱发行为的环境部分)。人类对环境的认知,强调了通过环境的刺激,使人类对环境进行重新的认识。而环境刺激的重要方面:灾害的产生及对人类生存环境产生了冲击。使人类不得不面对环境变化带来的灾害损失,评估人类的活动与自然环境之间的关系。

以美国地理学家吉尔伯特·怀特发表的《人类对洪水的适应》为标志,第一次从人类的行为来分析人类资源开发利用与自然灾害的关系。在此基础上巴顿、凯特、怀特在其合著《作为灾害之源的环境》中提出:自然灾害是致灾因子与人类相互作用过程的产物,调整人类的活动是减轻自然灾害的根本。其中将致灾因子划分为地球物理致灾因子和生物致灾因子,并分析了人类在减灾中的作用。

由于苏联发生了"切尔诺贝利核电站泄露事件",人类的行为给环境造成了巨大的破坏。美国国家科学研究委员会开展了灾害社会学研究,以讨论人类的行为对灾害产生的影响,及人类在核电站防护中的经验教训。该研究主题为"灾难与社会秩序动荡",研究发现,社会是应对灾害的薄弱环节。研究中获得的理论成果,被应用到社会心理学和社会组织学中的集体行为理论中。集体行为学研究了灾后社会适应能力以及社会的反应;社会组织学也有类似论述,研究人类活动是加强还是减小了灾害的损失程度;人类社会、社区对灾害的适应能力是增大还是减小了。

在社会学领域灾害研究中,注重防灾减灾的作用,建设防灾社区的长效机制,制定详细的防灾措施和灾害应急措施;注重灾害预警、备灾、救灾和灾害恢复各个环节。但是,防范灾害风险和灾难，有许多不确定的因素：全球环境变化，全球化、城市化、新技术的风险等，而人类行为同样具有不确定性，造成灾害难以预测。同时，通过研究表明：长期的灾害预防；发生灾情时快速反应；开展灾害调研和灾害研究；通过人类主动的防灾行为可以降低灾害的破坏和损失。

四 区域灾害系统学说

致灾因子论、孕灾环境论、承灾体论和区域灾害系统论是现在灾害研究的重要思想。张兰生在"中国自然灾害的区域规律研究进展的报告"中指出：灾害系统是由孕灾环境、致灾因子、承灾体组成的地球表层的异变系统，是灾害研究的重要方向，并进一步提出灾情形成机制的三个要素，即致灾因子危险性、承灾体的脆弱性、孕灾环境的稳定性[①]。致灾因子论、孕灾环境论、承灾体论和区域灾害系统论，为以后的灾害研究提供了理论依据，并指导了中国灾害研究的主要方向。

（一）致灾因子论

黄崇福将可能造成灾害的因素称为致灾因子。史培军认为致灾因子是指可能造成财产损失、人员伤亡、资源与环境破坏、社会系统混乱等孕灾环境中的异变因子。致灾因子是灾害系统中的重要组成部分，具有一定的危险性。《兵库框架》对致灾因子这样表述："……源于自然的致灾因子，以及相关的环境和技术致灾因子和风险。"2009年联合国国际减灾战略术语中指出，致灾因子是一种危险的现象、物质、人的活动或局面，它们可能造成

---

① 张兰生：《中国自然灾害的区域规律研究进展》，《地球科学进展》1995年第2期。

人员伤亡，或对健康产生影响，造成财产损失，生计和服务设施丧失，社会和经济被搞乱或环境损坏。

致灾因子论的主要内容：主要有对致灾因子论的主要理论认识；致灾因子分类；致灾因子形成机制和致灾因子的风险评价[①]。2009 年联合国国际减灾战略术语中主要分类有：生物致灾因子、地质致灾因子、水文气象致灾因子、自然致灾因子、社会自然致灾因子和技术致灾因子等。中华人民共和国国家标准发布的致灾因子的概念及分类表明：可能或能够造成灾害的直接原因被称为致灾因子，可分为自然致灾因子、环境致灾因子与人为致灾因子。史培军根据致灾因子的属性，将致灾因子分为自然、人为和环境三个系统，按照致灾因子的成因（动力）分类体系，可分为系→群→类→种[②]，对致灾因子进行细化和分类，以便进行深入的研究。

自然致灾因子：自然变化的过程或现象，它们可能造成人员伤亡，或对健康产生影响，造成财产损失，生计和服务设施破坏，社会和经济混乱，或环境破坏。其造成的灾害被称为自然灾害[③]，这些致灾因子又被看做是造成灾害的自然原因，又称为自然灾源。史培军根据致灾因子产生的环境将其划分为大气圈、水圈产生的致灾因子——台风、暴雨、风暴潮、海啸、洪水等；岩石圈所产生的致灾因子——地震、火山、滑坡、崩塌、泥石流等；以及生物圈所产生的致灾因子——病害、虫害等。曾维华、程声通按灾害的成因分类主要有：陨石与太阳风等天文灾害；旱灾、飓风、暴雨、龙卷风、寒潮、热带风暴与暴风雪、霜冻等气

①　史培军：《再论灾害研究的理论与实践》，《自然灾害学报》1996 年第 4 期。
②　史培军：《三论灾害研究的理论与实践》，《自然灾害学报》2002 年第 3 期。
③　史培军、虞立红、张素娟：《国内外自然灾害研究综述及我国近期对策》，《干旱区资源与环境》1989 年第 7 期。

象灾害；洪水与海侵等水文灾害；地震、火山爆发、滑坡与泥石流等地质地貌灾害；以及病虫害与瘟疫等生物灾害。对自然致灾因子的描述，一般从自然灾害发生的规模或强度、发生速度，持续时间和覆盖区域等特点来描述，即从自然灾害发生的时间、空间和强度等方面来说明灾害的特征。由自然致灾因子导致的自然灾害一般具有灾害过程时间短、强度大、人为可控性较低、可预知程度低的特征。自然致灾因子是导致灾害发生的最普遍的因素之一，也是传统灾害研究最为关注的内容。

环境致灾因子：人与社会、人与自然相互作用，在社会环境或自然环境中引发的渐变或突变的环境异常现象，导致人—社会环境—自然环境的正常功能异常。即人类在开发利用自然环境过程中，超越了自然环境的承载能力和自然环境自身的自我调节能力，导致环境污染和生态环境破坏，对人类的身体健康和财产构成威胁，由此产生的灾害被称为环境灾害。曾维华、程声通在《环境灾害学引论》中指出，按此成因可以将环境灾害分为：资源枯竭、重大环境污染事故、酸雨、水土流失、土壤沙化、温室效应、臭氧层破坏、物种灭绝以及人为诱发的地震、滑坡、泥石流与地面沉降等环境地质灾害。在环境致灾因子中，人为的干扰作用巨大，而人类的活动具有一定的可控性，因此，约束人类的行为可以避免环境灾害的发生或减小灾害造成的损失。

人为致灾因子：又被称为人文致灾因子，是指人类与社会行为造成的直接的或间接的灾害损失[①]，是人为灾害的主要致灾原因。主要的灾害类型有：战争、社会动乱、犯罪等政治灾害；人口问题、能源危机、经济危机等经济灾害；计算机病毒、交通事故、空难、海难、火灾与核泄漏等技术灾害；社会风气败坏与文

---

① 曾维华、程声通：《环境灾害学引论》，中国环境科学出版社2000年版，第34页。

化落后等文化灾害。在人为灾害形成中，人在灾害发生中起到了决定性的作用。人为灾害的可控性较强，可预防性较强，是现代灾害防治研究中新的关注点。

灾害的形成是致灾因子对承灾体作用的结果，没有致灾因子就没有灾害。因此，他们着重研究致灾因子产生的机制及其风险评估，从致灾因子中找出灾害发生的概率，并揭示灾害发生的机理，进而对灾害进行预警预报。目前，这方面的研究在地震、滑坡、泥石流、洪涝、干旱、台风等灾害方面的防范取得了很大的进步，在很多方面的研究也是卓有成效的，提高了致灾因子的预报准确率，为工程建设提供了有价值的技术参数，减小了灾害对人类造成的伤害和财产的损失。

（二）孕灾环境论

孕灾环境：形成灾害的综合地球表层环境，包括孕育产生灾害的自然环境与人文环境。其中，自然环境可分为大气圈、水圈、岩石圈、生物圈，人文环境可分为人类圈与技术圈等。

持孕灾环境论观点的学者认为：近些年来，灾害的频繁发生，而且人员伤亡和财产损失不断增加，灾害的严重性日益加剧，这些变化与孕灾环境的变化是密不可分的。这些变化表现在自然地理环境的变化和人文社会环境的变化。自然变化中最为主要的是全球气候变化与土地利用的变化，人文环境中主要是人类的经济环境和社会环境的变化。同时这些观点也得到了系统论的支持，地球系统是一个复杂的开放的系统。如果系统中的某个要素发生微小的变化就有可能造成整个系统的重新调整，在调整中就不可避免渐变或突变的灾害事件发生。比如全球气候变化，气候中的降水、气温等因子的变化就改变了大气系统的平衡，从而引起气象灾害，而气象灾害又引发一系列的灾害链，不单是大气圈，而且波及水圈、岩石圈、生物圈等整个地球系统，从而导致自然灾害时空分布格局发生变化；而受灾害影响人文环境受到灾害的巨大冲击，损失加大。

孕灾环境论研究的主要内容：研究地球系统的自然环境、人文环境的变化规律，并与致灾因子时空分异规律相联系，建立全球或区域的灾害分布及演变模拟，为灾害发生相关性研究，预防、预测灾害和灾情评估提供依据。比如：人为地砍伐森林，造成大面积的植被破坏，土壤裸露，造成土地覆盖的变化；在地表土地利用变化的基础上，降水、风等自然致灾因子就有可能引起水土流失、土壤肥力下降或土壤沙化导致沙尘源等灾害事件的发生。进而有可能引起当地局部小气候变化，形成更为复杂的长期的灾害问题。由此可以解释一系列由环境变化而造成的环境灾害事件，比如土地退化、森林枯竭、生物多样性破坏、水土流失、沙漠化、地面沉降、海水入侵等等。

对孕灾环境研究的技术手段主要有：借助计算机、卫星、遥感、地理信息系统、仿真模拟系统等新技术新方法的应用。对孕灾环境和致灾因子进行相关分析，监测孕灾环境及致灾因子的某些特征的动态变化，预测其对灾害产生的影响。比如：对大气云量的动态变化监测，能够判断降水量的分布范围和降水强度，进而可以经过系统模型，并预测是否有洪涝灾害、滑坡、泥石流、雪灾或旱灾的风险。再如，对海洋热带低压气旋的监测，判断其是否能够形成台风（飓风），以及形成台风（飓风）后的运动路径，沿途覆盖哪些区域；对这些地区进行预警预报，并且可以根据，这些地区的人口、经济、工业、农业等人类活动的抗灾能力及易损性，对台风灾害造成的损失进行模拟评估，迅速地制定救灾措施。由此我们可以认为，孕灾环境论主要是研究全球或区域的环境变化与灾害的时空分布规律；孕灾环境与致灾因子的相互作用；利用现代技术手段对灾害发生的概率与灾害的损失进行评估，为制定减灾规划提供科学依据。

（三）承灾体论

承灾体：承受各种致灾因子作用的对象，是人类及其活动所在的社会与各种资源的集合，其中，人类既是承灾体，又是致灾因子。

根据研究目标不同，承灾体的层次也不同，主要有宏观承灾体和微观承灾体之分。将一个居民区或一个城市甚至一个区域作为一个承灾体来看，这个承灾体就是宏观承灾体，只能对其进行粗略的风险分析；将一个建筑物或危险物储存体作为承灾体来看，这个承灾体就是一个微观承灾体，可以进行较精细的风险分析。

根据承灾体属性可以分为人类与财产和自然资源两大类。承灾体论将人看做是重要的承灾体，没有人也就谈不上灾害。人根据财富又可以分为富人、中等收入人、穷人三种；根据年龄特征、健康状况等又可以分为男人、妇女、儿童、成年人、老人、健康的人和有残障的人。不同的人群对灾害的承受能力不同，妇女、儿童、老人、残疾人、生理状况较差的人，抵御灾害的能力较弱，被称为易损人群[1]。将财产也可以看做是承灾体，根据其属性主要分为动产和不动产，动产包括如运输中的货物、各种交通工具等；不动产主要包括各种土地利用（如房屋、道路、农田、牧场、水域、森林等）和自然资源（矿产、土地资源、生物资源等）。在财产中根据其易损程度，可以将其分为低度易损、中度易损、高度易损。比如房屋建筑中的土结构、砖木结构、钢筋混凝土结构，根据其易损程度可以分为低度易损建筑、中度易损建筑、高度易损建筑。

---

[1]　郭跃：《自然灾害的社会局损性及影响因素研究》，《灾害学》2010 年第 1 期。

持承灾体论的学者认为：没有承灾体就没有灾害。承灾体是致灾因子的承受者，离开承灾体，灾害也就变为空谈。承灾体遭受破坏是灾害的主要表现形式之一。从广义上讲，任何承灾体都有一定的承灾能力，都是一个能量转化系统，当灾害的破坏程度超过了承灾体的承受能力之后灾害便发生了。

承灾体论的研究，主要是对承灾体易损性的研究和评价。其主要研究的内容有：承灾体的承载能力的临界值的分析，即最大的抗灾能力，超过其所能承受的最大能力之后就会发生灾害。例如，在建筑标准中对抗震性要求的 8 级抗震能力。还有对承灾体的数量、分布等分析和评价；灾害发生后所波及的范围，承灾体所处位置的风险程度。现在可以利用遥感手段进行承灾体的快速地进行动态监测，来分析由承灾体的变化而引起的灾情变化，从而进行快速的灾情评估和制定相应的救灾方案。

（四）区域灾害系统论

区域灾害系统是一个复杂的、开放的非线性系统，由自然系统和人类社会系统共同构成；是致灾因子、孕灾环境和承灾体相互作用，最终造成灾害的系统。

自然系统和社会系统中的致灾因子、孕灾环境与承灾体之间相互作用对灾害的时空分布、损失程度大小起到决定性的作用。由于孕灾环境的变化和致灾因子的压力，超过了承灾体的灾害承受能力，就会造成自然和社会系统的自组织运动，而系统的调整就会造成灾害的发生。这三种因素在不同时空条件下，对灾害形成的作用不同。因此，灾害是地球表层异变过程的产物，是致灾因子、孕灾环境与承灾体综合作用的结果。

灾害系统中存在着由偶然性起决定作用的混沌状态，也存在着自组织从无序到有序的状态。当自然和社会系统运动加快的时候，存在的非线性作用就会加强。现在世界的任何一个地方发生的任何一件事情，在世界的其他地方都能知道，而且可能立刻就发生影响。比如：东太平洋海水的异常增温引发厄尔尼诺现象，而厄尔尼诺现象会导致全球大气环境的变化，引起太平洋西部地区发生干旱，南美洲中部哥伦比亚、秘鲁等地出现洪涝灾害等一系列灾害事件的发生。当灾害系统中信息流动加快以后，灾害系统中的非线性作用就会加强，灾害系统的演化速度就会加快，当灾害系统进入混沌区的边缘的时候，其对外界参数就变得非常敏感，耗散和涨落的斗争，必然性和偶然性的相互转化，使得参数的微小变化，偶然的变化就可能激发自组织的过程，进行系统的内部结构的调整，形成一种新的有序的状态，或者会脱离稳定的轨道快速陷于一种混沌的旋涡，形成各种各样的灾害现象。

对于区域灾害系统来说，往往是多种因素的综合，不过某些时候一些因素会更为突出。1994 年布莱克、卡农、戴维斯和威斯纳合作发表了《风险：自然致灾因子、人类易损性和灾害》一书，他们从致灾因子、孕灾环境和承灾体的综合分析，系统的总结了区域资源开发与自然灾害的关系，认为灾害是脆弱承灾体与致灾因子相互综合作用的结果。致灾因子的改变是非常困难的，所以防灾减灾应该降低承灾体的易损性，增强承灾体的抵御自然灾害的能力；同时也对人类的脆弱性和致灾因子相互作用进行了分析，提出要降低其脆弱性就必须改进防灾与灾害恢复的能力。在经济和社会不发达的情况下，人类抵御自然灾害的能力较弱，易损性较大，所以贫穷国家或发展中国家灾害的损失比较严重，而经济发达的国家对灾害的承受能力和灾后恢复能力较强，灾害对其造成的影响较小。

区域灾害系统论研究的内容主要是分析区域致灾因子、孕灾环境和承灾体之间的相互关系和相互作用及其动力学过程；在对灾害成因和灾情分析的基础上，揭示区域灾害的规律，研究其形成机制，为区域防灾减灾对策的制定提供科学依据。但是，现在做到对灾害的定量性分析是非常困难的，因为在灾害系统中，无论是致灾因子还是孕灾环境的变化，有很多的影响因素，有很大的不确定性；而作为承灾体的人类和人类社会环境，也有很大的不确定性，在灾害系统中这些影响因子一个微小的变化就可能导致结果的巨大差异。因而，进一步完善区域灾害的系统分析，建立完备的灾害数据库，对灾害的形成机制进行分析，建立灾害系统仿真模型，以期对灾害进行准确的预测，并根据其形成机制，制定有效的防灾减灾措施。

五　人地关系失衡论

人具有自然和社会双重属性，以影响人类社会为主的自然灾害系统，同样具有自然和社会双重属性。人类社会经济活动与地理环境之间的关系，简称人地关系。人地关系是地理学研究的核心内容，也是区域可持续发展研究的重心内容之一。人地关系和谐发展是一个古老而崭新的命题，也是当代社会发展不懈追求的目标。

自然灾害的发生既是外部环境因素异变、突发的结果，更是人地关系失衡、人地关系矛盾突出的表现。人地关系始终贯穿人类社会发展的进程，协调并优化人地关系是降低自然灾害损失的主要思路和途径。

当代人地关系是处于一个复杂多变的状态，人类改造自然的能力达到了前所未有的程度。与此同时，人地关系平衡不断被打破，人地关系矛盾不断激化、诱发多种自然灾害。人地关系失衡与自然灾害关系整体表现在：

1. 人对地：人口数量的增长，需要从自然环境中索取更多的水、土地、矿产、能源等自然资源；人们生活水平的提高，需要从自然环境中获得更多的自然资源；人类科学技术的进步，能够从自然环境中获得更多的自然资源。然而，所有的自然资源并不是无限的、永久可开采的。当人类活动对自然环境的影响超过了自然环境本身的恢复能力时，便会诱发各种自然灾害（图3—1）。

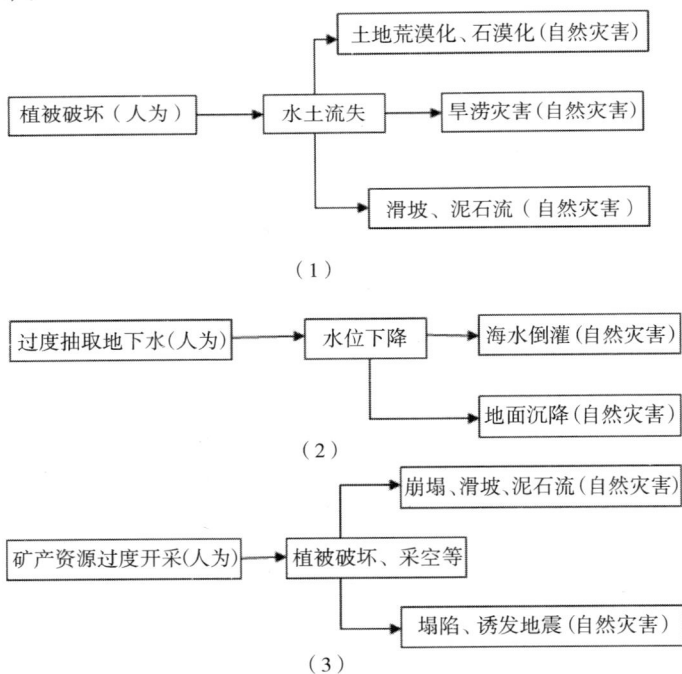

（1）

（2）

（3）

图3—1　不合理的人类行为诱发自然灾害

（1）人类过度放牧、开荒、砍伐森林等严重破坏植被的行为，当植被破坏难以恢复时便会产生各种自然灾害，如滑坡、泥石流、旱涝灾害、土地荒漠化、石漠化、土壤肥力下降等。（2）

人类过度抽取地下水，就会导致地面沉降、沿海地区有可能引发咸潮、海水倒灌等现象。（3）不合理的矿产资源开采不仅导致采取采空、植被破坏、环境污染，而且会引发崩塌、滑坡、泥石流、塌陷、诱发地震等自然灾害。

2. 地对人：自然灾害是自然异化、突变的过程，如果没有人的参与就只是自然现象。然而，人类的存在和失衡的人地关系加剧了自然灾害对人类自身、人为环境和社会环境的破坏和打击。因此，人类的行为对自然灾害造成的损失具有双重作用：如果人类的行为不合理，往往对自然灾害造成的破坏具有放大作用；相反，协调的人类行为会缩小自然灾害对人类造成的损失。如下链式反应（图3—2）：

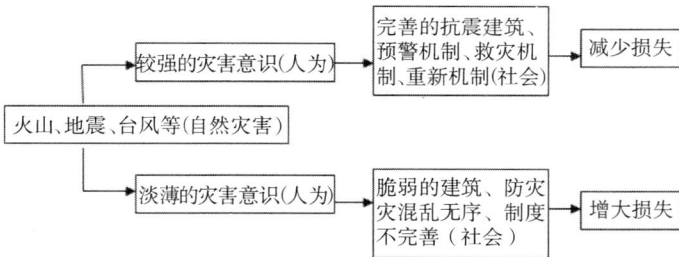

图3—2　人类反应与自然灾害损失

当代人地关系失衡与自然灾害关系给人类的启示：人地关系失衡是导致自然灾害发生的重要因素之一，同时也是导致自然灾害损失增大的主要原因。因此，协调人地关系矛盾是防止自然灾害发生和减小自然灾害造成损失的重要手段。

如何正确认识和评价区域人地关系和自然灾害之间的关系，区域人地关系是否健康，在面对自然灾害时是否易损，成为人们长期关注的问题。经过长时间的研究，一些学者将自然和社会的脆弱程度纳入研究领域，研究自然环境的脆弱性和人类、人为环

境、社会环境的易损性，并提出了易损度的概念，用以衡量人类
和社会易损性程度的大小。

参考文献

P. Blaikie and others, *At Risk: Natural Hazards, People's Vulnerability and Disasters*, London: Routledge, 1994.

Claude Gilbert, "Studying Disaster: A Review of the Main Conceptual Tools", *International Journal of Mass Emergencies and Disasters*, 3 (3), 1995.

R. E. Dunlap and W. R. Catton, "Environmental Sociology", *Annual Review of Sociology*, Volume 5, 1979, pp. 243—273.

EL – Sabh and other, *Recent Studies in Geophysical Hazards*, Dordrecht: Kluwer Academic Publisher, 1994.

J. A. Eddy, Global Change in the Greosphere Biosphere, Washington, D. C.: National Academy Press, 1986.

R. T. Forman, "Some General Principles of Landscape and Regional Ecology", *Landscape Eco logy*, 10 (3) 1995, pp. 133—142.

Kenneth Hewitt, *Interpretation of Calamity from the View – point of Human Ecology*, Boston: Allen and Uniwin, 1983.

R. Maclver, *Society: Its Structure and Changes*, New York: Long and Smith, 1931.

Gilbert White, "Human Adjustment to Floods", Research Paper *No. 29*, Chicago, *University of Chicago Department of Geography*, 1945.

白光润:《地理学导论》，高等教育出版社 1993 年版。

陈敏豪:《人类生态学———一种面向世界的文化》，上海交通大学出版社 1988 年版。

郭跃:《灾害易损性研究的回顾与展望》，《灾害学》2005 年第 4 期。

黄鼎成、王毅、康晓光:《人与自然关系导论》，湖北科学技术出版社 1996 年版。

黄崇福:《自然灾害风险评价理论与实践》，科学出版社 2005 年版。

凯·米尔顿:《多种生态学:人类学，文化与环境》，《国际社会科学

杂志》1998 年第 4 期。

李有梅、刘春燕:《环境社会学》,上海大学出版社 2004 年版。

李永祥:《灾害的人类学研究评述》,《民族研究》2010 年第 3 期。

史培军:《灾害研究的理论与实践》,《南京大学学报》1991 年第 4 期。

第四章　灾害系统的组成

一　灾害系统概述

从系统论的观点看，自然灾害就其本质而言都是人类社会与自然环境两大系统之间以及各系统内部要素之间相互联系、相互作用的结果，并且这种结果总是给人类的生存与发展带来某些不良的影响和危害。各种灾害的总和即构成了一个特殊的系统：灾害系统。人类社会与自然环境是形成灾害系统的两个方面，鉴于人类社会是由人类自身与人类创造物两类世界构成，故从系统类型的组成上看，灾害系统由三大类系统组成：自然环境系统、人为环境系统（以人造物为主体的硬社会系统）和人类社会系统（以人为主体的软社会系统）。

灾害系统是由相互联系和相互作用的自然环境系统、人为环境系统和人类社会系统三个组成部分结合而形成的统一整体。相互联系和相互作用的三个系统及其整体性是灾害系统的基本属性。自然环境系统、人为环境系统和人类社会系统之间的各种形式的灾害现象不是彼此孤立，互不联系的，而是具有不可分割的相互联系和相互作用的内在联系。在灾害系统中，自然环境系统通过人为环境系统和人类社会系统地作用对人类造成危害；人为环境系统通过自然环境系统和人类社会系统地对人类造成危害；人类社会系统是灾害系统的主体部分，所有灾害现象和灾害事件都是相对于人类这个主题而言的，即自然环境系统、人为环境系统和人类社会系统的运动变化造成的有害影响。离开了人类社会系统，便无所谓灾与害，灾害系统也就不复存在了。

灾害系统是一个复杂的巨系统。灾害系统包括了自然环境系统、人为环境系统和人类社会系统三个方面。每个方面的系统又包含若干子系统，如自然环境系统有大气圈、水圈、岩石圈、生物圈等 4 个子系统组成；人为环境系统（硬社会系统）：公共基础设施（公路、铁路、桥梁、通信、水电供应等）、房屋建筑（住宅、商业建筑、工厂学校、行政大楼等）子系统；人类社会系统则可以分化为区域、文化、民族、政治、经济等若干子系统。灾害系统的每个子系统还可以分为若干次级子系统。各个层次的灾害系统的逐级叠加，就构成了一个巨大的灾害系统。灾害系统由于具有庞大的体系、众多的作用因子、纵横交错的内在结构关系，从而导致了种类繁多的灾害现象，每一种灾害现象又有错综复杂的形成过程和发生发展规律从而构成复杂性特征。对于灾害系统的复杂性，我们可以从两种意义上理解。在存在的意义上，所谓"复杂性"是指系统具有多层次结构（由不同大小的部分所组成，各部分之间以复杂的方式相互连接）、多重时间标度、多种控制参量和多样的作用过程。在演化动力学的意义上，所谓"复杂性"则是指当一个开放系统远离平衡状态时，不可逆过程的非线性动力学机制所自发演化出的多样化"自组织"现象（耗散结构）[①]。非平衡约束和非线性机制作用于开放系统使其失稳并产生分支，结果导致复杂性的出现。

在自然环境系统、人为环境系统、人类社会系统之间或者之内有许多因素都是相互作用和相互关联的，而且日益趋于复杂化和多变性，从而使得全球范围灾害发生频率和规模都在增加，造

---

① 申维：《耗散结构、自组织、突变理论与地球科学》，地质出版社 2008 年版，第 25 页。

成的损失也越来越严重，使得灾害问题更加难以解决。鉴于灾害系统的复杂性，我们可以从系统的组成着眼来逐渐认识和深化灾害的发生和其本质的理解。

二　自然环境系统

自然环境系统是一个特殊的物质体系，一般认为它的空间范围、上至对流层顶下至沉积岩底部，是气态、液态和固态三相界面体系，是有机物与无机互相转化的场所，是人类活动的直接环境，是内营力外营力相互作用的场所。自然环境系统里的大气、水体、固体物质三大物质系统，相互交织、相互作用组成自然环境的复杂系统，它们每一部分都在变化着，一些变化缓慢温和，一些变化短暂而剧烈，剧烈变化导致巨大能量瞬间爆发，孕育了自然灾害风险的发生，如果影响到人类就成为了灾害。自然环境系统按其物质组成可以分为大气圈、水圈、岩石圈和生物圈。

（一）大气圈：气象气候灾害子系统

1. 气象气候灾害子系统概述

大气圈是地球引力作用下，包围地球表层的巨厚气态物质，是自然环境系统的子系统。主要由元素状态的气体混合物组成，其最下部密度最大的对流层集中了全部质量的80%，平均厚10—12km，这里是太阳能活动影响最为强烈的地方，也是与水圈、岩石圈表层、生物圈物质相互作用最为强烈的地方。

大气的异常活动或变异常常会引起灾害性天气或气候变化等气象气候灾害。气象气候灾害是自然灾害中最为频繁而又严重的灾害。

气象气候灾害主要的类型有：酷热高温、寒潮低温、霜冻；干旱、暴雨、暴风雪、雾霾、连绵阴雨、冻雨、冰雹；大风、沙尘暴、台风、龙卷风；雷电等。气象气候灾害发生频率高，波及面积最广，持续时间长，灾情十分严重。

　　干旱、暴雨以及热带气旋导致的台风是我国最为常见、危害程度最为严重的灾害种类。在气象灾害中，干旱也是我国影响面最大、最为严重的灾害。旱灾的特点是范围广、时间长、影响远。因此，旱灾也是我国气象灾害中损失最为严重的一类灾害。在我国，暴雨灾害是仅次于旱灾的气象灾害。此外，雷击、沙尘暴、霜冻、冰雹、雾灾等在我国也是经常发生的危害较大的气象灾害。

　　气候是地球上某一地区多年时段大气的一般状态及其变化特征，是各种天气现象的多年综合。太阳辐射、大气环流和下垫面特征是影响气候形成的主要因素，它们的变化会造成天气异常或气候变化，诱发气象气候灾害的发生。气候变化的原因较为复杂，科学家们提出了不少假说或理论来解释气候变化的原因，归纳起来气候变化有三大类原因。一是天文学方面的原因，太阳辐射强度的变化、太阳活动的周期性变化和日地相对位置的变化都可能成为气候变化的原因。据研究，太阳黑子活动强烈时，大气经向环流活跃，南北气流交换频繁，冬冷干燥，1973年和1984年非洲大旱，就可能与太阳活动有关；太阳活动减弱时，大气纬向环流活跃，南北气流交换减少，冬暖湿润（延军平，1990）。二是地文学方面的原因，地极移动、大陆漂移、造山运动和火山活动对气候变化的影响最大。愈来愈多的事实表明，火山爆发喷出大量熔岩、烟尘、二氧化碳、硫化物气体以及水汽会打乱大气的太阳辐射平衡，直接影响大气的温度，据近1500年来北半球火山活动资料分析，火山活动频繁时期总是对应地球的寒冷时期，火山沉寂时期对应地球的温暖时期，有人还指出，强火山爆发往往激发厄尔尼诺现象发展。三是人类活动对气候的影响。地球上的人口数量急剧增长，对自然资源的利用和对自然环境的影

响的速度和规模迅速增加，从改变地表下垫面性质到每年消耗数
十亿吨燃料，燃烧产生二氧化碳、烟尘和工业废气大量扩散到大
气中而引起大气成分变化，影响全球气候变化，带来不可估量的
灾害性后果。

2. 气候变化与自然灾害

进入 20 世纪以来，随着人类活动的日益加剧，全球气候系
统变化较为显著。全球气温近百年来有升高趋势，全球变暖的趋
势逐渐得到大多数科学家的认可。"近百年来全球气候正经历一
次以变暖为主要特征的显著变化"①。"政府间气候变化专门委员
会（IPCC）先后于 1990 年，1995 年，2001 和 2007 年完成了 4
次评估报告"（水利部应对气候变化研究中心，2008）。据 IPCC
的最新资料披露，自 1850 年以来全球地表温度的仪器测量资料
中，在 1995—2006 年的 12 年中，有 11 年位列最暖的 12 个年份
之中。"1906—2005 年的温度线性趋势为 0.74℃，这一趋势大于
《第三次评估报告》给出的 0.6℃ 的相应趋势（1901—2000 年）"
（政府间气候变化委员会，2007）。20 世纪也成为过去 1000 年中
增温率最高和偏暖持续时间最长的世纪。另据 IPCC 预测，如果
按照目前的趋势发展下去，到 2027 年全球仍将会以每十年大约
升高 0.2℃ 的速率变暖。但全球升温也是有地区和季节等差异
的：一方面陆地区域的变暖速率比海洋快，北半球高纬地区温度
增幅较大。在过去的 100 年中，北极温度升高的速率几乎是全球
平均速率的两倍。"1903—2000 年南极半岛冬季增温最快，达到
了 1.1℃，南极半岛增温主要发生在冬季"②。

---

① 黄永光：《全球气候变化与国际气候制度的演进》，《科学新闻》2008 年第
19 期。

② 卞林根、王金星、林学椿：《南极半岛近百年气温的年代际振荡》，《冰川冻
土》2004 年第 3 期。

　　全球气候变化问题是人类迄今为止面临的范围最广、规模最大、影响最为深远的挑战之一[①]。与全球气候变暖的趋势一致，我国近百年地表气温增温明显，降水有微弱增加的态势。在气候变暖的背景下，我国极端天气气候事件发生频率和强度以及地质灾害等均呈增加趋势。

　　由于气候变暖，20世纪后期，我国特别是北方干旱有逐渐加重的趋势，缺水矛盾日益突出，干旱范围逐步扩大，持续时间也由单年、单季、单月向连年、连季、连月增长，农作物受灾面积和粮食产量损失加大。南方暴雨趋于增加。我国平均每年受雨涝灾害的面积为975万公顷，严重雨涝年份可达1500万公顷以上，1998年达到2229万公顷。作为我国经济发展的核心地区，长江流域有近三分之一的地区是洪涝灾害的高危险地区，频繁发生的暴雨洪涝严重制约了区域的可持续发展，经济损失呈明显上升趋势。在继续变暖的21世纪，气温升高造成水循环加快，降水的空间分布更加不均，极端事件发生频率增大，发生百年一遇旱涝的概率也会随之增加。

　　全球气候变暖会造成海洋洋面温度和近地面气温的升高，台风自生成到消亡过程中的加强因素较多，极易导致台风强度增大，自20世纪中叶以来发生在北太平洋和西北太平洋的大约4500次台风的风力增加了50%。台风能量巨大，破坏力极强，直接的和衍生的灾害种类最多，对生命安全、经济发展和社会稳定再乘的影响都十分严重。经济与发展，台风灾害经济损失的绝对值越大。

　　随着全球气候变暖，特别是地表气温的升高，高温热浪已经成为一种十分严重并对美国、欧洲和我国等中高纬度国家和地区

────────────

　　① 胡鞍钢、管清友：《应对全球气候变化——中国的贡献》，《当代亚太》2008年第4期。

构成威胁的自然灾害，造成的人员死亡甚至比洪水、龙卷风、强风暴等灾害加起来还要多。近年来，严重高温热浪频袭我国，我国华北、西北地区东部和长江以南大部分地区都成为极端高温灾害的脆弱区，极端高温事件发生频率越来越高。部分地区甚至年年都遭受热浪袭击。极端高温热浪强度越来越强。21 世纪以来，我国几乎每年都会有持续 10 天以上的强度大、范围广的高温热浪出现。2003 年夏季，浙江出现长达近 2 个月的极端高温天气。2006 年夏季，重庆出现近 2 个月的极端高温天气，在 2006 年 7 月 11 日至 8 月 31 日期间，全市有 20 个区县日最高气温突破 42℃，其中最高极端气温达 44.5℃，为重庆历史最高气温纪录①。2011 年夏天，极端高温再次袭击重庆，7 月高温天气 20 天，8 月入秋以来连续晴热 14 天，全市 22 个区县日最高气温持续 40℃以上。极端高温热浪严重危害人体健康，尤其对弱势群体的生命安全威胁更大。从全球范围看，因高温热浪死亡多为城市弱势群体，西方发达国家这方面更突出。独居老人、长期慢性病患者、降温设施不足的低收入群体以及户外作业人员往往成为高温热浪最直接最严重的受害者。持续高温造成供电紧张，同时还会带来石油、天然气煤炭等能源物资供应紧张的连锁反应，如果处理不当，甚至引起严重的油荒、电荒等社会问题。

在全球变暖和经济快速发展与城市化进程加快的双重作用下，我国的雾霾灾害将更加严峻和复杂。进入 21 世纪以来，我国空气混浊的霾日明显增多。2000 年到 2005 年，我国霾的发生频率从 4000 次增加到 7000 次。霾天气条件下，空气流动性很差，大气中悬浮物比较容易携带各种细菌、病毒侵入人体，造成呼吸道疾病，形成群体性公共卫生事件。

---

① 郭跃：《重庆特大旱灾的自然与社会机制分析》，《环境科学与技术》2007年第 8 期。

3. 气候变化对生态环境的影响

气候是自然环境系统中最为重要的组成，它的变化通常会引起自然环境系统其他组成要素或地球生态环境的变化。

全球气候变暖将改变全球水文循环的现状，从而引起水资源在时空上的重新分配和引起水资源数量的改变，加速或减缓水汽的循环，改变降水的强度和历时，变更径流的大小，扩大洪灾、旱灾的强度与频率，以及诱发其他自然灾害；加速水分蒸发，改变土壤水分的含量及其渗透率，由此影响农业、森林、草地、湿地等生态系统的稳定性及其生产量等。

气候变暖将对包含现代冰川、冻土和积雪在内的冰冻圈产生重大影响。全球冰川加速退缩、多年冻土层地温升高，面积缩小，冻土活动层厚度增加。冰冻圈灾害的频率、强度和影响范围都将增加。冰冻圈变化又将进一步对全球气候、水资生态与环境产生深刻而长远的影响。

气候变暖将导致生物群落改变。气候变化在历史上曾经导致生物空间分布和生物带的重大改变。根据文献记载，英格兰南部和德国部分地区在12—14世纪曾经遍布葡萄种植园，后来由于气候转冷不适应再种植葡萄。但到20世纪20—50年代，由于气候再次转暖，在英格兰又重新盛产葡萄了。研究表明，气候变暖可以导致森林分布区的重大改变，北欧地区的冻原生态系统可能完全消失。植物模型研究不断表明，气候变化条件下生态系统将受到严重的破坏。尽管可能不会发生生态系统和生物群系的整体迁移，但对特定的地区而言，物种的组成和优势物种可能会有所改变。植被的变化又必然会引起动物种群和群落结构的连锁变化：受气候变暖影响，热带地区的种群向温带延伸，温带物种向极地扩展。在这一过程中，适应转移的物种生存下来，而不适应的物种就此灭绝。而目前"生长在阿尔卑斯山脉高处的植物物种，由于不堪忍受日益变暖的气候，正在一步步'爬'上顶峰，一旦迁移到无法再向上爬的最高处，它们就要遭到灭顶之灾了"①。

气候变暖将导致生物多样性减少。在长期的自然选择和人类活动的双重作用下，自然生态系统和各个物种都对主要气候要素有一定的适应范围。在气候变化影响下，如果主要气候要素发生变化，自然生态系统就会受到严重危害。许多生物资源丰富、具有经济价值的生态系统因气候变化而受到严重威胁，某些相对脆弱的物种面临灭绝和生物多样性锐减的风险。可以很确定地说，受危害或损失的地域范围，以及受影响的系统数目，将随着气候变化的幅度和速率而增加。根据估算，如果全球平均气温升高1.5℃—2.5℃，20%—30%的物种将面临灭绝的风险（IPCC，2007）。有研究预测，"随着全球的不断变暖，到2050年全世界可能有超过100万个物种灭绝"②。气候变暖还可能导致植物、动物、昆虫、细菌、病毒的分布范围和生命周期发生改变。

总体来说，气候变化无论是对人类本身，还是生态环境是负面效果。这是因为长期以来人类适应的是现在的气候而不是未来可能出现的气候。

4. 气候变化对国家和社会的影响

自然环境系统是国家社会关系体系存在和发展的自然基础和物质条件，既与国家的力量、地位、外交战略以及国家间相互联系，又对整个国际关系体系的运行产生重大的影响，因此，气候问题是国际关系的重要研究议程。国际社会越来越认识到，全球气候变化是一个跨学科的综合性问题。这是因为一方面导致气候变暖的温室气体排放直接关系到人类的经济发展水平和生活质量

----

① 卡罗尔·克苏克：《气候变暖后果——阿尔卑斯山植物上移》，《参考消息》1994年第7期。

② 戴维·伯克利：《全球升温加快物种灭绝》，《参考消息》2006年第7期。

的高低，另一方面全球气候变化有可能演变为人类的共同灾难。正如联合国里约环境发展大会秘书长莫里斯特朗所言："冷战已经结束，环境问题一跃成为世界问题的榜首，全球环境问题影响深远，已渗透到国际政治、经济、军事、科技、贸易、社会文化等各个领域，对人类思维方式、发展模式、生活及消费方式构成全方位挑战。"气候变化问题已经上升为国际关系中新的重要领域，深刻地影响着国际关系的发展。美国学者卡尔·多伊奇在其代表作《国际关系分析》中将国际关系的研究内容分解为 12 个基本问题，其中第 6 个问题就是"世界人口与粮食、资源和环境"。英国学者赫德利·布尔（Hedley Bull）认为，一个合理的国家体系要得以保持下去，就必须要求人们在环境治理问题上达成一致的共识。英国学者克里斯托弗·希尔在《变化中的对外政策政治》一书中指出：生态问题迅速成为国内和国际政治中的一个重要问题，环境因素对国际政治造成的破坏性影响不会小于灾难预言者想象的灾难性变化①。

气候问题开始渗透到全球关系、地区关系、双边关系之中，在联合国大会、APEC 会议、G7 峰会、G8 + 5 峰会以及许多双边会议中都成为主要议题。气候变化问题对于重塑国际政治格局也有着不可低估的作用。气候变化的全球性和不可分割性特征决定了应对气候变化不能单靠一个国家或几国之力，而必须通过国际社会的共同努力来实现。在当前温室气体减排谈判中，既有发达国家之间的矛盾，如美国和欧盟对气候外交领导权的争夺；也有发达国家与发展中国家的矛盾，如美国以发展中国家特别是中国、印度等不承诺量化的温室气体减排目标为借口而拒绝加入国际减排协议的立场与发展中国家拒不承担硬性减排立场的矛盾；

---

① 克里斯托弗·希尔著，唐小松、陈寒溪译：《变化中的对外政策政治》，上海世纪出版集团 2007 年版，第 197 页。

也有发展中国家之间的矛盾，如大多数发展中国家要求发达国家首先减排与主要产油国抵制降低石油产量以及小岛国对于全球性减排的强硬立场之间的矛盾。这一系列矛盾为国际政治新格局的形成了准备了前提条件，原有的同盟趋于瓦解，新的同盟趋于形成。

（二）水圈：水文灾害子系统

1. 水文灾害子系统概述

水圈是地球上水的各种存在形式覆盖的圈层。它是自然环境系统的重要组成，由世界大洋、河流、湖泊、冰川、沼泽、地下水及矿物中的水分组成的。水是地球表面分布最广和最重要的物质，是参与地理环境物质能量转化的重要因素。水分循环可调节气候、净化空气。水圈是人类重要的资源、生存环境和生活场所，同时，它也不时地会产生多种多样的自然灾害，如洪涝、海啸、风暴潮等，对沿岸及周边地区的人民生命财产构成巨大的威胁。

所谓水文灾害，就是指地球陆地水体和海洋自然环境发生异常或剧烈变化，导致在地球陆地水域及附近地区、在海洋或海岸边发生的各种灾害。水文灾害的主要类型有洪涝灾害、土壤盐渍化、地下水位下降、河湖富营养化、雪崩、冰崩、海冰、海水倒灌、风暴潮、海浪、海雾、海啸、赤潮、海洋污染等灾害。

水文灾害形成的原因是多样的，有的是自然原因引起的，也有的是人类活动破坏了水文生态环境而造成的。自然因素形成的水文灾害，有的是原生性的，如海雾、台风，有的则是次生灾害，如洪涝、风暴潮、海啸等，它们是由暴雨、大风或地震等灾害引起的；而受人类活动引起的水文灾害，主要有赤潮、河流湖泊的富营养化、海洋污染等灾害。水文灾害的成灾机理主要有四类：一是受大气强烈扰动，如台风、巨浪、洪水的形成；二是受水体扰动或状态的剧变而引发，如风暴潮、海冰、凌汛等；三是受海底火山、地震、陷落等岩石圈活动影响派生的灾害，如海啸；四是由人类活动引发的海洋或河湖灾害，如赤潮、河流湖泊的富营养化等①。

2. 主要的水文灾害类型

（1）洪灾

洪灾是指由于河水泛滥严重，淹没田地和城乡所引起的灾害。大雨、暴雨引起山洪暴发，河水泛滥，淹没农田园林、城市、乡村，毁坏道路桥梁以及居民住所；沿海有些河流入海处，由于海啸、海潮、海水倒灌也会发生洪水。

我国地域辽阔，自然环境差异很大，具有产生多种类型洪水和严重洪水灾害的自然条件和社会经济条件。我国大部分地区都存在着不同程度和不同类型的洪水灾害。我国沿海一带，当江河洪峰入海时，若遇天文大潮将形成大洪水，这种洪水对长江、钱塘江和珠江河口地区威胁很大。风暴潮带来的暴雨洪水灾害也严重威胁我国沿海地区。我国北方一些河流，有时发生冰凌洪水。我国洪灾发生的季节性特征较为突出，我国的洪水灾害以暴雨成因为主，由于季风雨带的迁移，洪涝灾害带也随之迁移，春夏之交在珠江流域、6—7月在长江中下游流域、7—10月在四川盆地和汉江流域；7—8月在淮河、黄河、海河和辽河流域；8—9月在松花江流域。

（2）风暴潮

风暴潮是指有强烈大气扰动引起的海面异常升高的现象。风暴潮的空间范围一般由几十公里到上千公里。由于风暴潮的影响区域是随大气扰动因子的移动而移动，因而，一次风暴潮过程往往可涉及1000—2000公里的海岸范围，影响时间可多达数天之

---

　　①　吕学军、董立峰：《自然灾害学概论》，吉林大学出版社2010年版，第59页。

久。风暴潮引起的沿岸涨水而造成的人员伤亡、财产损失，称之为风暴潮灾害。

按照诱发风暴潮的大气扰动特性，风暴潮可以分为台风风暴潮和温带风暴潮。热带气旋引起的台风风暴潮，主要发生在夏秋季节，影响较为严重的地域有日本沿岸、墨西哥沿岸、美国东海岸、孟加拉湾和我国东南沿海地区。温带风暴潮主要由温带气旋引起，主要发生在冬春季节。主要发生在北海和波罗的海沿岸、美国东海岸、日本沿岸和我国黄渤海沿岸地区。

我国是风暴潮灾害较为严重的地区，特别是台风风暴潮影响范围大，灾情严重，损失巨大。

（3）海啸

海啸是由海底地震、海底火山爆发、海岸和海底山体滑坡、小行星、彗星溅落大洋及海底核爆炸等产生的具有超大波长和周期的大洋行波，其波长一般几十至几百公里，周期20—200分钟。当海啸波进入岸边浅水区时，波速减小，波高陡涨，有时可达20—30米以上，骤然形成水墙，携带着巨大能量，使重达数吨的岩石混杂着船只、废墟等向陆地推进数千米，常常为沿岸地区造成严重的生命和财产损失。海啸造成的灾害分布于海拔高度有关，并沿海岸线呈带状分布，在海边，海拔低的地方就容易被淹没。

海啸是太平洋、印度洋及地中海沿岸许多国家滨海地区最猛烈的海洋自然灾害之一。20世纪50年代以来，地球上发生几次巨大的海啸，给当地沿海地区造成了巨大的灾难。比如，1960年5月22日的智利大海啸几乎摧毁了智利一座城市，2000余艘船只被毁，财产损失5.5亿美元，9000人丧生；2004年12月26日的印度洋海啸波及印尼、斯里兰卡、泰国、印度、马来西亚、孟加拉国、缅甸、马尔代夫等多个国家，造成近30万人的死亡。日本是发生海啸极多的国家，2011年3月11日岩手、宫城、福岛的太平洋海啸已造成 8133 人死亡，失踪 12272 人。

历史上，我国沿海也曾遭受地震海啸的侵袭，台湾是地震海啸的严重地区。

（4）赤潮

赤潮是指入海河口、海湾和近海水域水质严重污染和富营养化，导致某些微小的浮游植物、原生动物或细菌在一定条件下突发性的增加，引起海面水色异常现象。赤潮不仅造成海洋生物死亡，还给海洋渔业资源和沿海养殖业带来严重危害，已成为世界海洋国家所面临的一种严重的海洋灾害。

赤潮发生的原因、种类和数量不同，水体会呈现不同的颜色，有红色或砖红色、绿色、黄色、棕色等，也有某些赤潮生物引起赤潮发生时，颜色没有特别的变化。赤潮是在特定环境条件下产生的，相关因素很多，但其中一个极其重要的因素是海洋污染。大量含有各种含氮有机物的废污水排入海水中，促使海水富营养化，这是赤潮藻类能够大量繁殖的重要物质基础，国内外大量研究表明，海洋浮游藻是引发赤潮的主要生物，在全世界4000 多种海洋浮游藻中有 260 多种能形成赤潮，其中有 70 多种能产生毒素。它们分泌的毒素有些可直接导致海洋生物大量死亡，有些甚至可以通过食物链传递，造成人类食物中毒。

目前，世界上已有 30 多个国家和地区不同程度地受到过赤潮的危害，日本是受害最严重的国家之一。近十几年来，由于海洋污染日益加剧，我国赤潮灾害也有加重的趋势，赤潮发生次数较多的有浙江、辽宁、广东、河北、福建近岸、近海海域。浙江中部近海、辽东湾、渤海湾、杭州湾、珠江口、厦门近岸、黄海北部近岸等是赤潮多发区。引发赤潮的生物以甲藻类为主，其中有夜光藻、锥形斯氏藻和原甲藻。对赤潮的发生、危害予以研究和防治，涉及生物海洋学、化学海洋学、物理海洋学和环境海洋学等多种学科，是一项复杂的系统工程。

（三）岩石圈：地质灾害子系统

1. 地质灾害子系统概述

岩石圈是地球外层的固体部分，并由大气、水或冰覆盖，它是自然环境系统的基本组成，也是人类和生物生存的基础。岩石圈经常处于运动状态，由固体地球变异的极端过程引起的灾害，即为地质灾害。地质灾害是自然灾害中危害最大、人员伤亡最多、经济损失巨大的灾害，它具有突发性、多发性、群发性和渐变影响持久、分布广泛而有规律，呈点状、线状分布的特点。地质灾害的主要类型有地震、火山、滑坡、崩塌、地裂、地陷、泥石流等地质灾害。

地质灾害都是在一定的动力诱发（破坏）下发生的。诱发动力有的是天然的，有的是人为的。据此，地质灾害也可按动力成因分为自然地质灾害和人为地质灾害两大类。自然地质灾害发生的地点、规模和频度，主要受自然地质环境背景条件（地形地貌、地质构造格局、新构造运动的强度与方式、岩土体工程地质类型、水文地质条件）、气象水文及植被条件控制，不以人类历史的发展为转移；人为地质灾害受人类工程开发活动制约，常随社会经济发展而日益增多，诱发地质灾害的人类活动主要有：采掘矿产资源不规范，预留矿柱少，造成采空坍塌，山体开裂，继而发生滑坡；开挖边坡：指修建公路、依山建房等建设中，形成人工高陡边坡，造成滑坡；山区水库与渠道渗漏，增加了浸润和软化作用导致滑坡泥石流发生；其他破坏土质环境的活动如采石放炮，堆填加载、乱砍乱伐，也是导致发生地质灾害的致灾作用。

2. 主要的地质灾害类型

（1）地震

地震是地壳的快速震动。当地球内部地应力超过岩体所能承受的限度时，就会使地壳发生断裂、错动，同时急剧地释放出所积聚的能量，并以波的形式向四周传播，引起地表的震动，成为地震。地震灾害是人类面临的最为恐惧的灾害，地震爆发时，不仅会造成大量人员的伤亡，直接摧毁城镇工程设施，而且可诱发多种次生灾害，造成更大的危害。有关地震的成因机制，目前，学界还未完全理清，但一般认为主要与地球内力因素有关，也与太阳活动、宇宙星体运动有关，人类的一些活动，如核爆炸、水库蓄水也可能引起地震发生。世界地震分布具有一定的规律，绝大多数地震都出现在环太平洋地震带、地中海—喜马拉雅山地震带、大洋中脊地震带和大陆裂谷地震带。

我国是世界上最大的一个大陆地震区，其特点是分布范围广，据统计，全国 7 度以上的高烈度区的面积大约 312 万平方公里，全国 70% 百万以上人口的大城市位于烈度 7 度或高于 7 度的高低度烈度区内，特别是一批重要的城市，如北京、天津、西安、太原、兰州、昆明、呼和浩特、乌鲁木齐、银川等都位于高烈度地震区内[①]。

（2）火山

火山是地下岩浆的喷发活动，大规模喷发或溢流的炙热的岩浆、火山碎屑、火山气体会对人类乃至生存的自然环境造成不可估量的破坏和影响。火山分布与地震带基本一致，主要分布在板块边界地带。太平洋沿岸及其附近岛屿的环太平洋带和地中海—喜马拉雅带是地球上最大的两个火山带。根据火山活动情况，火山常分为活火山（现代尚在活动或周期性发生喷发的火山，如日本的富士山）、死火山（史前曾发生过喷发，但有史以来一直没有活动过的火山，如我国山西大同火山群）和休眠火山（有

---

① 段永侯、罗元华、柳源等：《中国地质灾害》，中国建筑工业出版社 1993 年版，第 71 页。

史以来曾经喷发过，但长期以来处于相对静止状态的火山，如我国长白山天池）。

我国现已发现的火山锥大致有600余座，其中绝大部分是第四纪死火山，近代还活动的火山很少。

（3）滑坡、崩塌

滑坡是斜坡岩土体沿着惯通的剪切破坏面所发生的滑移现象。滑坡常常给工农业生产以及人民生命财产造成巨大损失，有的甚至是毁灭性的灾难。

滑坡对乡村最主要的危害是摧毁农田、房舍、伤害人畜、毁坏森林、道路以及农业机械设施和水利水电设施等，有时甚至给乡村造成毁灭性灾害。位于城镇的滑坡常常砸埋房屋，伤亡人畜，毁坏田地，摧毁工厂、学校、机关单位等，并毁坏各种设施，造成停电、停水、停工，有时甚至毁灭整个城镇。

产生滑坡的基本条件是斜坡体前有滑动空间，两侧有切割面。例如中国西南地区，特别是西南丘陵山区，最基本的地形地貌特征就是山体众多，山势陡峻，土壤结构疏松，易积水，沟谷河流遍布于山体之中，与之相互切割，因而形成众多的具有足够滑动空间的斜坡体和切割面。广泛存在滑坡发生的基本条件，滑坡灾害相当频繁。

崩塌是指陡峻山坡上岩块、土体在重力作用下，发生突然的急剧的倾落运动。崩塌体为土质者，称为土崩；崩塌体为岩质者，称为岩崩；大规模的岩崩，称为山崩。崩塌可以发生在任何地带，山崩限于高山峡谷区内。崩塌体与坡体的分离界面称为崩塌面，崩塌面往往就是倾角很大的界面，如节理、片理、劈理、层面、破碎带等。崩塌体的运动方式为倾倒、崩落。崩塌体碎块在运动过程中滚动或跳跃，最后在坡脚处形成堆积地貌——崩塌倒石锥。

崩塌会使建筑物，有时甚至使整个居民点遭到毁坏，使公路和铁路被掩埋。由崩塌带来的损失，不单是建筑物毁坏的直接损失，并且常因此而使交通中断，给运输带来重大损失。崩塌有时还会使河流堵塞形成堰塞湖，这样就会将上游建筑物及农田淹没，在宽河谷中，由于崩塌能使河流改道及改变河流性质，而造成急湍地段。

（4）泥石流

泥石流是暴雨、洪水将含有沙石且松软的土质山体经饱和稀释后形成的洪流，它的面积、体积和流量都较大，而滑坡是经稀释土质山体小面积的区域。典型的泥石流由悬浮着粗大固体碎屑物并富含粉砂及黏土的黏稠泥浆组成。在适当的地形条件下，大量的水体浸透流水 山坡或沟床中的固体堆积物质，使其稳定性降低，饱含水分的固体堆积物质在自身重力作用下发生运动，就形成了泥石流。泥石流是一种灾害性的地质现象。泥石流爆发突然、来势凶猛，可携带巨大的石块。因其高速前进，具有强大的能量，因而破坏性极大。

泥石流的主要危害是冲毁城镇、企事业单位、工厂、矿山、乡村，造成人畜伤亡，破坏房屋及其他工程设施，破坏农作物、林木及耕地。此外，泥石流有时也会淤塞河道，不但阻断航运，还可能引起水灾。影响泥石流强度的因素较多，如泥石流容量、流速、流量等，其中泥石流流量对泥石流成灾程度的影响最为主要。此外，多种人为活动也在多方面加剧这上述因素的作用，促进泥石流的形成。

我国每年有近百座县城受到泥石流的直接威胁和危害：有20条铁路干线的走向经过1400余条泥石流分布范围内，1949年以来，先后发生中断铁路运行的泥石流灾害300余起，有33个车站被淤埋；在我国的公路网中，以川藏、川滇、川陕、川甘等线路的泥石流灾害最严重，仅川藏公路沿线就有泥石流沟1000余条，先后发生泥石流灾害400余起，每年因泥石流灾害阻碍车辆行驶时间长达 1—6 个月。

（四） 生物圈：生物灾害子系统

生物圈是指地球生物及其分布范围所构成的一个极其特殊、又极其重要的圈层（这里不包括人类）。在自然环境中，生物圈并不单独占有任何空间，而是分别渗透于水圈、大气圈下层和地壳即岩石圈表层。

在自然界，人类与各种动植物相互依存，可一旦失去平衡，生物灾难就会接踵而至。如捕杀鸟、蛙，会招致老鼠泛滥成灾；用高新技术药物捕杀害虫，反而增强了害虫的抗药性；盲目引进外来植物会排挤本国植物，均会造成不同程度的生物灾害，危及生态环境。

生物灾害一般是指各种生物的活动或变化威胁人类健康、生产和生活及生存，并产生严重后果，使受影响地区现有资源承载能力下降，人类生态环境被破坏的事件。生物灾害有广义和狭义之分。广义的生物灾害包括人类不合理活动导致的生物界异常而产生的灾害，即生态危机问题，如植被减少、生物退化、物种减少、盲目引种等；狭义的生物灾害是由生物本身的活动带来的灾害，灾源是生物，如蝗灾、鼠灾、兽害等。

生物直接使人致命的案例比较少见，但生物灾难间接危害人类生命，造成成千上万人的死亡，后果不亚于洪水，地震，战争。一场大的蝗灾，病虫害或者农作物瘟病，可使几百万公顷庄稼减产绝收，导致几十万人饥饿死亡。全世界农林作物被瘟病、害虫、老鼠、杂草等毁掉的产量约占 1/3. 动物，微生物传播的瘟疫，每年造成成千上万的人死亡，给畜牧业带来惨重的损失！

三　人为环境系统

人为环境系统是由人类技术手段营造的建设物体构成的社会环境，它是人类社会的硬件支撑系统，它主要包括一些公共设施、交通系统、通信系统、要害设施、大型工程以及学校商店和居民住宅。人为的环境系统抵御着非常的自然力，同时这一人类建造的环境也在相当大的程度上决定了灾害发生时伤亡的数量、受伤的严重性，并直接影响救灾和减灾的财政支出。在此主要介绍基础设施和房屋建筑构造和灾害的相关性，以及对人类社会影响。

（一）基础设施

基础设施是指为社会生产和居民生活提供公共服务的物质工程设施，是用于保证国家或地区社会经济活动正常进行的基础公共服务系统。世界银行在《1994 年世界发展报告——为发展提供基础设施》中，将基础设施定义为"永久性的成套工程构筑、设备、设施和它们所提供的为所有企业生产和居民生活共同需要的服务"。基础设施包括交通运输、水资源、通信、能源和废弃物的处理等若干系统，为经济和社会提供了非常重要的基础性的功能，是保证人类福利水平和生活质量的基础性的服务。因此，基础设施对社会生活的发展有重要的意义。

基础设施是人类生存环境的重要组成部分基础设施是指以保证社会经济活动、改善生存环境、克服自然障碍、实现资源共享等为目的而建立的公共服务设施，由基础设施构筑的生产和生活条件是人类自己营造的基础物质环境之一，是支撑人类活动得以实现和延续的必要条件，也是人类抵御自然灾害的物质基础。离开基础设施，人类利用和改造自然的能力就会受到限制，生存的安全感就会降低。

基础设施技术系统从古到今在人类社会发展中的影响作用经历了一个由不太明显到比较重要，再到举足轻重及绝对主导的过程。基础设施技术系统作为科学技术结合体在人类社会生活中的具体体现，渗透到社会生活、生产的各个领域之中，在不同时代也有不同的表现。在农业社会，借助风力、水力和人自身的体力作为动力源，以马车和自然水系为运输手段，信息传递的速度缓慢，维系着受地域限制的自给自足、自然经济的生产方式和生活方式。近代工业社会以后，基础设施技术系统所涵盖的各个要素逐步转变成为人类社会生活的交往沟通、社会生产重要媒介，尤其是经过两次技术革命之后，基础设施技术系统逐渐演变为社会发展的先导，在人类社会发展中已经起着举足轻重的作用。

基础设施在一定程度上也影响着灾害的发生及损失的程度。2009 年 8 月，我国西南地区爆发了百年一遇的严重旱灾，其持续时间之长、影响范围之广、受灾程度之深、造成损失之大，其警示了我们加强农业水利基础设施建设的必要性。据民政部的统计数据显示，截至 2010 年 3 月 17 日，严重的旱情已经导致了广西、重庆、四川、贵州、云南 5 个省份 6130 多万人受灾，直接经济损失达到 236 亿多元，给当地居民生产和生活造成了严重破坏和影响，而在我国西南地区全局出现严重旱情的同时，西南局部区县却出现了水源较为充足的异常现象。如，云南大理州冰川县自古以来降雨比较少，在此次旱情的严峻形势下，冰川县的农业生产和居民生活则没有受到干旱的太大影响，其主要原因是该县在 1994 年修建了一项引水工程，即引洱海水入冰川县，这项水利工程在当年抗旱工作中发挥了极大的效应，2010 年 1—3 月累计引入了洱海水 2300 万立方米，有效解决了区内 27 万人的饮水问题，大大缓解了冰川县的旱情。所以加强农田水利基础设施

的建设是有效防旱灾、保证农业生产发展和人民生活用水的重要
措施。

（二）房屋建筑

建筑和施工规范化不仅能够改善建筑环境，还能有效地降低
灾害风险并减轻灾害损失，但是目前还存在严重的不足，需要不
断地改进。

众所周知，地震灾害是一种严重危害人类生命财产的自
然灾害，但地震本质上是能量的瞬间释放，其本身并不是造
成巨大人员伤亡和经济损失的直接原因。1976 年唐山地震夺
走了 24.6 万人的生命，统计表明：地震中 90% 以上的人员
伤亡和经济损失是由建筑物不同程度的损伤和倒塌造成的[1]。
房屋建筑是人们日常居住、工作和活动的场所，其质量关系
到人们的生命安全。2011 年 3 月 11 日日本发生的地震其地
震强度为里氏 9.0 级，地震破坏力是我国汶川地震的 30 倍，
但日本地震造成的人员伤亡数量却远远低于中国汶川地震。
汶川地震中的人员伤亡也主要是由建筑物坍塌引起的，这说
明我国房屋抗震性能明显低于日本[2]（见表 4—1）。

表 4—1　　　　　　　　中日地震灾害及损失情况

序号	项目	中国	日本
1	时间	2008 年 5 月 12 日	2011 年 3 月 11 日
2	地点	中国汶川	日本东北部海域

---

① 杨文忠：《唐山大地震与建筑抗震》，西南交通大学出版社 2005 年版，
第 30 页。

② 张玮玮、肖邦国、鹿宁：《日本地震对我国房屋建筑建设的启示》，《市
场分析》2011 年第 3 期。

续表

序号	项目	中国	日本
3	地震强度	里氏 8.0 级	里氏 9.0 级
4	遇难人数	69197 人	10804 人
5	受伤人数	374176 人	2409 人
6	失踪人数	18209 人	16244 人

　　汶川地震中共造成房屋严重损坏 593.25 万间，倒塌 546.19 万间，受损房屋达到 1500 万间以上，灾区 500 多万人无家可归，建筑物的抗震安全问题，特别是房屋建筑的抗震安全问题，在汶川地震后，再一次成为全社会关注的热点。汶川地震中，学校建筑的破坏和倒塌，造成了最密集和最严重的人员伤亡和经济损失，其造成的恶劣社会影响，至今难以消除。在《汶川地震都江堰地区学校建筑受损情况概述》调研的 78 栋学校建筑中，有 6% 倒塌，13% 严重破坏，超过 1/4 需要重建，另外在《汶川县城房屋震损评定与震害分析研究》中的 121 栋学校建筑中，有 77% 破坏程度是在中等以上的，学校建筑在汶川地震中受到了普遍的破坏。作为城市生命线的医疗、卫生类建筑在地震中破坏也非常严重，在造成人员和经济损失的同时，还给灾后救援工作带来了不小的困难和挑战。

　　由此可见，研究房屋建筑在遭受地震影响或破坏时的状态是抗震防灾工作中一个极其重要的环节，因此要加强对房屋建筑结构的易损性研究。结构易损性实际上就是指结构在各种极限状态下的概率分布密度，一个结构物在不同受力状态下表现的反应不同，这种反应可以用结构的破坏状态描述。

　　与城市相比，村镇建筑面对灾害时其遭受易损的程度更大。灾害发生后，城市的损失大多指建筑物及其内部设施的损失、商业中断、生命线工程的破坏等。由于村镇建筑的抗灾性能差，选址不科学等因素，导致在地震来临时村镇建筑物不能达到"小震不坏、中震可修、大震不倒"的抗震设防目标。甚至由于经济条件限制、防灾意识薄弱等因素，部分农村地区建房时毫不考虑房屋的抗灾能力，导致在灾害来临时建筑物倒塌现象严重。2000 年 4 月 29 日河南内乡—镇平 4.7 级地震，造成 490 间房屋倒塌，53761 间损坏，直接经济损失达 5680 多万元。尽管国家相关部门提出全面提高村镇建筑防御灾害能力的要求，但实践表明，目前我国村镇的房屋，在遭受到烈度为 6 度地震的影响时，就有相当部分的房屋产生开裂，在烈度 8 度地震影响下有一定数量的房屋倒塌（葛学礼，2001）。再加上居民的防灾意识薄弱，多按当地传统建房，建房用材的质量参差不齐，存在相当多的安全隐患，在灾害面前的易损性就相对比较高。

　　而汶川大地震中的重灾区，什邡市宏达新村，却没有因为房屋倒塌而发生人员伤亡，房屋在地震后完全可以正常使用。宏达新村是由什邡市政府批准，有宏达集团兴建的一座"富民惠民，改善民生"的新农村住宅，主要解决当地耕地被宏达集团建厂占用村民的住房问题，住户自己承担 1.5 万元或 2.0 万元，其余费用由宏达集团支付。房屋沿主街道两侧成排修建，每户独家独院，考虑到农民生产与生活要求，每产都有前院与后院。房屋主体结构布局两层，均为砖混结构。一层采用纵横墙混合承重，每家均有预制钢筋混凝土楼板，二层采用坡屋顶，钢筋混凝土擦条上挂机制大瓦。主体结构按照 7 度抗震设防要求设计与建造，设置了圈梁与构造柱。在这次地震中实际遭遇的地震烈度为 7 度到 8 度，但除 8 户房屋出现裂缝外，其余房屋没有发现墙体开裂等可见损伤。根据地质专家勘查后认为，这次受损的 8 户建筑是因为他们的房屋建在一条断裂带上，这条断裂带在规划时没有发现或重视。宏达新村在此次地震中的表现，充分说明了我国的村镇建筑只要通过合理的布局，按照现有的规范认真的落实实施，保证建筑材料的质量，施工质量，就有能力建造成抗震能力强的安全建筑（赵作周，2009）。

总之，人为环境系统在一定程度上影响着人类社会系统和自然环境系统，它的改善也将促进另外两大系统更加和谐有序地发展，它们之间是相互影响和相互制约的。

四　人类社会系统

人类社会系统是通过人与人之间的相互联系逐步建立起来的有层次结构的非线性复杂系统。随着生产力的发展，社会系统的组织结构也在不断变化。同时人类社会是由低级向高级发展的。进入 21 世纪，人类社会系统几乎覆盖了整个地球表面，人口、政治、经济、文化、科技、军事、宗教等子系统在各个国家和地区交织错杂，形成各种自相似的组织和机构；人与人之间身份背景、思想观念、个性能力等方面的不同决定了社会系统的高维数和复杂性；人与自然生态系统之间物质、能量、信息的交换使人类社会处于开放状态。总之，人类社会是一个由大量单元组成的、具有自相似特征的、远离平衡态的、开放的非线性复杂系统[①]。随着人类社会的发展，城市化已成为当今社会发展的潮流，也是现代社会文明进步的标志之一。城市化在给人类带来富裕的物质生活和丰富多彩的文化生活的同时，也会因人口、财富在有限空间的高度集中，造成维系城市正常运转的基础设施、生命线工程、建筑物的日益庞大和复杂，尤其是面对一些巨灾的时候，人为环境系统面临着更大的威胁，灾害威胁着社会发展，而

---

①　林菲、柴立和：《人类社会系统形态结构的理论分析及数值模拟》，《科学导报》2007 年第 16 期。

有缺陷的发展必然会招致灾害。

　　人类社会发展通过自然环境影响灾害运动的机制是极其复杂的，而根本杜绝灾害的发生是不可能的。但是，在经济社会发展的基础上，人们能够积极创造条件化害为利。如修建水库以蓄水，种植防风林以挡风沙等。从实质上讲，一种现象是否成为灾害，成为灾害之后会造成多大程度的损失，这并非完全由这种现象本身所决定，还取决于人和社会对于灾害的抗御能力。人们能够掌握和运用强大的生产能力和科学技术，转化可能成为灾害的现象，使其有利于人的生存，而不发生灾难性后果；抑或在灾害已经发生的情况下，提高人对灾害的适应能力，减少灾害损失，并创造条件，以求将灾害转化为一种有利于人的生存和发展的资源。

（一）人口

　　人口是影响灾害易损性的重要因素。灾害损失的形式和范围，在某种程度上是区域人口的函数，包括其数量、增长率、人口成分和密度。由于区域人口变得越来越集中，社区也越来越脆弱，灾害发生时可能造成的损失也越来越大。例如，每年我国东部沿海城镇定居人口的持续增加使得区域在遭受台风等灾害时变得越来越危险。减少灾害多发地区的人口，是减轻灾害最重要的工作。但是由于城市化的快速推进，致使局部地区的人口密度大幅度增加，从而灾害发生的几率和损失也相应提高，区域在面对一些较小规模的灾害时也会变得十分敏感。

　　随着我国经济的快速发展，交通条件的改善和人口流动政策的开放，我国现在已经形成了一个巨大的流动人口群体，并且这个群体的规模仍然在不断地增加，这一趋势意味着相当多的人口，面临灾害时更容易遭受打击，损失也更大。因为当社区和家庭包含较多的新成员和新居民时，这些来自其他地区的成员的加入将影响社区和家庭对过去灾害情况的"记忆"。迁徙也同样影响家庭亲属、邻居、朋友和当地社会网络的联络。这对灾害应急和救援都将产生重要的影响，也对社区和群体应对灾害的能力造成一定的影响。

灾害人口的另一个影响是家庭结构的改变。家庭越来越趋于小型化，导致了家庭成分的改变。特别是单身家庭的日益增加，给社会应对灾害的破坏带来了较大的难度。遭遇灾害时，虽然规模较小的家庭可能更为机动，但是他们也可能因为经济和救助资源的有限而难以对付灾害带来的各种危机。

因此，流动人口的增加和家庭结构的变化都在一定程度上增加了各地区灾害发生的易损性。快速的人口流动使得在高风险社区内只有少部分人对当地的灾害具有一定的防备经验和意识；家庭规模小型化极大地影响了社会各成员间相互帮助和合作，造成灾后更多的家庭不能从亲戚和朋友处获得救援，而不得不主要依靠政府救济，极大地削弱了社会应对灾害的效率和能力，加剧了自然灾害的社会易损性。

（二）文化

文化对个人素质的影响至关重要。个人文化背景对自然世界的认知能力和社会组织的形态都影响个人和社区面临自然灾害时的表现。例如，人们对现状的态度，对自然灾害的选择、关注程度甚至偏见，都来自个人文化、价值观和信仰。而这些都对社区自然灾害的社会易损性产生重要的决定作用。

灾害的易损程度取决于社会的技术能力以及技术资源的分布状况。减灾决策通常受到权限的制约，以及政治、社会和经济因素的影响。对决策发挥重要影响的还有来自宗教信仰，社会团体对自然环境的思想意识。文化因素本身也是受多种因素制约和影响的。而这些将对减灾决策产生制约，进而影响社会遭遇自然灾害的易损程度。此外，文化的形成是在一定的条件下经过长期的演变而逐渐稳定下来的一种社会整体意识。这种社会整体意识一旦形成，就很难在短时期内发生根本改变。因此，社会文化在影响社会易损性的过程中表现出了明显的稳定性和长期性。社会文化的形成过程中如果包含了丰富的灾害文化及减灾理念，则该文化对于地方灾害易损性的减轻具有不可多得的基础性保障作用；反之，如果地方文化中明显缺乏相应的灾害意识时，则很难预料当地社会易损性的减轻过程中可能遭遇的巨大阻力。因为文化一旦形成，不管是有利于灾害易损性减轻的，还是不利于灾害减轻的，都会对当地的减灾过程产生不可忽视的深远影响。

（三）政治

公共政策和政治力量对人们遭受灾害的机会和面临灾害时的易损程度产生一定的影响。例如，灾害以后积极的实施由中央主导，地方对口支持的重建政策，将会极大地提高受灾地区重建的效率，对于消除地方灾害所造成的后续影响，提高社会应对灾害的能力，减小灾害易损性都起到重要的作用。此外，灾害期间也可能在区域、国家和私人团体之间会冲破传统的合作模式，创建新的高效联盟，以应付紧急状态和恢复重建。政治因素的作用可以实现在短期内对灾害易损性的影响，包括采用各种强制措施来推动减灾措施的实施和改进。例如通过实行紧急状态等措施来保证减灾措施的有效执行。此外，政治因素也可以从更广泛的范围和更深层次对社会易损性产生消极影响。例如，2011年3月11日，日本东北部发生9.0级大地震并引发海啸和福岛第一核电站多个机组发生不同程度的核泄漏，给日本及周边国家造成了严重的影响。在此次核泄漏灾害过程中，日本政府在危机处理和信息公开及国际合作方面表现出来的一再失误，导致了核泄漏灾害损失不断增加。同时由于政府为了保存执政地位，不断拖延采取有效措施应对核爆炸的危险，并向国际社会隐瞒其所面临的核泄露状况，导致国际社会，尤其是周边国家一度出现核恐慌，甚至出现社会混乱，严重影响了日本本国和周边国家的社会应对核灾害的易损水平。

　　灾害的决策过程对影响或提升区域应对灾害的能力和意识，减轻自然灾害社会易损性具有十分明显的作用。做出应对灾害的决策，以及减轻社会易损性的具体措施可能是个人、团体或政府。个人的决策可能有一系列的选择：首先是关注险情，然后考虑自身保护方式，最后选择措施。团体或企业因为各自的社会背景不同，决策的过程也有差异。政府同样有应对灾害不同的选择。当然决策的步骤可能与个人和团体、企业迥然不同。

　　决策的形成、采纳和实现的过程是非常复杂的。不同利益立场上的个人和群体在做出决策的过程中，表现出多种多样的不同之处，这种不同往往与决策者的知识背景、信息和资产资源有关。大量的研究指出：人们日常生活中一般不会考虑自己周围的灾害风险，即使有所了解也会低估灾害的危险对他们日常生活的干扰，却往往过高地估计了灾后袭击时可能承受和应急的能力。但是，一旦遭遇灾害或灾害过后，他们多数会为自己的损失埋怨别人，并且过分地依赖社会给予的紧急救济，但是很少反思灾前没有应急的准备。

　　很多时候，即使在正常的社会环境中，个人和群体具有充足的物质资源时，也不能有效地应对经常性出现的一般灾害，更无法实现保护自己的目标。这种情况的出现，很大程度上与个人或群体的决策失误有关。在社会发出应对灾害的紧急警报过程中，个人往往自作主张地做出应对灾害的决策，而这种决策一般都是根据个人的历史经验或第一感觉，没有足够的理性分析和充足的信息准备。这时很容易出现与灾害应急部门的决策相违背的情况，而导致一些意外的损失，增加了灾害的易损性。所以，建立合理科学的决策过程，理性客观地做出决策措施，对于减轻社会易损性也具有十分重要的意义。

（四）经济

经济因素在区域减轻灾害易损性过程中发挥着基础性作用。首先，经济因素是决定区域灾害易损性的基础，雄厚的经济实力是抵抗灾害发生及破坏的根本。地方经济实力的强弱对地方的社会易损性起到重要的影响。对于经济薄弱的地区，虽然在灾害过程中，可能因为当地本身经济财富的匮乏，而没有形成大量的绝对经济损失。但是，所造成的损失数量在当地的经济总量中可能占据了相对高的比例。而在经济发达地区，灾害发生时当地首先拥有足够的实力采取措施应对灾害的影响。在经济发达地区，同样的灾害所造成的经济损失的绝对数量可能比经济落后地区要高，但是相对于当地的经济总量来说，未必占有多大的比例，对当地的社会影响也会比经济落后地区要小。因为经济发达地区除了拥有充足的能力应付灾害的发生，也有足够的实力快速实现灾后的恢复重建。但是经济薄弱的地区则往往陷入长期的被动。

其次，经济因素对个人和社会应对灾害能力的影响至关重要。很多情况下，社区和群体都乐意接受采用廉价简易的减灾方式，不愿意在防灾减灾设施方面投入大量的资源。这一方面与个人和群体对减灾防灾设施的重要性认识不足有关，另一方面也和减灾防灾设施（如警报系统）的投入不能及时获得回报有联系。但是可以肯定的是，防灾减灾的资金保证是提高社会应急能力，降低社会易损性的关键因素。所以，经济因素对社区的灾害应急能力和减灾措施具有一定的约束作用。

最后，通过一定的经济鼓励机制来影响社会易损性。包括对地方或企业的减灾项目通过资金补助、低息贷款、免税的予以一定程度的鼓励。总之，合理地减轻灾害易损性的经济政策应使生活在易灾地区的人们因为灾害易损性降低和承灾能力的增加而获利，整个社会也会因此而受益。因为减少了灾后救援和灾后恢复的工作，意味着减少了纳税人为应付灾害的开支。

（五）信息交流

灾害信息的有效传递对灾害易损性的影响包括两个方面：一可以通过灾害信息的及时传播，来获得公众对灾害救援的支持与理解。因为公众是实施救灾的经济主人，所有救灾的资金都是由公众的纳税来实现。所以，公众对救灾资金的使用及分配十分关注。通过灾害信息的及时交流，可以有效消除公众对救灾资源使用的疑虑，还可以极大地获取公众对救灾工作的支持和关注。二可以通过灾害信息的交流及时的向公众普及相关的灾害信息。因为灾害信息在灾害发生的紧急时刻进行交流能够实现最广泛的传播。这比平时的减灾宣传要更有效，更具有实用性。通过灾害信息的及时交流，积极引导灾害的信息的正面影响，可以有效地提高社会应对灾害的意识和能力，对减轻灾害的社会易损性具有一定的作用。

参考文献

卡尔·多伊奇：《国际关系分析》，周启朋等译，世界知识出版社1992年版。

葛学礼：《村镇建筑震害与抗震技术措施》，《工程抗震》2001年第1期。

赫德利·布尔：《无政府社会——世界政治秩序研究》，张小明译，世界知识出版社2003年版，第236—237页。

何玉林、黎大虎、范开红：《四川省房屋建筑易损性研究》，《中国地震》2002年第1期。

秦大河：《气候变化：区域应对与防灾减灾》，科学出版社2009年版。

清华大学、西南交通大学、北京交通大学土木工程结构专家组：《汶川地震建筑震害分析》,《建筑结构学报》2008 年第 4 期。

水利部应对气候变化研究中心:《气候变化权威报告——IPCC 报告》,气候变化影响评估,2008 (2):38—40。

延军平:《灾害地理学》,陕西师范大学出版社 1990 年版。

政府间气候变化委员会:《IPCC 气候变化 2007 综合报告》,http://www. ipcc. ch/languages/chinese. htm。

第五章 自然灾害的社会学审视

　　自然灾害本是一种极端的自然现象，但它的直接或间接诱发动因与人类社会相关，它产生的破坏力直接作用于人类社会，所以也绝不是纯粹的自然现象。确切地说，自然灾害是自然和社会相互作用的结果，自然灾害既是一种异常的自然现象，更是一种非常态社会现象。众所周知，洪水、地震是自然过程，但与它们有关的灾难不是自然的，而是社会的。为了理解灾难，人们有必要把眼光集中于社会过程，即人类社会的易损性，从社会学的角度去认识自然灾害，揭示灾害与社会的内在联系。

一　自然灾害的属性

　　对于灾害，人们可以从其形成意义上而分为自然灾害和社会灾害以及介于二者之间的综合灾害，而在实际上，灾害本身既没有单纯自然的，也没有单纯社会的，自然现象引起所谓自然灾害中，必然包含着社会性因素，或者受社会性因素制约；而由社会现象引起的社会性灾害，也必然地受到自然因素的影响，或者反映到自然方面来，因此，自然灾害具有两方面的属性。

（一）自然灾害的自然属性
　　自然灾害的自然属性是指灾害产生于自然界物质运动过程中一种或几种具有破坏性的自然力，这种自然力往往是人类不易抗拒或不可抗拒的，并通过非正常的方式释放而给人类造成危害。

　　无论是突发性自然灾害，还是缓慢变化的趋向性自然灾害，都是由于地球环境的内营力和外营力因素的变异所确定的。如大气运动异常变化导致暴雨、洪水、风雹、寒潮等气象灾害；海水的异常运动导致风暴潮、海啸等海洋灾害；地壳内能量的急骤释放和岩石、坡体的位移导致地震、火山以及岩崩、滑坡、地陷等地质灾害等。地震的发生是地球内部局部区域应力的调整，洪灾的泛滥是降水与蒸发平衡被破坏的事件，也是大气圈调整平衡的一种方式。甚至许多人为事故也与一定的自然条件有着直接或者间接关系：森林火灾多发生在气候干燥的季节，交通事故的多发与雨雪雾天气等都相关。

　　由于地球环境的整体性和复杂性，致使内营力、外营力作用的表现形式并不是孤立的，而是相互交融、相互关联的，某种自然灾害的出现往往是内营力、外营力相互作用形成的复杂现象，有时甚至还会出现一种自然灾害发生的同时伴有另一种灾害发生的灾害链现象，比如地震和重力的相互作用在崎岖的山区引发山体崩塌滑坡、泥石流；山区的暴雨灾害常常会伴有洪灾、泥石流以及崩塌滑坡等地质灾害。

　　社会所处的地理环境也对灾害的形成有巨大的影响。沿海地区有风暴潮、海啸等灾害，而内陆国家不会有海洋灾害。山区才会有泥石流、滑坡之类的灾害，而其他地区则没有。地质断裂带地区往往是地震多发地带。洪水之所以历来就是中华民族的心腹之患，这和中国西高东低的地势特征，大江大河的走向有很大的关系。地理环境不仅决定着自然变异，而且决定着灾害的地区差异。

　　灾害的自然属性不仅决定着灾害空间分布的特点，还使许多灾害在时间分布上具有密切的相关性和不规则的周期性特点。自然变异的韵律性决定了灾害活动的韵律性。地震活动的韵律性已为大家所公认，最近 500 年来，我国有两个地震活跃期。第一个活跃期为 1480—1730 年，历时 250 年；第二个活跃期从 1880 年至今。气温变化的韵律性也十分显著：近 500 年来，有四次变冷，即 1470—1520 年；1620—1720 年；1840—1890 年；1945 年至今①。当然这种平衡的破坏有时不可避免地会有人为因素的加入，但这是外因，外因的加入只是在一定程度上加快、加剧了平衡调整的过程。

（二）自然灾害的社会属性

从灾害的概念来看，灾害是自然发生或人为产生的，对人类和人类社会具有危害后果的事件，其本质上即具有社会属性。

1. 灾害是一个社会性事件

灾害是相对于人类社会的生存而言的，但不是仅仅针对于某个或某些少数人的个人不幸而言的，而是指危及一个地区的人群的带有社会性的事件，这就同个人灾难区分开来。比如失火这个事件，日常家庭失火和 1998 年的大兴安岭森林火灾在性质上、意义上是不同的。只有后者才成其为社会性灾害。因为后者已对社会带来巨大破坏，危及整个社会的安危，是社会性事件。

2. 灾害是人的生存能力所不能承受的自然或社会变故

灾害的本体与内容使人的生存受到了严重的阻碍与威胁，使正常生活不能进行。人的正常生活进行需要一系列条件，只有当这些条件具备时，人的生存与发展才能正常进行。灾害实际上就是破坏了人生存所需的基本条件，如粮食、住所、衣物及生产的基本设施等。地震之可怕，就在于它以巨大的力量摧毁人生存所需的条件，一瞬之间，便将人置于求生不得的地步。灾害的本体内涵是人群需要满足过程的中断，包括物质需

---

① 马宗晋：《灾害学导论》，湖南人民出版社 1998 年版，第 53 页。

要和精神需要满足过程的中断。这种中断的直接后果是威胁到人的生存与发展。

3. 灾害是一种建立在自然现象基础之上的社会历史现象

自然灾害作为社会与自然矛盾的一种紧张和冲突状态，是自然与社会的相互作用的结果，它表明自然力胜过人类所拥有的社会生产力和科技力量，并给人类带来巨大的灾难。

自然因素和社会因素是构成自然灾害的两个基本要素。在这个问题上对自然灾害的定义有两种基本的思路；一种是把自然灾害看作是一种单纯的自然现象，如日本学者金子史朗给灾害定义为是一种自然现象，与人类关系密切，常会给人类带来危害或损害人类生活环境①。这种观点看到了自然灾害中自然因素自然力的主导和优势地位，但把社会则看成完全被动因素和永远受动的地位。因此，在他们看来，自然灾害就意味着自然力对社会的单向性的破坏作用。另一种观点则走向另一极端。认为自然灾害是人类劳动和实践活动作用于自然系统而引起的。从表面上看，生态失衡、全球危机是自然系统内平衡关系的严重破坏，实际上它是人与世界关系的严重失衡，因为这种危机是由人的实践活动进入自然系统而导致的。形象地说，生态失衡、全球危机是以天灾形式表现出来的人祸②。这种观点认为，人类实践对自然系统的进入，进而改变自然系统内部的平衡关系，从而导致自然灾害。

不可否认工业革命以来的社会发展确实是造成今日环境问题的重要因素。但是，人类实践所及的自然系统也处在相互作用之中。我们不应忘掉人类劳动和社会实践只是人对自然的作用，它只是自然和社会相互作用的一个方面，而不是自然与社会相互作

---

① 金子史郎：《世界大灾害》，山东科技出版社 1999 年版，第 25 页。

② 戴维·波普诺著，李强等译：《社会学》，中国人民大学出版社 1999 年版，第 101 页。

用的全部内容。因为有些自然灾害和人类劳动是没有关系的。人与水争地，水最终与人争地，从而造成的水灾；氟利昂的过量排放造成南极的臭氧空洞等，这样的自然灾害是与人的活动有关。但是地震、台风、太阳黑子、小行星相撞之类的自然灾害，是很难从人的活动中找到原因的。用人们常讲的一句话来说，这是"飞来的横祸"。而且，完全有理由推论，即使人类处于非实践的静止状态，自然灾害也无法根绝和避免。唐山大地震就给我们提供了这样的例子。

因此，自然灾害是自然和社会相互作用的产物，自然灾害只有在自然和社会的相互作用中才能得到全面正确的认识。片面地强调一个方面，否定另一个方面都是不正确的。

二　自然灾害的社会学视野

既然自然灾害是自然和社会相互作用的产物，那么从社会整体出发研究社会的结构、功能、发生、发展规律的社会学，就应该是我们认识自然灾害的本质属性，搞好防灾减灾工作的一种重要的科学思想和方法。

（一）功能主义视角的自然灾害

社会功能论也称结构功能主义，认为社会是由在功能上满足整体需要，从而维持社会稳定的各个部分构成的一个复杂系统。组成社会的每一部分都对总体发生作用，由此维持了社会的稳定。功能社会学认为，社会与生物有机体在许多方面是相似的，也有组织结构、有满足自身发展的基本需要，各个组成部分也需要协调地发挥作用以维持社会的良性运行；每个组成部分都对维护整体发挥功能。当然，在社会系统中有时也会出现某一单位是反功能的，它阻止社会整体及其组成部分满足正常需要，负功能会导致社会协调性和适应性下降，或导致功能紊乱的后果。

对于社会系统来说，自然灾害可以两种方式存在和发生。自然灾害的出现可以是社会系统内部功能紊乱失衡的结果，正如人口爆炸、大量二氧化碳的排放，造成城市社会生态系统紊乱，进而引发自然灾害，譬如我国近年频发的城市洪涝灾害就无不与过度的城市化社会过程和过度的区域开发过程有关。自然灾害的存在和发生也可以是一种外部力量，正如地震、火山、海啸这样的灾害，它破坏原有社会的结构，甚至造成社会系统的崩溃，譬如 2004 年的印度洋海啸，造成印度洋沿岸国家人民生命和财产巨大损失，社会系统结构严重破坏。

功能主义也告诉我们具备稳定结构特征的社会，在灾害发生时，社会本身的结构和各个单元都会发挥作用抵御自然灾害的侵袭，社会各个单元必然以社会的地位和角色分工，按一定的秩序来抗灾，减少灾害造成的损失；当灾害造成社会结构失衡后，社会系统具备一定的自组织能力，可以进行整合进化重新走向平衡，对灾害产生一定的抵御能力。显然，从功能结构主义出发，一个安全的社会应该是一个结构完善、各部分组成角色功能明确、协调和谐、整体运行有序的社会。

（二）冲突论视角的自然灾害

冲突论认为，社会总是处于对稀有资源的争夺之中。社会、社会设置和社会秩序主要是通过强力来维持的，经济力量在社会生活中的占有重要的地位，经济地位是社会阶层划分的主要准则。人们因为有限的资源、权力和声望而发生的斗争是永恒的社会现象，也是社会变迁的主要源泉。

在某种意义上说，自然灾害的发生大都是自然界和人类社会以及人类社会各阶层关系不协调，利益冲突的结果。人类为了获取自身的物质利益，过度地从自然界中开采和利用自然资源，并大量地排放废弃物，破坏了人与自然的平衡关系，引发了水土流失、土地沙漠化、沙尘暴、气候变暖等灾害的爆发。这些灾害的表面是人类与自然的冲突，其本质上是社会各阶层为争夺利益的冲突外延。近年来，长江中下游频发洪水灾害就与上游地区过度资源开发、自然植被严重破坏有关。目前，全球二氧化碳排放不断增加，气候变暖日益加剧就与个别超级大国对待控制二氧化碳排放"京都协定"（秦琴，2006）不合作的态度有关，其实本质上还是稀有资源的争夺及其利益冲突问题。

当人类社会别无选择面对灾害时，预防灾害的物质条件和知识文化等包括日常不是稀有资源的生活设施都将成为匮乏资源，也会成为社会成员间争夺的对象，这一过程中充斥着社会成员之间、社会成员与社会整体之间的冲突关系，因社会地位和获取权力的差异造成社会不同阶层承受灾害能力的不同，救灾减灾时的社会秩序和资源配置是处于社会统治地位的社会群体占优势，所以这时社会要更加关注弱势群体，把帮助和救助的重点放在弱势的社会阶层。如果这种冲突关系不能及时得到协调，则可能产生更大范围的冲突，灾害给社会带来的后果将更加严重，甚至引起社会秩序的改变和社会的变迁。中国历史上的几次农民起义都与自然灾害爆发及救灾时的社会冲突有关。相反，如果能有效协调灾害发生时的价值和利益冲突，灾害对社会的影响将会大大减少，社会秩序和结构得以维持。

三　自然灾害的社会学性质

在社会学意义上，所谓灾害，是指由于自然的和社会的原因所造成的人的需要满足过程的非正常中断，从而使人的生存与发展受到严重阻碍与破坏所造成的社会性事件，是人类社会对自然生态因子和社会经济因子变异的一种价值判断与评价①，是相对于人类和人类社会的一种存在的，有着危害社会的后果。

（一）灾害最终结果的社会性

在人类社会产生以前地球上就有地震、火山爆发、洪水、干旱、海啸，但是这一切并不能给人类带来灾难。今天发生在荒无人烟地区的台风、洪水、地震、海啸也不会给人类带来灾难。任何灾害的灾难性后果都是由人类社会来承受。一切和人类社会无关的自然变异过程都不会造成对人类社会的损害。因此，灾害不仅是一种自然变异过程，而且必须是能给人类带来灾难性后果的自然变异过程。灾害最终结果的社会性表明，任何灾害都必然对社会造成灾难性的后果。

（二）灾害过程的社会性

任何自然灾害的结果都是社会的，任何灾害的过程也具有社会属性。比如说，灾害在其发展过程中。由于种种社会方面的原因，灾害的烈度和破坏性大大减轻甚至于消除，或者灾害的烈度和破坏性大大被强化和放大。这种减轻和放大效应，一方面取决于生产力和科技发展水平，一方面取决于社会制度、社会管理水平和社会成员的素质。灾害过程的社会性表明，在灾害危害社会的过程中，社会完全可以有所作为的。这为社会防范灾害和减轻灾害提供了可能性空间。

（三）灾害原因的社会性

人类社会与自然界一样也是一个有机整体。灾害作用于社会的部分地区和人群时，我们也看到对整个社会的影响。这是因为

---

① 段华明：《灾害与人类社会发展》，《现代哲学》1999 年第 4 期。

人类社会本身也是矛盾对立统一体。人类社会的和谐发展考察的核心就是"人与人的关系"。在人与人的关系中，生产关系是最主要的关系，正像马克思讲的"我们都在受'看不见的手'在指挥"。经济关系与经济实体是不可分的辩证统一关系。社会总是通过一系列的关系和矛盾组成社会关系，社会关系是不断运动发展的。从这个角度上讲，这种社会存在和社会关系本身对灾害的形成具有普遍意义。

有些灾害从一开始就和人对自然的影响作用纠葛联系在一起，甚至主要就是人为影响造成的。在这种情形下，致灾因子与受灾体至少是部分重合的。工业革命以来愈演愈烈的环境污染就是如此。灾害原因的社会性则为社会对灾害的防范和减轻提供了更大可能性空间。如果不乱砍滥伐，就不会有大规模的水土流失和频繁的江河决溢。如果让污水经过处理后排出，就不会有水体污染。

灾害的社会性不仅可以进行横向剖析，也可以进行纵向考察。随着社会的发展，灾害的内容也有巨大的变化。同样的水旱灾害，传统社会里主要表现为以食品短缺为特征的"荒"，而在现代社会里，可以带来粮食减产、工业损失、交通瘫痪、通信中断等多种多样的损失。同样，对灾害的防范、治理方法和手段也有所不同。以水旱灾害为例，传统社会里只能是"举锸为云，决渠为雨"，即通过修筑堤坝闸、挑挖疏浚河渠沟泄等地面工程措施来防灾减灾。现代社会里除了有更先进的地面工程措施外，还有人工降雨、驱云防雹之类的新技术。

（四）灾害和社会的双向互动性

灾害与人类社会之间是双向互动的。社会发展影响灾害的发生发展，灾害的发生也影响社会的发展。

从一定意义上讲，一种极端的自然现象是否成为灾害，成为灾害之后会造成多大程度的损失，这并非完全由这种现象本身决定，还取决于人类社会对于灾害的抗御能力。社会发展，包括社会结构的变革、生产方式的更替、科学技术水平的提高、管理制度的完善、社会行为的调节等等都可能对灾害的形成演化产生重大影响。

如果人类社会拥有发达的社会组织功能，具备运用强大的社会生产力的能力，实施有效的环境保护和防灾减灾政策和措施，是可以削弱和扼制灾害发生的强度，减少灾害的损失。如果人类社会组织结构涣散，缺乏环境保护和防灾减灾的意识和政策，随着社会的发展，不断的破坏环境，掠夺或过度开发资源，就可能直接引发自然灾害的发生、促使灾害蔓延、加重灾害的损失程度。

自然灾害对社会发展的影响是双重的。灾害不但危害着人类的生命和健康；也严重影响着社会的正常运行。灾害的发生可以破坏社会的生态环境和生存基础，导致社会功能失调，甚至毁灭社会运行的基础，制造贫困和社会心理恐慌，引起社会动荡不安，给社会带来巨大的破坏。但是，从另一方面看，灾害也是社会发展的一种动力。人类社会在与灾害的抗争中逐渐认识了自然，了解了自然，懂得了如何抗御灾害，如何利用灾害为人类服务，人类因此而逐渐成熟和强大起来，社会因此而进一步发展。

参考文献

陈先达：《马克思主义原理》，中国人民大学出版社1999年版。

柯长青：《印度洋地震海啸及其对中国的警示》，《中国地质灾害与防治学报》2006年第4期。

秦琴：《全球气候变化的影响及其相关国际协议》，《和田师范专科学校学报》2006第1期。

第六章　自然灾害与社会经济活动

一　自然灾害与社会经济活动相互作用的基本关系

马克思主义灾害理论的核心问题是"人与自然之间的相互作用关系，这种关系首先始于人类物质生产实践活动，而人类劳动是最基本的物质生产实践活动"。马克思灾害理论最主要的内容，指出了人与自然之间的关系实质上是一种物质交换的关系。这种关系首先表现为人与自然的关系，但实质上仍是人与人的关系、人与社会的关系。在人类社会发展中社会经济活动日益频繁，促使生产力水平不断提高，使得人类改造自然的能力在不断的加强，速度在不断加快，人类与自然环境之间的矛盾也日益突出，各种灾害频发。

1991 年国际地圈生物圈计划（IGBP）的年会总结上指出："人类正以各种连他自己还没能认识得清楚的方式，根本性地改变了地球上存在的各种系统和循环。"由此，说明人类对自然灾害规律的认识有一定的滞后性，人类对自然的改造有一定的盲目性。然而，作为人类社会中最活跃因素之一的社会经济活动，正在快速地改变着人类生存的社会环境和自然环境。正如恩格斯所说的"人类改造自然的每一步貌似胜利之后，自然将会以巨大的代价反作用于人类"。今天无论是农业、工业、旅游业还是交通运输事业等人类社会活动都在剧烈的改造着自然环境；与此同时，频繁的旱涝灾害、滑坡、泥石流、台风、环境污染、温室效应和臭氧空洞等影响全球性的环境灾害事件越来越多。自然环境系统、人类社会系统和自然灾害系统之间相互作用相互联系，构成了现在人口、资源、环境和灾害的复杂系统。如图 6—1 所示：

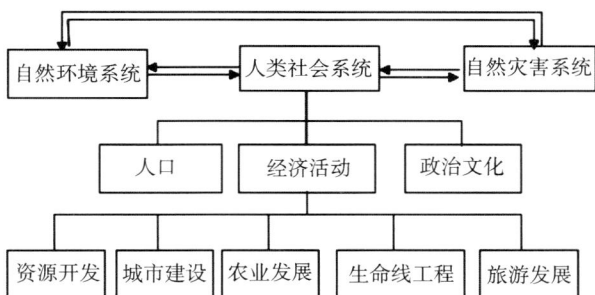

```
                  ┌──────────────────────────────┐
                  │    ┌──────────────────┐       │
          ┌───────┼────┤                  │───────┼───────┐
          ▼       ▼    ▼                  ▼       ▼       ▼
    ┌──────────┐   ┌──────────┐   ┌──────────┐
    │ 自然环境系统 │◄─►│ 人类社会系统 │◄─►│ 自然灾害系统 │
    └──────────┘   └────┬─────┘   └──────────┘
                        │
         ┌──────────────┼──────────────┐
         ▼              ▼              ▼
    ┌────────┐    ┌────────┐    ┌────────┐
    │  人口   │    │ 经济活动 │    │ 政治文化 │
    └────────┘    └────┬───┘    └────────┘
    ┌────┬────┬────┬────┼────────┬────────┐
    ▼    ▼    ▼         ▼        ▼
 ┌──────┐┌──────┐┌──────┐  ┌────────┐ ┌──────┐
 │资源开发││城市建设││农业发展│  │生命线工程│ │旅游发展│
 └──────┘└──────┘└──────┘  └────────┘ └──────┘
```

图 6—1　自然环境系统、人类社会系统、自然灾害系统关系图

自然环境是人类赖以生存的物质环境，人类不断地从自然环境中获得物质和能量，以满足人类生存和发展的需要；同时人类不断地向环境中排放废弃物，当人类向环境中排放的废弃物超过环境本身的自净能力之后就会造成环境污染；人类过度地从环境中索取物质和能量，往往会造成生态破坏。当各种人地关系矛盾不断积累，最终会导致自然灾害事件的产生。因此，自然灾害是自然环境和社会环境综合作用的产物，是人地关系矛盾不断积累和恶化的结果，是自然环境中的极端事件，是人类不合理利用自然资源和破坏环境的结果。在自然灾害系统中，人类社会系统构成的多重性、运行过程的复杂性和造成后果的严重性和不确定性给自然灾害系统的研究带来了一定的难度。尤其是社会系统中最为活跃的社会经济活动子系统（包括，农业、工业、交通运输业、旅游业、商业、金融业和医疗卫生事业等），深入到人类生活的各个方面，对人类的社会系统和自然环境系统产生了巨大的影响，是诱发自然灾害的主要动因之一。

　　人口、资源、环境、灾害是影响人类生存和发展的基本问题，特别是在发展中国家表现得更为强烈。人口数量的剧增，导致人类无节制的从自然环境中索取资源，严重地破坏了生态平衡，环境则以各种频发的自然灾害事件，反作用于人类的生存和发展。自然灾害使人类社会和经济系统造成严重的损失。根据国家减灾网的报道，2010 年 1 月—2010 年 12 月，旱涝、风雹、地震、低温冻害、雪灾、山体滑坡和台风等灾害频繁发生。各种灾害造成农作物受灾面积 2667.5 千公顷，其中绝收面积 92.3 千公顷；倒塌房屋 0.1 万间，损坏房屋 1 万间；直接经济损失 74 亿元。

　　各种自然灾害不仅对当今社会造成巨大的破坏和财产损失，而且对人类将来的生存环境造成严重的影响，甚至是不可恢复的。比如，在多种多样的灾害中影响范围最广、最深远的是水土流失和土地荒漠化。这两类灾害在近代有三次大的增长期，分别是：在 60 年代初，即"大跃进"时期；60—70 年代，"文化大革命时期"和 80 年代经济飞跃发展时期。土地资源是有限的，土壤的形成需要漫长的过程，对于人类来说是非可再生资源。由于"人类中心主义"思想的影响，从人类的利益和价值考虑，大量的森林被砍伐、沼泽地被开垦、围湖造田、过度放牧、不合理的利用水资源、不合理的社会经济活动和盲目发展；使得地表水土流失和土地荒漠化越来越严重，人类的可耕地面积越来越小，出现严重的粮食安全问题和一些社会经济问题。

　　"自然不属于人类，但人类属于自然。"如何协调人与自然之间的关系，同社会经济发展统一起来，是我们必须面对的问题，也是实现可持续发展的关键所在。选择正确的适应经济、社会发展与资源环境相协调的道路，就必须调整好人与自然之间的关系，处理好发展与环境之间日益尖锐化的矛盾，处理好短期利益和长期利益，局部利益和整体利益。不断地认识人类赖以生存和发展的自然环境系统，使社会经济发展与自然环境相适应；不断地认识自然灾害发生的规律，增强人类对自然灾害的适应能力。

二　自然灾害与社会经济活动的历史动态

古往今来，人们不断地寻求控制自然灾害和减轻自然灾害的方法，人类的历史就是人类与自然灾害不断斗争的历史。社会经济活动是人类作用于自然环境最强烈的方式，也是最明显的表现形式。从社会经济活动的角度来看人类与自然灾害的关系，能够较好地反映人地矛盾关系和人类对地理环境（或自然灾害）的适应能力。人类的社会经济活动经历了漫长的发展过程，发展过程中孕育了人类文明的发展和科学技术的进步。可以说，人类经济活动与自然灾害之间经历了长期的冲突与适应，这种矛盾给人类带来了巨大的伤害，同时也促进了社会的变革。根据人地关系矛盾发展的历程，将人类与自然灾害关系，大致可以分为三个时期。

第一个时期是人类社会初期，人类的一切活动都要受到自然的控制，人类完全是被动的适应。在这个时期人类活动还谈不上有经济活动，生产力水平低下，对自然的认识、利用和改造自然的能力十分有限。人们只是使用简单的石块和木棒进行采集、渔猎活动，生存资源仅限于自然产品，消费产生的废物也能完全被自然所吸收。人的消费水平也仅仅是限于最低水平的食物消费和繁衍后代，人口数量也被严格地限于极低的水平。与此同时，人类需要面对突如其来的自然灾害（火山、地震、自然大火、寒流、暴雨、洪水、崩塌、疾病和猛兽的侵袭等），但是人类抵御自然灾害的能力很弱，面对灾害只能逃避。自然灾害造成大量人口的损失。人类要想生存，就必须形成一种人与自然协调发展的机制，以适应危机重重的自然环境。因此，形成了通过群体合作与平均分配的原始采集、渔猎社会。这个时期主要形成了自然为主导的，人类被动适应的人地关系，也就是环境决定一切的时代。

第二个时期是农业文明时期，随着生产力水平的提高，人类认识自然和改造自然的能力在不断增加。人类改变了原来被动适应自然的状态，主动地改造自然。从原始的采集到农作物的驯化、从游猎到定居、从自给自足的生产到商品交换的鼎盛，社会经济活动在人类社会中越来越发达。自此，人类对部分自然灾害的发生规律得到认识。如：埃及人对尼罗河的定期泛滥的规律的认识，能够有效地避开洪水的伤害，并且在尼罗河沿岸开发了大面积的良田，催生了古埃及文明。在中国也不乏此类事例，如在战国时期，秦昭王就派李冰出任蜀郡郡守，此时川西平原连年水旱灾害，百姓苦不堪言。于是他与他的儿子，以及当地有经验的治水人员，一起修建了举世闻名的都江堰水利工程，至今仍在发挥着它的作用。因势利导，旱则灌溉、涝则排洪，从此四川盆地才有了"天府之国"之称。

人类对自然环境的改造能力的增强，人口数量的急剧增加给自然环境也带来了巨大的破坏，人为制造的灾害也在不断增加。如：毁林开荒造成水土流失、土地的过度使用使土壤肥力得不到恢复等。人类与自然的矛盾日益突出，灾害频发，地震、旱涝灾害、滑坡、泥石流等给人类的生存造成严重的威胁。在我国各个历史时期都有因灾害造成的饥荒、动乱，造成人口损失和社会的动荡。在这些时期，要么通过政权更替，要么千里迁移寻求适合人们居住，避免某种灾害的地区。这个时期人类对自然规律有了一定的认识，对自然环境有了一定的改造能力。从人地关系角度来讲，它不再过度依赖于环境的决定性，而注重于人对环境的适应和利用方面的选择能力。在一定程度上讲，人类可以主动适应自然，避免一些自然灾害的伤害。

第三个阶段为工业文明和后工业化时代。此时，人类对自然的改造和利用能力达到了前所未有的地步。人类与环境之间的关系也处在了矛盾激化的边缘。蒸汽机的发明、电气化时代的到来、现代科技水平的飞速发展，貌似人类改造自然的胜利；但是由于人口的增长，技术的进步、社会经济结构的变化，快速城市化人类对资源的索取强度超过了自然的承受能力，所排放的废弃物超过了环境的自净能力，人与自然的不和谐程度在不断加重，造成严重的环境污染、生态破坏、环境变化、极端环境问题等灾害事件，而且自然灾害造成的损失呈明显上升趋势，对人类的生命、生产、安全和发展带来前所未有的挑战，对人类生存环境造成严重的威胁。特别是，人类社会的经济活动的活跃程度也达到了前所未有的程度。一些人在经济利益的驱使下，为了达到经济利益而不择手段。对资源和环境进行灭绝性的开采和开发，严重威胁了自然环境和人类的可持续发展。

从总体上看，人类迄今发展的事实似乎证明了经济发展总是超越灾害的发展，这样人类才会从茹毛饮血的原始社会进化到农业社会，再进一步发展到工业社会与后工业社会，但局部地区、某个时期却也出现过灾害导致经济衰退甚至亡国灭种的惨剧，而人类将朝着什么方向走向遥远的未来还是一个大问号，灾害问题的恶化正在让我们增加更多的疑虑。恩格斯在《自然辩证法》中指出，"我们不要过分陶醉于我们人类对自然界的胜利。对于每一次这样的胜利，自然界都对我们进行报复。每一次胜利，起初确实取得了我们预期的结果，但是往后和再往后却发生完全不同的、出乎预料的影响，常常把最初的结果又消除了"[1]。人类不得不为自身的行为而反思，不断认识到自己的行为对自然造成

---

[1]　恩格斯：《自然辩证法》，人民出版社 1955 年版，第 15 页。

的破坏的严重性，通过自身的行为来改变对环境的损害。随着人类对人类本身和自然灾害之间的关系的不断的认识，一些地理学家提出了人地关系应当"和谐"的思想，引发了人与自然和谐、可持续发展的思考。

　　人类的历史在不断进步，人类的社会经济活动也在不断地增强；人们对自然灾害不断适应的同时，又出现了许多因为新技术而带来的新风险、新灾害。人类的生存和发展，仍然面临着巨大的挑战。从灾害发展的历史角度来看，人类社会发展、经济活动的强度是随着科学的进步不断发展的，人们对自然灾害的认知和防范，也是在随着科学的进展不断增强的。因此，解决人类社会经济发展和自然灾害矛盾突出的问题，必须遵循可持续发展的经济模式，人地和谐是人与自然关系的必然选择。

三　自然灾害对社会经济活动造成的破坏

　　近一百年来，灾害的种类逐渐增多而且灾害发生的频率也在不断增加。根据 ISDR，对过去一个世纪（1900—2004）的自然灾害进行了研究，图 6—2 表明无论是生态灾害、地质地貌灾害还是水文气候灾害都出现了增长的趋势，特别是 20 世纪 70 年代之后，各类灾害都出现了较大的增幅，尤其是水文和气象灾害的增长幅度最为明显。我们也可以看出受人类活动影响较大的水文气象灾害和生态自然灾害的增长幅度最大。

　　灾害的频繁发生给人类的生命安全和社会经济发展带来了巨大的损失。社会经济活动是人类最频繁、最具有主动性、对自然环境影响最为强烈的活动，主要集中在区域开发、城市建设、交通建设、土地种植开垦、矿山开发等方面。随着人口数量的急剧增长，人类对资源和自然环境的索取越来越多，就造成了人口、

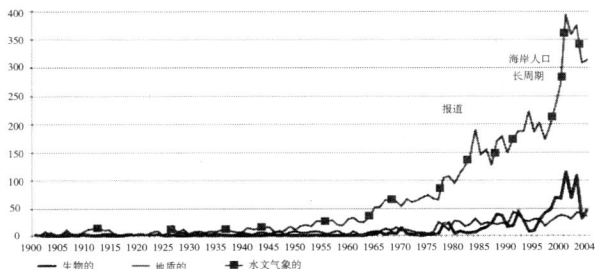

图6—2　1900—2004年自然灾害发生的次数

资料来源：http://www.geo.umass.edu/courses/geo250/is-drocc.pdf。

资源、环境三者矛盾日益加重，人为因素和自然因素共同作用造成各种各样的自然灾害频繁发生。频繁发生的自然灾害给人类带来了多方面的影响，危害涉及经济、政治、社会和心理等领域，特别是造成严重的人员伤亡和社会经济损失。

（一）自然灾害造成社会人员伤亡

灾害对社会的最大伤害，莫过于对生命的扼杀。灾害作为一种超越和压倒人类生产力并给社会带来各种损害的自然力，可以直接或间接地产生对生命的伤害。灾害对人的伤害大体有三种情形：第一种情况是为灾害本身所带有的物质性或环境中的气象因素所伤害，其特征是不经过中介而直接对人生命的伤害。如水灾中的洪水、滑坡中的山石、风雪中的冷冻、炎热中的高温等。第二种情形是灾害本身并不能直接造成对人的伤害，而是由灾害引起某种自然的、物质的形象而造成对人的伤害。比较典型的是地震灾害。地震引起大地强烈震动而造成房屋倒塌，倒塌的房屋致人死亡和受伤。在这里，倒塌的房屋就是置人于死或伤的中介。第三种情形是上述两种情形的交叉综合作用造成对人的伤害，即在同一种灾害中，既有非中介的直接伤害，也有经过中介的非直接伤害，如火灾、风暴灾害、爆炸灾害等。在火灾中，可能直接地因为大火而致人死亡，也可能因大火引起房屋倒塌而致人死亡，又有可能人员慌乱撤离导致人员踩踏致死。

灾害的发生具有关联性强、灾害链长的特点。一旦灾害发生，往往会有次生灾害的出现，甚至次生灾害会造成更多人的死亡。比如，地震引发的滑坡、泥石流等灾害；台风又引起暴雨和洪涝灾害；甚至自然灾害发生后会导致整个社会经济系统和社会结构的崩溃。据李文海等著的《近代中国十大灾荒》记录，1920 年北方 5 省大旱，陕西旱灾严重，陕西 92 个县受灾 75 个县，灾民 2367895 人。第二年甘肃海源发生 8.5 级地震，造成甘肃、宁夏、青海、陕西 30 多万人的死亡。1927 年甘肃古浪发生 8 级地震，地震致死 8 万人，伤 4 万人。1928—1931年西北普遍大旱，从 1928 年到 1929 年 3 月，饿死者仅陕西就有 40 万，岐山一县饿死者即达近 4 万人。由于旱灾还伴随霍乱瘟疫的流行，造成大量人口饿死、病死，竟有人相食的人间惨剧[1]。

根据 2010 年中国民政统计年鉴数据统计，中国近 11 年因灾死亡的人数，见图 6—3。我们可以发现，进入 21 世纪以来，每年都有上千人口，死于不同类型的自然灾害。人类的生命面临着各种自然灾害的威胁和冲击。尤其是 2008 年 5 月 12 日，四川汶川特大地震造成 69227 人死亡，17923 人失踪，造成直接经济损失 8451 亿元[2]。当人类面临巨灾时，生命是如此的脆弱，这不

---

① 李文海、夏明玄等：《中国近代十大灾荒》，上海人民出版社 1994 年版，第 12 页。

② 杨德慧、姜思朋等：《重大自然灾害后遗体处置应急预案研究》，《灾害学》2010 年第 4 期。

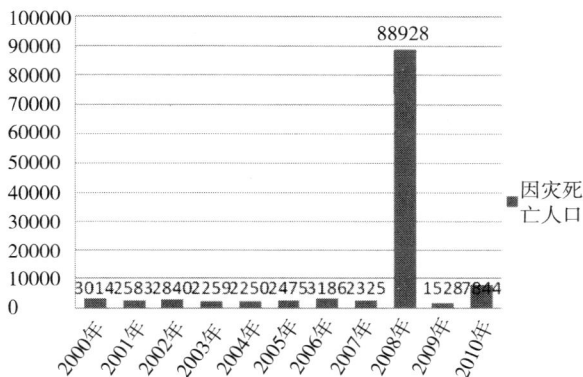

图6—3　2000—2010年因灾死亡人口

数据来源：《2010年中国民政统计年鉴》

能不给人以反思和警醒。

　　从1999年7月在瑞士日内瓦召开的"世界减灾大会"上的有关资料可知，仅20世纪70—80年代的20年里，自然灾害在世界范围内已造成近300万人死亡，并对8.2亿人产生了不利影响，导致了数千亿美元的巨额损失，并引起人们的恐慌与社会动荡[①]。

　　根据国际灾害数据库的1900—2010年对于灾害死亡人口的统计数据见图6—4和图6—5显示：现在对于第一种情形造成的人员伤亡绝对数量基本上有减少趋势，但是第二种和第三种情形和人为因素引起的灾害，对人类造成的伤害的数量却在不断上升。在灾害发生后直接造成人员伤亡的，主要是人为建筑或其他人为原因造成的后果。因此，我们在自然灾害发生后，不但要统计灾害造成的人员伤亡的人数，还要分析是什么原因造成的人员的直接伤亡，特别是灾害发生后引发的次生灾害对人员的伤亡影

————————

①　黄崇福：《自然灾害风险评价理论与实践》，科学出版社2005年版，第4页。

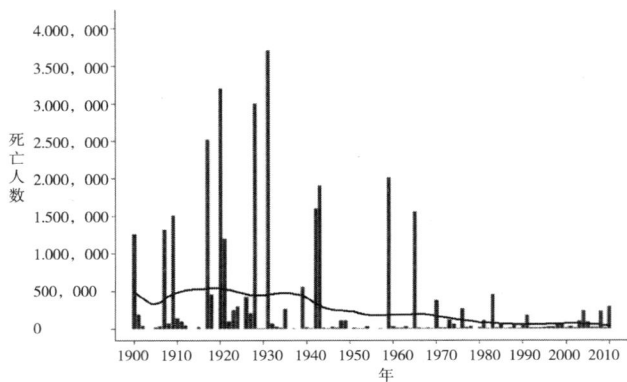

图 6—4　1900—2010 年自然灾害直接造成的死亡人数

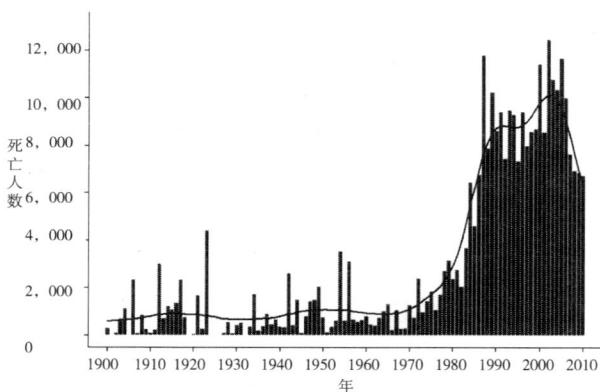

图 6—5　1900—2010 年技术灾害造成的死亡人数

资料来源于国际灾害数据库：http：//www. emdat. be/dis-aster—trends。

响是很大的①。这样，可以对防灾减灾的政策的制定更具有针对性和指导操作的实际意义。自然灾害是威胁人类生存和发展的主要因素，只有不断的研究自然灾害发生规律，寻求合理的防灾减灾办法，切实执行防灾减灾的法制化建设、工程建设和能力建设，才能保护人们的生命安全。

（二）自然灾害造成社会经济损失

灾害除了对人们的生命造成巨大的威胁之外，对人们的财产安全也造成严重的危害，破坏人类社会的正常生产与生活秩序并导致严重的后果。自然灾害是自然事件和人类社会共同作用的结果，最终对人类社会经济系统构成了危害，所以"损失"是所有灾害的共性，也是灾害区别于其他自然现象的本质标志。

我们关注的是灾害导致的经济损失，因为无论从社会意义、经济意义，还是从解决灾害问题的意义看，灾害问题的实质，其实就是经济问题。社会的经济发展和自然灾害造成的经济损失是一对矛盾关系。社会经济的发展、生产技术的提高、人类改造自然的能力的增强、资源过度消耗、环境遭受污染、生态遭到破坏，最终的结果是促成了自然灾害的发生。同时，自然灾害反作用人类社会，给人类社会以沉重的打击，造成人员伤亡和社会财富的损失，甚至使人类生产、生活和社会秩序进入混乱和瘫痪的状态。

灾害造成的经济损失的大小，成为评估灾害严重程度的重要标志之一。一般情况下，我们以灾害造成的直接经济损失作为衡量灾害造成损失的经济指标。

图6—6显示，从1900—2010年自然灾害导致的经济损失程

---

① 王艳茹、王宝光：《"5.12"汶川大地震人员伤亡的时空分布特点》，《自然灾害学报》2009年第6期。

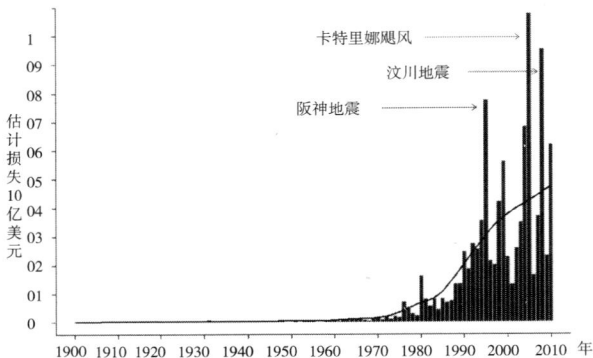

图 6—6　1900—2010 年自然灾害直接经济损失

度来看，20 世纪 70 年代之后，自然灾害引发的经济损失数量愈来愈多，而且增长的速度在不断加快，特别是大的自然灾害，如：日本的阪神地震造成 6500 人死亡，直接经济损失达 10 万亿日元（合 160 亿美元）；2005 年的卡特里娜飓风登陆美国路易斯安那州和密西西比州，此次飓风造成 100 多万人流离失所，直接经济损失达 250 亿美元；汶川地震造成 69227 人死亡，17923 人失踪，造成直接经济损失 8451 亿元，给人类社会造成巨大的经济损失。

在人为制造的灾难中也出现了不断增长的态势（图 6—7），比如西班牙的石油泄漏事件：2002 年 11 月利比里亚油轮"威望号"在西班牙西北部海域解体沉没，至少 6.3 万吨重油泄漏，法国、西班牙及葡萄牙共计数千公里海岸受污染，数万只海鸟死亡，造成直接经济损失 10 亿美元。墨西哥石油泄漏泄，估计泄入墨西哥湾的石油在 1700 万加仑到 2700 万加仑之间，仅应对漏油事故耗费了 9.3 亿美元，更是给当地造成无法估量的生态损

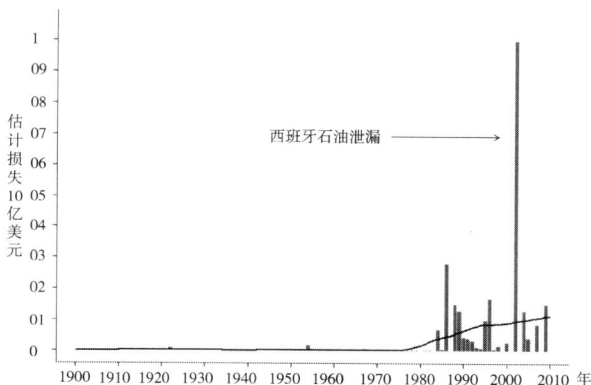

图 6—7 1900—2010 年技术灾害造成直接经济损失

资料来源于国际灾害数据库：http：//www.emdat.be/dis-aster—trends。

失。日本地震引起核辐射：2011 年 3 月 11 日日本发生 9.0 级地震，地震并引发了海啸和核泄漏，造成 1.5 万人死亡，世界银行对日本大地震影响的估算，地震造成的经济损失最多达 19 万亿日元（约合 2350 亿美元），大大超过阪神大地震时的 10 万亿日元。

自然灾害社会易损性是自然灾害的社会属性，造成人员伤亡和社会经济损失是自然灾害社会属性的直接表现。自然环境的脆弱性是自然灾害发生的自然属性，自然灾害的强度、烈度直接影响着灾害损失的大小。从某种程度上讲，自然灾害发生很难以人为因素改变，有其本身发生、发展的规律；但是对于自然灾害最终作用的社会系统，我们是可以改变的，且具有一定的主动性。比如，对于社会经济水平来说，人类的社会经济水平的高低，对自然灾害的抵御能力也有巨大的差别。如果，区域经济水平落后，社会生产能力较差，一旦灾害发生后，很难抵御灾害造成的损失，灾害过后也很难恢复到以前的状态。也就是其社会的易损性程度较高，抵御灾害的能力较差，恢复能力较差。如果区域社会经济水平较高，虽然其经济损失绝对数量较高，但是灾后其恢复能力较强，也就是社会的易损性较低，恢复能力较强。

四　自然灾害和社会经济活动的相互作用

随着工业化、城市化进程的不断加速，经济迅猛发展的背后是大量化石燃料（煤炭、石油、天然气）的燃烧，使得蓄积在地壳中几亿年的大量的固定碳被释放出来，造成全球碳排放的剧烈增加，进而影响全球的气候变化。

近年来，全球气候变化与自然灾害的关系，已成为国际社会关注和研究的重点。在我国经过不断地研究表明：全球气候变暖对我国灾害风险分布和发生规律的影响将是全方位、多层次的；强台风将更加活跃，暴雨洪涝灾害增多，发生流域性大洪水的可能性加大；局部强降雨引发的山洪、滑坡和泥石流等地质灾害将会增多；北方地区出现极端低温、特大雪灾的可能性加大；降雨季节性分配将更不均衡，北方持续性干旱程度加重、南方出现高温热浪和重大旱灾的可能性加大；森林、草原火灾发生几率增加；北方地区沙漠化趋势可能加剧；农林病虫害危害范围可能扩大；风暴潮、赤潮等海洋灾害发生可能性加大。

由此，社会经济活动对自然灾害的影响是全面和深刻的；相反自然灾害对部分地区的社会经济打击是毁灭性的。比如，2010年1月12日发生的海地7.0级地震，造成22.25万人丧生，19.6万人受伤。在此次地震中政府的灾害管理能力受到了巨大的考验，灾后一段时间内灾区的经济几乎处于瘫痪的边缘。另外，据民政部统计，1978—2009年32年间我国因自然灾害年均受灾人口 3.6 亿人次，死亡人口 7973 人，直接经济损失 2289 亿元[1]。巨灾给人们的影响尤为严重，如：2008 年 5·12 四川汶川大地震造成 69227 人死亡，17923 人失踪，造成直接经济损失 8451 亿元[2]。自然灾害给社会经济活动打击是严重的，带来的损失是难以估量的。面对严峻的自然灾害，我们需要寻求提高国家和社会抗风险能力的新途径，加强人类活动与灾害之间的相互关系研究。

（一）自然灾害与区域资源开发

1. 自然灾害与采掘业

自然灾害与矿产资源开采之间有密不可分的关系。采掘业是属于风险较大的行业，在生产过程中更容易受到自然灾害（诸如：地震、滑坡、泥石流等地质灾害，洪水、干旱气象灾害等）影响资源的开采与开发。比如：重庆在历史上就是西南重镇，现在已逐渐成为我国西南与长江上游政治、经济、文化中心。历年地质灾害对区内厂矿、工商企业、学校等的危害十分严重，已造成了不可估量的国家财产损失。据资料统计，1998 年汛期，区内受严重影响的厂矿达 68 个；如涪陵区中渡口 1998 年 9 月 3 日滑坡，致使 5000 余 m² 厂房垮塌，3 个企业全部摧毁，9 个企业被迫停产或半停产等，直接经济损失达 5000 余万元[3]。2006 年重庆特大旱灾期间，因高温、限电、供水困难等造成企业限产停

---

① 袁艺、马玉玲：《近 30 年我国自然灾害灾情时间分布特征分析》，《灾害学》2011 年第 3 期。

② 杨德慧、姜恩朋等：《重大自然灾害后遗体处置应急预室研究》，《灾害学》，2010 年第 4 期。

③ 孔繁哲：《从 1998 年长江大水看经济发展与环境保护》，《徐州师范大学学报》2000 年第 1 期。

产减少产值 34 亿元①。又如 1989 年 11 月 20 日发生在原重庆市
江北县境内的地震（震级 5.4），造成了原西南合成制药厂和川
庆化工厂两个大型企业高压线震断，导致停工停产，直接和间接
经济损失达 1184 万元；同时此次地震也给当地乡镇企业造成了
较大的损失，厂房破坏、设备受损，如原统景轧钢厂，原东泉电
站等②。

　　另外，人为对矿藏的采挖容易诱发岩爆（冲击地压）式的
灾难和采空区塌陷。2011 年 11 月 3 日，河南省义马煤业集团公
司千秋煤矿发生冲击地压事故，造成 2 人遇难，59 人被困井下，
并确认造成此次事故的原因是诱发地震。根据山西省社科院研究
员李连济主持完成的《我国煤炭城市采空塌陷灾害及防治对策
研究》的报告披露：目前，全国累计采空塌陷面积超过 70 万公
顷，造成的损失已经超过 500 亿元。而在一些煤炭城市，采空塌
陷情况尤为严重，在重点煤矿，平均采空塌陷面积约占矿区含煤
面积的 1/10。山西是采空塌陷灾害最严重的地区。全省共 15 万
多平方公里的土地，采空区就达 2 万多平方公里，相当于总面积
的七分之一。而其中 6000 平方公里的地域遭受了地质灾害。大
面积的地质灾害造成了巨大的经济损失。据《山西商报》报道，
近 10 年来，山西省地质灾害造成 500 多人伤亡。黑龙江省也是
受灾较为严重的省区。七台河矿区从 1958 年开发，50 年不到的
时间里，全市下沉 2.5 米—6.5 米；鸡西矿区经过 80 多年开采，
已形成地表采煤沉陷区 193 平方公里；鹤岗矿区有 63.73 平方公
里的沉陷区，其中最深的地方下沉了 30 米，在地面上造成 6 米
多的裂缝，而且现在仍在以每年 1.3 米的速度下沉。

---

　　①　梁凤荣：《再谈重庆高温平旱》，《四川气象》2007 年第 2 期。
　　②　蒋勇军、况明生、李林立等：《重庆市地质灾害研究》，《中国地质灾害与防
治学报》2004 年第 3 期。

2. 自然灾害与土地资源利用

改革开放 30 年，我国土地资源的利用发生了巨大的变化。

（1）耕地资源面积急剧减少。如图 6—9 所示，2001 年底我国耕地数量为 19.14 亿亩，截止到 2008 年底，耕地面积变为 18.257 亿亩，净减少 8830 万亩，平均每年净减少 1261 万亩，累计净减少率为 4.6%，年净减少率为 0.66%，且年净减少率呈递增趋势。

单位：亿亩

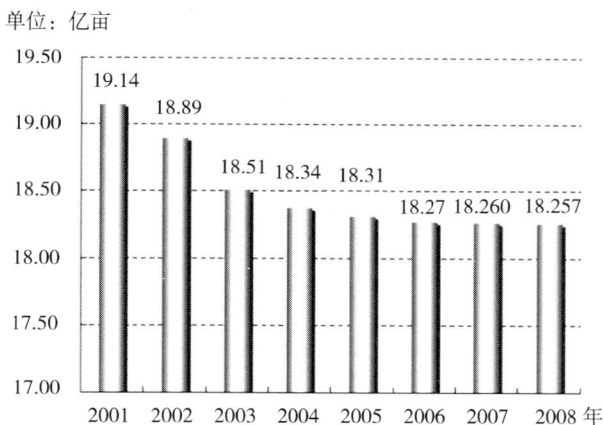

图 6—8　2001—2008 年我国耕地面积

资料来源：《2008 年中国国土资源公报》。

（2）水土流失严重。我国是世界上水土流失最严重的国家之一。1945 年水土流失面积 116 万平方公里，占国土面积的 12%；到 1998 年，水土流失面积扩大到 367 万平方公里，占国土面积的 38%，每年新增流失土地 1 万多平方公里，其中水土流失的耕地有 7.3 亿亩，每年流失沃土 50 多亿吨，全球每年流失 260 亿吨地表土，我国要占 20%，损失土地中的养分相当于我国 1984 年的化肥产量。我国水土流失最严重的是西部。据统计，四川水土流失 38.48 万平方公里，陕西 13.75 万平方公里，甘肃 13.44 万平方公里，贵州 7.6 万平方公里，青海 4.65 万平方公里，云南 2.81 万平方公里，广西 1.11 万平方公里，宁夏 1 万多平方公里，实际情况远远大于这些数字。尤其是黄土高原水土流失更是严重，流失面积达 43 万平方公里，占该地区面积的 74%，平均每平方公里每年流失土壤 8000 吨以上。我国城市水土流失也很严重，1997 年对 57 个城市调查，流失面积达 1.9 万平方公里，占该地区城市总面积的 24.3%。

（3）土地沙漠化严重。我国是世界上土地沙漠化最严重的国家之一，已成为环境的最大问题之一。到 1998 年荒漠化面积已达 262.2 万平方公里，占国土陆地面积 27.3%，占旱地面积近 80%，相当于 14 个广东省的幅员；50 年来，全国已有 150 万亩耕地、529 万亩草地、1463 万亩林地变成了沙漠，遍及 18 个省市的 471 个县，直接受沙漠危害的有 200 多个县。我国土地沙化在不断增加：70 年代每年土地沙化 1560 平方公里，80 年代每年 2100 平方公里，90 年代每年 2450 平方公里，每年递增 15%—50%。我国土地沙化最严重的是西北。北方土地沙化面积达 149 万平方公里，有 5900 万亩农田、7400 万亩草场、2000 多公里铁路受到沙化威胁；西北各省的荒漠化率很高：新疆为 86.07%，西宁 75.98%，甘肃 50.62%，西藏 42.02%，青海 33.06%，陕西 15.96%，分别列居全国 1、2、3、4、5、6 位。每年有 11 个省和自治区的 212 个县受沙漠的影响和威胁，每年土地沙化以 1000 多平方公里的速度在蔓延和发展。

由于耕作方式不当、工业"三废"污染、化肥农药污染、酸雨污染的影响造成土壤肥力下降、土壤板结、酸化趋势严重，土壤中有害物质残留过多等。人为因素导致耕地面积急剧减少，土壤肥力和土壤结构发生根本性的变化。从而引起滑坡、泥石流、荒漠化等众多的自然灾害问题。

　　同时，自然灾害严重地影响了农业生产和生态环境平衡。根据2006—2009年我国自然灾害受灾面积和受灾人口分布图（图6—9、6—10），我们可以看出：我国受灾人口和受灾面积比较集在中部地区以及西部的云、贵、川、甘肃等地区；另外人口分布密度较大的山东、江苏、福建、广东等地受灾人口较多。同时，我们可以看出这些受灾面积和受灾人口较多的地区往往都是人口密度较大、农业较发达的地区。从三次产业角度分析，农业生产更容易受到自然灾害的影响。特别是农业生产结构单一、复种指数较低的地区，受自然灾害影响的风险较大，如：黑龙江、吉林、辽宁、内蒙古等地区。

　　据统计资料显示，因灾每年减产粮食5000万吨左右，重灾年份减产7000万吨以上；减产棉花100万吨以上，重灾年份减产300万吨以上；减产油料200万吨以上，重灾年份达400万吨以上；每年减少农业产值数百亿元人民币，重灾年达1000亿元以上。因生物灾害使林业也受到严重的经济损失。

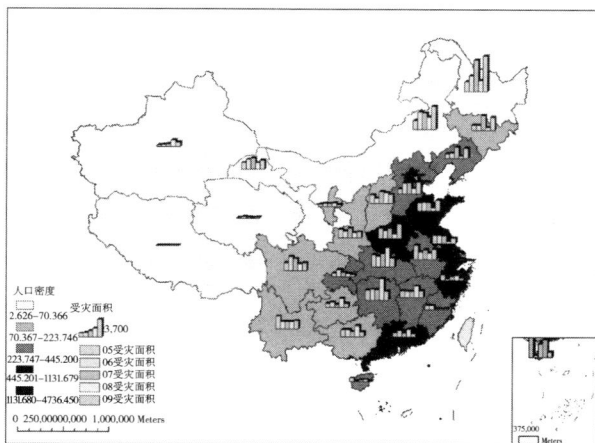

图6—9　中国自然灾害受灾面积（2005—2009年）

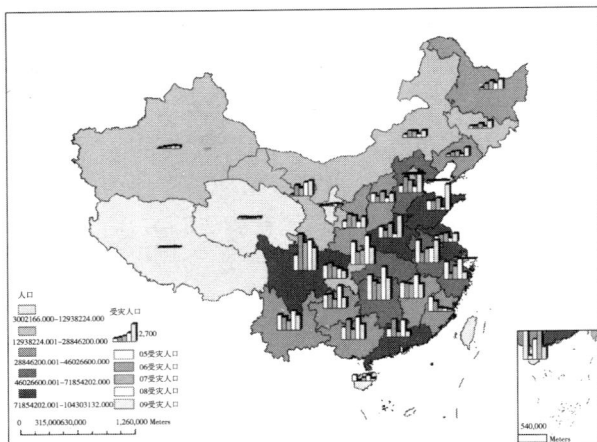

图6—10　中国自然灾害受灾人口（2005—2009年）

　　自然灾害不仅使农业各相关产业产量减少、产值下降，而且，可能会导致农民的收入减少、加剧贫困、破坏农业生产资源和削弱农业的发展能力。自然灾害对农业的影响是明显的、深远的。因此，加强农民的灾害防范意识和灾害救助计划，对减轻贫困和社会稳定有重要的意义。

　　3. 自然灾害与旅游业的发展

　　旅游业是属于休闲娱乐行业，自然灾害对旅游业的制约作用是非常明显的。2004年12月26日发生的印度洋海啸，使印度洋周边国家遭受巨大损失，人员伤亡达30多万，此中有许多伤亡人员是滞留在当地的各国游客。此次海啸给当地人们的生命财产造成巨大的损失，而且对当地视为支柱产业的旅游业的打击也是致命的，短时间是难以恢复的。另外，2011年7月起到10月受台风和强降水的影响，泰国遭受了持续3个多月的洪涝灾害。泰国旅游局局长素拉蓬说，国内持续肆虐的洪水灾害预计将导致旅游业损失5.2亿至8.25亿美元。而且，灾后泰国旅游业的恢复也需要很长一段时间。

在国内，自然灾害同样对旅游业造成巨大的冲击。旅游经济是重庆市国民经济的重要组成部分，旅游业已逐步成为重庆市的重要产业。但是重庆市自然灾害，特别是山区，暴雨产生的次生灾害如诱发的泥石流、崩塌、滑坡等现象频繁发生，给旅游业造成重大损失，是旅游业发展的不利条件。

2004年9月4日开始，重庆市西部、东部17个区县普降暴雨，长江、嘉陵江水位迅速上涨，主城区的磁器口古镇部分被洪水淹没，成为"威尼斯古镇"，渝中区交通要道长江滨江路部分地段也被洪水淹没，滨江公园也成为"水上娱乐界"，部分旅游设施损毁，洪水还导致嘉陵江河段全部封航，长江涪陵至江津河段封航，三峡船闸也被迫封航。此次灾害导致全市旅游交通大部分中断，直接经济损失达7.8亿元。

2008年5月12日，四川汶川发生了里氏8.0级特大地震，四川旅游业在这次地震中遭受了巨大损失，诸多景区受到不同程度的损坏，涉及世界文化遗产1处，全国重点文物保护单位49处，省级文保单位225处。损失最为严重的是世界遗产都江堰——青城山景区，二王庙古建筑群全部垮塌，鱼嘴裂缝，青城山道教古建筑群严重受损。以汶川为中心的国省干线公路出现隧道塌方、大桥移位等较严重情况，通往九寨沟等重点景区的道路损毁严重，灾区供电、供水、通信等基础设施也受到严重破坏。

自然灾害造成旅游资源的严重破坏，增加了旅游者的人身安全风险，对旅游客源地的潜在旅游者心理造成负面影响。自然灾害和极端气候事件对旅游事业的影响是持续的，特别是对以旅游业为主导产业的地区来说，其社会经济状况将会受到严重的冲击。

（二）自然灾害与生命线系统工程

"生命线工程"（Lifeline Engineering）主要是指维持城市生

存功能系统和对国计民生有重大影响的工程，主要包括供水、排水系统的工程；电力、燃气及石油管线等能源供给系统的工程；电话和广播电视等情报通信系统的工程；大型医疗系统的工程以及公路、铁路等交通系统的工程等等。"生命线工程"在灾害发生后起的作用是非常巨大的，智能化生命线工程设计与控制对防灾减灾建设具有重大意义。

生命线系统是人们生命活动的必需条件，一旦发生灾害就会对生命线系统工程产生重大影响，其主要表现在对供水、供电、通信广播、交通设施等生命线系统的影响比较大。

1. 自然灾害影响供水、供电、通信系统

自然灾害对城市和乡村的供水和供电系统影响严重。洁净水源和稳定的供电系统是人们生活的基本保障。地震、滑坡、泥石流、冰冻灾害、洪涝等灾害的发生不仅容易造成水源地的污染，进而导致疫情的蔓延。长期干旱不仅会严重影响到居民的工农业生产，甚至连维持人们基本生活的饮用水都受到影响。不同类型的灾害对区域供电系统的影响也是非常严重的。特别是电力系统的故障不能保障大型医疗器械的正常运转，延误伤员的救治；同时缺乏电力不利于救灾工作的正常展开。

1989 年在原重庆江北县境内发生了 5.4 级地震，地震使震区的供水、供电、交通、通信、卫生等生命线系统工程及设施遭到不同程度的破坏。其供水系统：统景镇水厂的蓄水池多处震裂、漏水，直径 15cm 的供水管道多处被垮塌的山石砸裂、砸断，造成全镇供水中断 6 天。供电系统：统景镇的供电设施遭到破坏，全镇停电 8 小时，洛碛镇西南合成制药厂的高压线被震断停产 2 小时；通信、广播设施：震时，工作人员逃离建筑物，使震后通信一度中断，个别单位通信设施损坏和忙于救灾，通信联络至当年 12 月中旬尚未恢复。

木耳区多宝乡的广播电杆震坏 30 余根，使农村有线广播受到
影响。

2008 年初在我国南方湖北、湖南、安徽、江西、云南、贵
州等地出现了罕见的冰雨冻害天气。比如，贵州受大面积冻雨、
雪凝天气影响，贵州电网、通信设施受损严重，多条高速公路被
迫关闭，重点物资运输困难。全省 500 千伏 "日" 字形环网被
完全破坏，全省最多时有 18 个县完全停电。贵州省在 1 月 24 日
日宣布全省进入大面积二级停电事件应急状态。从 23 日起，贵
州电网已调整外送电计划，暂停向外输电。受冻雨雪凝天气影
响，贵州通信设施受到严重破坏。全省共有 4833 个移动通信基
站因停电而中断服务，占全省移动通信基站总数的 27.9%。交
通方面，由于道路凝冻严重，贵州省滞留在各条公路上的司乘人
员一度多达 10 余万人。

始于 2009 年末，至 2010 年初的云南、贵州、广西、重庆、
四川等地的持续干旱，云南大部、贵州西部和广西西北部已达特
大干旱等级，其中云南旱情最为严重。云南大旱，范围之广、时
间之长、程度之深、损失之大，均为云南省历史少有，其中楚雄
市尤为严重，20 余万农村人口缺水，严重影响了当地居民的生
产和生活。2010 年，云南省小春播种面积 3700 万亩（其中粮食
1770 万亩），受灾面积 3148 万亩，占已播种面积的 85%，绝收
超过 1000 万亩。预计全省小春粮食将因灾减产 50% 以上，甘蔗
减产 20% 以上。全省因干旱新增缺粮人口 331 万，需救助的缺
粮人口为 714.78 万人，较上年增加 46.31%。

2. 自然灾害与交通运输系统

自然灾害对对航运、铁路、道路桥梁交通及运输具有极大影
响。特别是，地震、滑坡、泥石流等地质灾害和雨雪冻害天气、
大雾天气等气象灾害，容易造成交通运输的中断，或诱发交通
事故。

重庆市辖内交通比较发达，区内主要交通有成渝、川黔、襄渝等铁路线，以及成渝、渝长高速公路、319、318 国道线等主要及其各次级公路网络，水上交通以长江航运为骨干，主要支流嘉陵江、乌江、大宁河等也起到重要的客货交通运输作用；此外，目前在建的各交通基础设施也甚多。常年雨季，滑坡、泥石流等地质灾害频繁，冲毁区内铁轨、桥梁，阻塞公路、航运，交通运输受其直接破坏而中断，带来巨大损失。如云阳鸡扒子滑坡，对长江航运就已造成过严重危害，已有专题论证。如 1998 年的汛期灾，区内公路、铁路、航道受其严重影响达 107 处；交通主动脉成渝铁路，318、319 国道等均受不同程度的影响；如 7 月上旬，成渝铁路江津至黄禅段就因大面积山体滑坡，路基坍塌，钢轨悬空约 20m 高，中断通车 30 小时；8 月中旬，318 线梁平段因暴雨滑坡中断数日等。

2008 年 5 月 12 日，四川汶川发生 8.0 级强震。造成四川、甘肃、陕西、重庆、云南、湖北、贵州、河南、山西、湖南等 10 省（市）不同程度受灾，其中四川中北部、甘肃东南部、陕西西南部遭受重创，严重影响的有 417 个县、4667 个乡（镇）、48810 个村庄，灾区总面积约 50 万平方公里，受灾人口 4625 多万人。其中极重灾区、重灾区达 11.67 万平方公里。重灾区多为交通不便的高山峡谷地带，加上地震造成交通、通信中断、河道阻塞，救援人员、物资、车辆和大型救援设备无法及时进入现场。而且由于灾区多为贫困地区和灾害易发频发地区，且连年重复叠加受灾，受灾群众自救能力十分脆弱，救灾难度巨大。成为新中国成立以来破坏性最强、波及范围最广、救灾难度最大的一次地震。

此次地震灾区范围公路分布总里程 62671 公里，受损公路达 31412 公里，占总里程 50.1%，直接经济损失约 612 亿元（见表 6—1）。

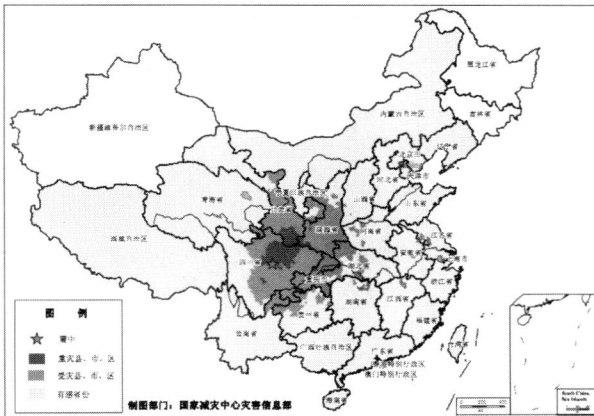

图 6—11　汶川地震受灾区域分布图

资料来源：国家减灾中心。

表 6—1　　　　　地震灾区公路损失统计表　　　　　单位：公里

类别	总计	四川	甘肃	陕西
公路总里程	62671	45897	8809	7965
受损里程（比例）	31412（50.1%）	24103（52.5%）	5518（62.6%）	1791（22.5%）
国省干线受损里程（比例）	2422（40.11%）	1970（41.8%）	413（39.0%）	39（15.6%）
其他公路受损里程（比例）	28990（51.2%）	22133（53.74）	5105（65.9%）	1752（22.8%）

　　地震灾害同时造成成昆线、陇海线天宝段、成渝线、襄渝线、阳安线、达成线不同程度的受损，成都、西安铁路局迅速调集 40 台内燃机车、58 台套发电设备用于电力中断线路的摆渡运输和自行供电，先后投入抢修人员 20 余万人，机具设备 3700 余台（件）进行抢修。

2010 年 8 月 7 日 22 时许，甘南藏族自治州舟曲县突降强降雨，县城北面的罗家峪、三眼峪泥石流下泄，由北向南冲向县城，造成沿河房屋被冲毁，泥石流阻断白龙江，形成堰塞湖。特大泥石流灾害造成 1434 人遇难，331 人失踪。舟曲县城内三分之二区域被水淹没，街道一片汪洋，被浸泡在洪水中。灾害还导致甘肃省舟曲县超过三分之二的区域供电全部中断，通信基站也受损严重，部分没有受损的基站供电中断。舟曲县当地的 5 个小水电站为县城供电的主电源，受强降雨导致的泥石流影响均无法工作，导致县城三分之二以上的区域电力供应中断。8 月 11 日夜晚，舟曲境内普降大雨，再次引发山洪泥石流，45000 余方泥石流致使舟曲灾区"生命线"——两河口至舟曲公路南峪大滑坡段交通完全中断。两舟公路是舟曲线通往省城兰州的最近通道，也是通往临近城市甘肃宕昌和甘肃陇南武都市的唯一通道，给舟曲灾区救灾物资运输造成了很大的困难。

交通是受灾地区通向外界联系的重要生命线通道。一旦灾区道路被阻碍，将会给救灾带来巨大的困难，甚至延误救灾时机。因此，生命线工程必须具备足够的抗灾能力、灵活的反应能力和快速的恢复能力。

（三）自然灾害与公共医疗和紧急救援队伍建设

公共医疗和紧急救援队伍建设对灾害应急管理起到非常大的作用。公共医疗体系的建设主要是灾区应急医疗单位和技术人员、地区公共医疗系统、国家医疗救助系统。消防建设同样是由灾区消防队伍和地区、国家紧急灾害救援队组成。布局合理、反应迅速、管理科学、建设能力较强的公共医疗和救援队伍的建设有助于提高灾害救援的反应速度和灾害救助效果，减轻灾害对当地造成的经济损失和破坏；同时，有利于灾后控制疫情和灾后重建。

日本在应对自然灾害后发生的各类突发公共卫生事件上，有一系列规范措施。在日本，突发公共卫生事件应急管理体系被纳入整个国家危机管理体系，在这个体系的核心是厚生劳动省，它的主要职能是主管公众健康、福利等。日本管理突发公共卫生事件的体系覆盖面很宽，其中，国家突发公共卫生事件应急管理系统包括处于系统核心的厚生劳动省、8 个分派在各个地区分支机构、13 家进行检疫的研究所、47 所国家大学中的医疗相关系所和大学附属的医院、62 家国有医院、125 家国家资助的疗养所、5 家国家成立的研究所；地方管理系统则由各地区管理健康的机构、进行医疗试验的研究所、开展健康保障的研究所、地区医院等组成。在处理突发公共卫生事件中，政府机构的两大应急管理系统，从纵向（各级机构自上而下衔接）和横向（各地区机构相互衔接）进行协调，并严格按照各项法律法规的规定，明确国家、各地区政府及个人的义务和责任，实现灾害救助医疗体系的网络化管理。

在美国设立了由总统直接领导的"联邦紧急事务管理局"（FEMA）。该机构在全国有 2600 名专门人员，设 10 个分区，在每个城市按面积和人口密度设有大量的能承担救生、防灭火和其他灾害抢险救援任务的消防站，还设有直属的 28 个城市抢险救援队，分布于不同州的各类城市。

德国是建立民防专业队较早的国家，全国除约 6 万人专门从事民防工作外，还有约 150 万消防救护和医疗救护、技术救援志愿人员。这支庞大的民防队伍均接受过一定专业技术训练，并按地区组成抢救队、消防队、维修队、卫生队、空中救护队。法国的民防专业队伍主要由一支近 20 万人的志愿消防队和一支由 8 万预备役人员组成的民事安全部队组成。民事安全部队现编成 22 个机动纵队、308 个收容大队和 108 个民防连，分散在各防务区、大区和省，执行民事安全任务，战时可扩编到 30 多万人。

而发达国家消防部门的职能也由传统的单一模式向多功能化立体方向发展，普遍承担了灭火、救护、防化、垮塌、爆炸、交通事故以及空难救援等抢险救援任务，灭火出动平均仅占这些国家消防队年出动总数的 10% 左右，其余 90% 左右都是应急救援。

我国在经历了汶川地震、舟曲特大泥石流等一系列重大自然灾害后，灾害公共医疗体系建设和紧急救援队伍建设的系统统一管理、资源配置和应急速度上取得了一定的进展。通过建立相应的灾害救援法律体系、设立专门的灾害救援机构、完善社会救灾统一管理体系，使灾害救援体系程序化、制度化、规范化运行。

（四）自然灾害与社会经济秩序

1. 自然灾害不利于金融秩序的稳定

自然灾害对金融市场的打击是非常明显的。长期以来，大灾之后均造成金融市场的动荡。1995 年 1 月 17 日日本阪神 7.2 级地震。震后日经指数大幅度下滑，有 232 年历史的英国银行——英国巴林银行损失 6.5 亿美元而宣告破产。2001 年 6 月 14 日，台湾苏澳地震站东 19.6 千米处发生 6.2 级强烈有感地震。地震发生后，台北股市加权指数急挫 112 点，即 2.16%，收报 5097 点。2004 年 12 月 26 日印尼苏门答腊发生 9.3 级地震并引起大海啸，这是本海域 40 年来最严重的地震，27 日亚洲各国股市本周开市即受到影响。美元兑欧元逼近低点，本地货币汇率全线告破，亚洲股市、期货市场受到严重冲击，当地旅游业受到空前的打击。2008 年汶川地震发生后，次日沪深股市 66 家上市公司停牌，导致央企上市公司直接损失超 800 亿元。一场罕见的大地震震撼着人们的心，也震撼着中国股市。

2. 自然灾害不利于地区经济的发展

自然灾害导致贫困山区贫困化加剧。直辖后的新重庆经济发展极不平衡，农业人口所占比例大。除原四川省重庆市区、位于长江岸边的万州城区、涪陵城区经济较为发达外，原万、涪、黔的广大地区多属基岩山地，土地贫瘠，山区农村粮食每亩年均产量多在 500 公斤以下。在辖内 40 个区（市）县中，就有彭水、石柱等 10 多个地区属于粮食年均产量在 300 公斤以下，人均收入低于 120 元的特级贫困县①。而这些地区又恰恰大多常年遭受不同程度的地质灾害，灾害对这些地区的进一步危害，中断交通，毁坏耕地、房屋、财产及破坏各种生活、生产设施等，无疑使其"雪上加霜"，导致其贫困程度进一步加剧，更增加其经济发展的自然阻力。

自然灾害增加城乡居民心理负担，影响社会安定。充满竞争的现代社会，生活、工作节奏日益加快，人们的心理负担也越来越重。灾害对一定地区的严重危害与威胁，必然引起人们对自己及亲人命运的担忧，心理负担更加增大，甚至引起各种心理疾病，从而间接广泛增加社会不安定因素。如 1998 年洪灾后调查结果表明，普遍发现灾区的广大人民群众人心惶惶，谈灾色变；地方基层领导整天忧心忡忡，把所有的精力都放在搞救灾去了，从而影响了各项工作的正常开展。

五 自然灾害与社会经济活动的耦合分析

减轻自然灾害影响和损失，实现人与自然的和谐是全人类共同的愿望。人类要最大限度地减轻灾害的影响和损失、实现人地和谐，我们就必须从人类社会自身角度出发，认识灾害的发生、发展的社会机制，分析自然灾害与社会经济活动的关系，揭示自然灾害产生的本质。因此，很有必要在自然灾害与社会经济互动

---

① 李孝坤：《重庆市城乡二元经济结构转换研究》，《经济地理》2007 年第 3 期。

的定性认识基础上，进一步定量研究自然灾害与社会经济活动的耦合关系，揭示自然灾害与社会经济活动的互动规律。

（一）区域社会经济活动的评价：区域社会经济活动强度

为了寻求人类活动对自然环境影响的定量刻画，近几十年来国内外不少科学家做出了大量的努力和探索。以色列希伯来大学的道尔尼尔在 1983 年提出，运用"发展度"和"感应度"测量和计算人对自然环境的影响。他建议使用城市人口百分比表达发展度，用文盲人数的百分比表达人对自然演替缺乏知识的感应度。但道尔尼尔的设计仅含有人文和社会因素，用其描述人类活动对自然的作用显然不够全面。于是泰勒 1984 年对道尔尼尔模型进行了修订，提出了一个称为"人为影响地理环境的强度"指数，在道尔尼尔模型基础上增加了气候和地形的自然参数，这样将人文因素和自然因素综合进行人类活动对自然影响的评价，但泰勒的指数是从大区域或国家尺度上设计的，故参数设计较宏观，不适宜中尺度小区域使用。我国地理学者牛文元 1999 年用人类活动强度来表达和计算人类对自然环境的作用，牛文元的人类活动强度由自然环境指数、资源开发指数、经济密度指数和人文影响指数四个部分组成，分别代表了自然的、经济的和人文三大基本要素，是一个比较理想的定量指标。

我们认为，就区域空间尺度而言，以县域为单元，人类活动对自然的影响，应突出人类活动本身的主题，人类活动的哪些方面会对自然环境施加压力，干预自然生态系统，人类活动主要包括人文、社会、经济活动三个方面，在现代社会，对自然的影响尤以大规模的有组织的经济活动为主，对自然的影响最强，其次为社会发展活动和人文活动。为表征一个区域的人类活动，我们构建了一个描述它的指数：社会经济活动强度，用它来定量地描述一个区域或一个地方的社会经济活动对自然环境的干预程度。

根据我们对人类活动对自然环境影响的认识，将区域社会经济活动强度定义为综合和全面反映区域人类社会经济活动对自然环境的影响和干预程度的指数，由人口密度、城市化、农业产值、工业产值和道路密度等 5 个指标组成，分别代表了人类活动的人文的、社会的和经济的基本要素（图 6—12）。

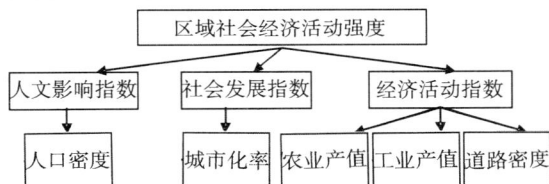

图 6—12　区域社会经济活动强度影响因素

人文影响指数反映了人作为影响自然环境的基本因素，人口的数量大或密度高对自然环境的干预就多，资源利用和生存环境压力大，这就意味着人类活动的强度高。

社会发展指数反映了人类社会的发展给自然环境带来的影响，城市化率是社会发展进步的一个综合标志，城市是人类社会改造自然的结果，城市化率越高则表明区域发展程度越大，对自然环境的影响更深。

经济活动指数反映了人类的有组织的生产活动对自然资源的开发利用和自然环境的干预，农业生产、工业生产和交通建设是人类社会最基本的生产活动，它们是人类社会生存和发展的基础，也是人类活动对自然环境作用强度最大、范围最广的干扰。本书用农业产值反映农业生产开发活动强度，工业产值反映工业生产开发活动强度，道路密度反映交通建设工程开发强度。

区域社会经济活动强度指数 I，可以利用一下模型计算：

$$I = \sum_{i=1} w_i y_i \qquad\qquad （式 6—1）$$

（其中 w_i 第 i 个指标的权重，y_i 为第 i 个无量纲化指标，$i = 1$，2，…，n）

（二）区域自然灾害评价：区域灾害损毁模数

为了表征自然灾害对一个区域社会经济和人民生命的破坏，我们构建了一个区域灾害损毁模数，它反映基于自然灾害爆发时的区域经济社会对于发生灾害的损毁状况，它与自然灾害自身的过程和强度有关，更与区域的社会经济发展及其活动强度有关。

自然灾害对区域社会的破坏是多方面的，并随着人类科学技术水平的提高和社会经济的发展，人类活动的范围合理与不断扩大，自然灾害对人类的影响也越来越广泛，破坏也越来越严重。概括起来自然灾害对人类的影响和破坏效应有 4 个方面[1]对人类生命财产的影响和破坏（即造成人员死亡、肢体受伤、精神伤害或心理创伤等），对经济的影响和破坏（物质财产破坏损失、经济产业减产、停产损失、投资损失等），对社会的影响和破坏（破坏社会结构、秩序和安全，影响政治稳定和社会发展），对资源和环境的影响和破坏（影响和破坏土地资源、水资源、生物资源和生态环境）。但鉴于统计单元（县或区）和目前统计资料的局限性，本书在构建区域灾害损毁指标时，主要考虑区域灾害伤害的最重要的两个方面：区域人的生命损失和经济损失，即生命损失模数 P（表示区域发生灾害时单位面积上受危害的人口数量），经济损失模数 E（表示区域在发生灾害时单位面积上的经济损失）。

根据我们对自然灾害对区域破坏的分析，我们将区域灾害损毁

---

① 张梁、张业成：《地质灾害灾情评估的理论与实践》，地质出版社 1998 年版。

的评价限定在区域生命损失和经济损失两方面，这样，区域灾害损毁就是区域生命损失和经济损失之和。于是区域灾害损毁模数 H：

$$H = w_1 E_n + w_2 P_n \qquad\qquad （式6—2）$$

区域灾害损毁模数中的经济损失 En 和生命损失 Pn 指标可以采用均值法进行数据无量纲化处理，指标权重 w 采用层次分析法来处理[①]。

（三）重庆市区域社会经济活动与自然灾害的耦合分析

重庆市是一个人多地少、社会经济发展相对落后而自然灾害频繁的地区，灾害是影响和制约重庆市发展的重要因素，重庆市区域社会经济活动与自然灾害的关系较为密切，因此，我们将以重庆为例，开展区域社会经济活动与自然灾害的耦合分析的验证。

根据以上建立的模型和指标体系，我们从重庆市 2006 年的统计年鉴，新中国成立 50 年来四川救灾年鉴和各区县市地方政府有关资料，从中挑选出指标体系的原始数据，利用这些数据，我们通过社会经济活动强度模型与区域灾害损毁模型，我们计算了重庆市社会经济活动强度与区域灾害损毁模数，经无量纲化处理，结果如表 6—2：

表 6—2　　**重庆市社会经济活动强度指数与区域灾害损毁模数**

区　县	社会经济活动强度 I	灾害损毁模数 H	区　县	社会经济活动强度 I	灾害损毁模数 H
渝中区	3.33	3.61	南川市	0.79	0.68
大渡口区	1.87	1.31	万州区	1.09	1.94
江北区	1.90	4.39	涪陵区	1.22	0.53

---

① 赵焕臣、许树柏、和金生：《层次分析法》，科学出版社 1986 年版，第 61 页。

区　县	社会经济 活动强度 I	灾害损毁 模数 H	区　县	社会经济 活动强度 I	灾害损毁 模数 H
沙坪坝区	1.87	1.55	黔江区	0.59	0.72
九龙坡区	2.38	1.07	长寿区	0.97	0.28
南岸区	2.04	1.88	梁平县	0.67	0.29
北碚区	1.23	1.11	城口县	0.29	0.14
渝北区	1.27	1.35	丰都县	0.52	1.01
巴南区	1.26	1.56	垫江县	0.65	0.91
万盛区	1.00	0.47	武隆县	0.53	0.39
双桥区	1.50	1.08	忠　县	0.57	1.44
綦江县	0.81	1.66	开　县	0.71	1.05
潼南县	0.60	1.58	云阳县	0.57	0.99
铜梁县	0.82	0.19	奉节县	0.55	0.98
大足县	0.73	0.19	巫山县	0.42	0.56
荣昌县	0.79	3.09	巫溪县	0.31	0.67
璧山县	0.83	0.10	石柱县	0.44	0.41
江津市	1.20	0.85	秀山县	0.42	0.79
合川市	1.11	0.97	酉阳县	0.32	0.72
永川市	1.13	0.99	彭水县	0.39	0.48

1. 重庆市社会经济活动强度与自然灾害空间格局的关联性

通过社会经济活动强度指数与区域灾害损毁模数的设计与计算，我们得到了重庆市 40 个区县的社会经济活动强度和自然灾害损毁的定量描述，这种定量描述虽不是绝对的数值意义，只是相对的数量关系，但它具有空间属性的数量，这为我们进行空间分析奠定了基础。我们可以借助地理信息系统技术来展示重庆社会经济活动强度与区域自然灾害损毁的空间分布格局，分析它们之间的关联性。

（1）重庆市社会经济活动强度空间分布

根据我们构建的社会经济活动强度模型，我们计算了重庆市 40 个区县的社会经济活动强度指数，社会经济活动强度指数的最大值是渝中区的 3.33，最小值是城口县的 0.29，渝中区的社会经济活动强度指数是城口县的社会经济活动强度指数 11.5 倍。这表明在重庆市的地域范围内，不同区县的社会经济活动强度有较大差异。为了更加直观地揭示重庆市 40 个区县的社会经济活动强度差异趋势，我们利用 ArcGIS 9.0 软件将 40 个离散的社会经济活动强度指数数据进行分析与处理，运用自然分割法将社会经济活动强度指数分为 5 类（表 6—3），分别表示社会经济活动微弱地区、社会经济活动较弱地区、社会经济活动一般地区、社会经济活动较强地区、社会经济活动强烈地区 5 类。

表 6—3　　　　　　　重庆市社会经济活动强度分级

活动强度	微弱地区	较弱地区	一般地区	较强地区	强烈地区
指数区间	0.290—0.440	0.440—0.710	0.710—1.000	1.000—1.500	1.500—3.330

通过以上数据和方法最终形成重庆市社会经济活动强度空间格局图（图 6—13）。从图 6—13 可知，重庆市地域范围内的社会经济活动强度空间分布是不平衡的，具有明显的区域差异，显示出社会经济活动强度从主城核心区向外逐渐降低的趋势。主城核心的渝中区、沙坪坝区，江北区等区是社会经济活动强烈地区，主城近郊的北碚、渝北、涪陵等区是社会经济活动较强地

区，主城远郊的长寿、铜梁、万盛等区是社会经济活动一般地区，库区的垫江、丰都、奉节等区是社会经济活动较弱地区（库区的万州除外，它是社会经济活动较强地区），边缘的巫山、彭水、城口等县是社会经济活动微弱地区。

重庆市社会经济活动强度空间分布的这种格局与重庆市人口与社会经济发展程度密切相关，人口众多、社会经济发达地区社会经济活动的强度就大，人口较少、社会经济较为落后的地区社会经济活动的强度就小。

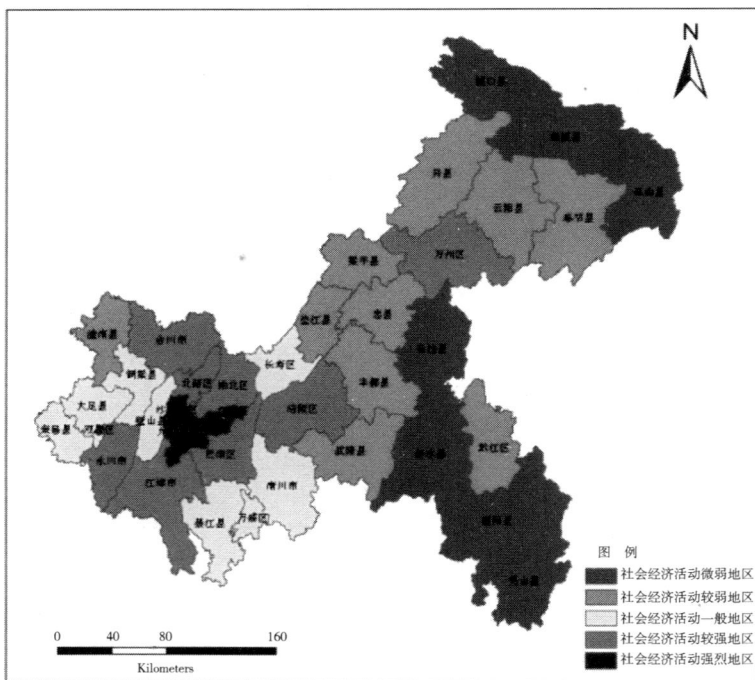

图6—13　重庆社会经济活动强度空间分布

（2）重庆市灾害损毁模数的空间分布

根据我们构建的重庆市灾害损毁模数模型，我们计算了重庆市 40 个区县的区域灾害损毁模数，区域灾害损毁模数最大值是江北区的 4.39，最小值是璧山县的 0.1，江北区的区域灾害损毁模数是璧山县的区域灾害损毁模数的 43.9 倍。这表明在重庆市的地域范围内，不同区县的区域灾害损毁模数有很大差异。为更加直观地揭示重庆市 40 个区县的区域灾害损毁模数差异趋势，同重庆市社会经济活动空间格局的分析和处理方法一样，依然运用自然分割法将重庆市灾害损毁模数自然断裂为低度损毁地区、较低损毁地区、中度损毁地区、较高损毁地区、高度损毁地区 5 类（表 6—4）。

表 6—4　　　　　　重庆市区域灾害损毁模数分级

损毁程度	低度损毁地区	较低损毁地区	中度损毁地区	较高损毁地区	高度损毁地区
模数区间	0.100—0.410	0.410—0.790	0.790—1.110	1.110—1.940	1.940—4.390

通过以上数据和方法最终形成了重庆市灾害损毁模数空间分布图（图 6—14）。从图 6—14 可知，重庆市区域灾害损毁模数空间差异较大，不同等级的区域灾害损毁模数大都呈离散分布，但过渡变化的趋势性特征不太明显，高度损毁的地区可以和低度损毁的地区比邻。大致说来，主城地区区域灾害损毁模数较大，边缘地区区域灾害损毁模数较小。重庆市区域灾害损毁模数空间分布的这种格局与重庆市自然灾害与人口的空间分布相关。

（3）重庆市社会经济活动与自然灾害空间格局关联性分析

根据重庆市社会经济活动强度图和灾害损毁模数图的比较，我们发现区域社会经济活动强度与区域自然灾害损毁模数之间有一些关联性，但不十分明显。为了更为精确地确定区域社会经济

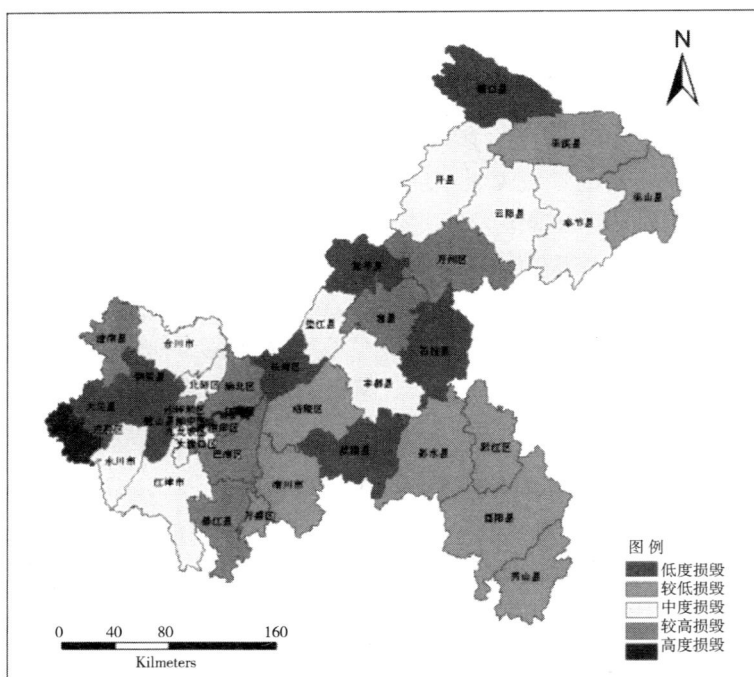

图6—14　重庆区域灾害损毁模数空间分布

活动强度与区域自然灾害损毁模数之间的关联性，我们运用 GIS 方法对这两组数据进行耦合分析。

在对两组数据进行耦合之前，利用 GIS 将两个数据都利用自然分割法分成 5 类，分别将经济活动强度和自然灾害损毁模数由弱到强赋给"1、3、5、7、9"五种值，将两组数据相减取其绝对值得出一个组新的数据，分别为"0、2、4、6、8"五种值，若某一区县的经济活动强度与自然灾害损毁模数完全对应，即社会经济活动强、自然灾害损毁高或者社会经济活动弱、自然灾害损毁低，则在空间叠加分析后得出的数据中即为"0"值；反

之，社会经济活动强、自然灾害损毁低，社会经济活动弱、自然
灾害损毁高则为"8"值；经济活动强度与自然灾害损毁模数的
其他对应方式，则分别取"2"、"4"、"6"等值；然后再将这组
数据中的"0、2、4、6、8"，分别定义为高度耦合、较好耦合、
基本耦合、较差耦合和低度耦合等 5 种不同的关联关系，形成重
庆市社会经济活动与自然灾害损毁耦合图（图 6—15）。

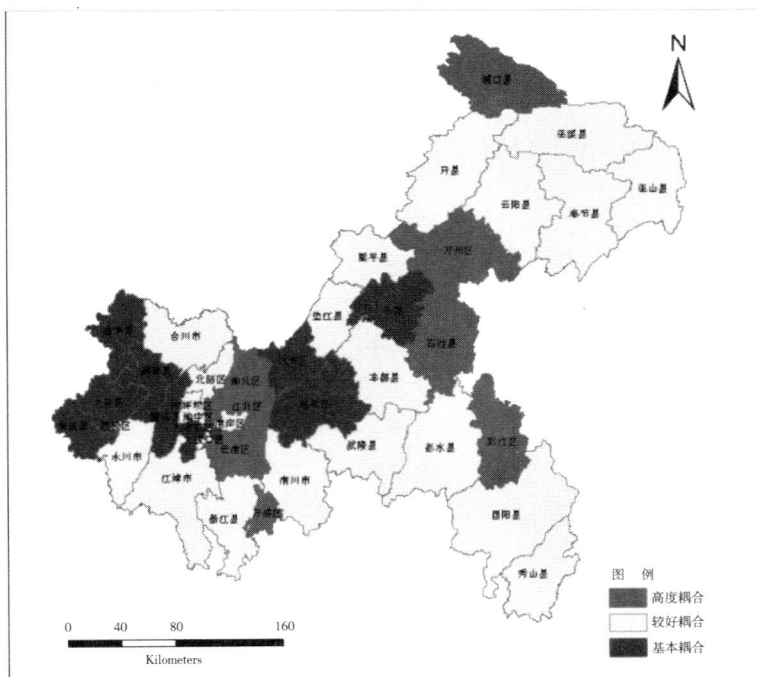

图 6—15　重庆市社会经济活动与自然灾害损毁耦合图

　　从图 6—15 可以看出，重庆市区域社会经济活动与区域自然
灾害损毁的关联存在着三种关系，即高度耦合、较好耦合和基本
耦合，三者分别占地域面积的 26.7% 、50.7% 和 22.6% ，不存在

较差耦合和低度耦合两种情况，而且，高度耦合和较好耦合的区域占了重庆地域的77.4%，没有耦合关系较差的区域，这表明在重庆市的地域范围内，社会经济活动的强度与区域自然灾害损毁状况的空间耦合关系是明显的，这种空间耦合关系的存在说明区域社会经济活动强度与区域自然灾害损毁存在着正相关关系。

在重庆市社会经济活动的强度与区域自然灾害损毁状况的空间耦合的三种关系中（高度耦合、较好耦合和基本耦合），存在着以下形式的耦合：

高度耦合关系中存在有4种类型：第一种，社会经济活动强烈，自然灾害高度损毁地区；第二种，社会经济活动较强，自然灾害较高损毁地区；第三种，社会经济活动较弱，自然灾害损毁较低地区；第四种，社会经济活动微弱，自然灾害损毁低度地区。高度耦合关系的4种组合类型，完美地展现了区域社会经济活动强度与区域灾害损毁程度的正相关关系，即从第一种到第四种，随着社会经济活动强度的降低，区域灾害损毁也依次减少。社会经济活动强烈、自然灾害高度损毁地区和社会经济活动较强、自然灾害较高损毁地区是重庆市的主城区，社会经济活动强，自然灾害损毁模数大，社会经济活动致灾效应强。社会经济活动较弱、自然灾害损毁较低地区和社会经济活动微弱、自然灾害损毁低度地区是重庆市的边远地区，社会经济活动弱，人类对自然环境的损毁作用弱，社会经济活动的致灾效应弱，自然灾害灾害损毁程度低。

较好耦合关系中存在有8种类型：第一种，社会经济活动强烈，自然灾害较高损毁地区；第二种，社会经济活动较强，自然灾害高度损毁地区；第三种，社会经济活动较强，自然灾害中度损毁地区；第四种，社会经济活动一般，自然灾害较高损毁地区；第五种，社会经济活动一般，自然灾害较低损毁地区；第六种，社会经济活动较弱，自然灾害中度损毁地区；第七种，社会经济活动较弱，自然灾害低度损毁地区；第八种社会经济活动微弱，自然灾害较低损毁地区。较好耦合关系的 8 种组合类型，较好地展现了区域社会经济活动强度与区域灾害损毁程度的正相关关系，即从第一种到第八种，随着社会经济活动强度的降低，区域灾害损毁程度的总体趋势也在减少，然而社会经济活动强度与区域灾害损毁程度两者的对应关系没有高度耦合关系的类型那样紧密，略有一些波动，如社会经济活动一般，自然灾害损毁较为严重的组合，但仍反映了社会经济活动较为强烈的主城及比邻区域是自然灾害损失较为严重的地区，社会经济活动相对较弱的边缘地区是自然灾害损失较轻的地区这样一个规律。

　　基本耦合关系中存在有 5 种类型：第一种，社会经济活动强烈，自然灾害中度损毁地区；第二种，社会经济活动较强，自然灾害较低损毁地区；第三种，社会经济活动一般，自然灾害高度损毁地区；第四种，社会经济活动一般，自然灾害低度损毁地区；第五种，社会经济活动较弱，自然灾害较高损毁地区。基本耦合关系的 5 种组合类型，反映了区域社会经济活动强度与区域灾害损毁程度之间的复杂关系，它们既有一定的相关性，又有一定干扰性。这主要是与自然灾害发生和空间分布的复杂性以及区域自然地理特征有关。比如社会经济活动相对较弱的潼南县，特殊的地理位置，使得该县易受干旱和洪涝灾害的侵袭；社会经济活动较弱的荣昌县，区域性的地震曾使该县遭受严重的损失。

　　总的来说，就一般而言，社会经济活动强度越大，社会经济活动的致灾效应强，其自然灾害损毁模数越大，自然灾害造成的损失越大；而社会经济活动强度越小，社会经济活动的致灾效应弱，其灾害损毁模数越小，自然灾害造成的损失越小。即社会经济活动与自然灾害存在正向耦合关系，呈现出较强的正相关作用。

参考文献

国家减灾网 http：//zaiqing. casm. ac. cn/monthly1. jsp# ［EB/OL］。

黄鼎成：《人与自然关系导论》，湖北科技出版社 1996 年版，第 330—331 页。

贾晓明：《地震灾后心理援助的新视角》，《中国健康心理学杂志》2009 年第 7 期。

陆中臣：《流域地貌系统》，大连出版社 1991 年版。

马宗晋、高庆华：《论人口—资源—环境—灾害恶性循环的严重性与减灾工作的新阶段》，《自然灾害学报》1992 年第 1 期。

马照亭、梁海华：《Sarma 法在四川云阳鸡扒子滑坡稳定性评价中的应用》，《地震地质》2002 年第 1 期。

宁可：《地理环境在社会发展中的作用》，《历史研究》1986 年第 6 期。

孙峻：《城市化进程及其环境影响》，《资源与人居环境》2004 年第 5 期。

汤国安：《地理信息系统空间分析实验教程》，科学出版社 2006 年版。

王恩涌等：《人文地理学》，高等教育出版社 2000 年版，第 40—41 页。

文英：《人类活动强度定量评价方法的初步研究》，《科学对社会影响》1998 年第 4 期。

郑功成：《灾害经济学》，商务印书馆 2010 年版。

中国科学院可持续发展研究组：《1999 中国可持续发展战略报告》，科学出版社 1999 年版。

张梁、张业成：《地质灾害灾情评估的理论与实践》，地质出版社 1998 年版。

第七章　灾害易损性的概念与性质

一　自然灾害与易损性

　　自然灾害是由一个潜在的自然事件、现象或人类活动所造成的人口伤亡、财产损失、社会和经济破坏或环境退化等问题。这些灾害事件可能发生在某个特殊的时间和特定的地区，具有一定的强度，并造成承灾体的损失。所以人们认识自然灾害应该注意：（1）自然灾害的发生是一种可能性。包括某种现象在未来发生的可能性。（2）灾害发生的可能性是局限于某个特殊的时期。每年自然灾害发生的可能性可以作为下一年灾害发生可能性的参考。没有这种限定，灾害可能性的评价是没有意义的。（3）自然灾害针对特殊的地区。例如地震只会发生在板块的边界处，洪水只会出现在洪泛区，滑坡只会出现在山坡处。地理位置的特征也定义了灾害的条件。（4）灾害事件是有强度或规模大小的。研究灾害可能造成的伤亡或损失，必须要考虑灾害事件的强度或规模。强度越大，可能造成的损失也越大。

　　那么，究竟如何减轻灾害的影响，减少灾害的发生，成为了灾害研究的重点。常用于减灾防灾的措施包括：工程措施，即基础工程设施建设和完善，如修建堤防、大坝、排洪渠等工程措施；非工程减灾措施，主要包括提高防灾减灾意识、加强应急机制和组织的建设、完善灾害保险机制等。这些措施都在一定程度上减轻了灾害危险，提高了区域应对灾害的能力。

但是，有些问题至今我们仍然无法回避和解决。例如，近年来灾害造成伤亡的人数在某些地区呈现减少趋势，但是灾害造成的经济损失却在不断增加。事实上通常采取的减灾措施在很多情况下具有潜在的更大危险性。例如，防洪堤坝的修建，在某种程度上保护了两岸地区暂时免受洪水的威胁，但是堤坝并没有消除洪水的出现，相反，由于堤坝的阻挡，造成洪水的规模在下游不断增大，进一步加剧了下游地区洪水的威胁。现在的许多减灾努力，以及灾害所积累的环境恶化与生态失衡，除了对社会长期不利以外，还将导致下一轮灾害的发生与灾害后果的强化。

目前采取的部分减灾措施，在某种程度上是鼓励了灾害的发生及损失。例如，在全球气候变化的背景下，沿海地区面临着严重的灾害危险，包括风暴潮、海平面上升等。这些区域在实质上已经不适合继续进行开发和居住，因为很容易遭受灾害的破坏。但是，人们通过采取各种工程措施，修建规模不等的防洪堤坝来保护沿海地区的居民和设施免受灾害的影响。这在一定程度上的确减缓了海平面上升对沿海地区的威胁，但是由于堤坝的修建使得沿岸的居民放松了对灾害的警惕，加大了对沿海地区的开发和建设。在沿海区域集中了更多的人口和财富，严重影响了沿海的生态平衡，加剧了灾害发生的可能性和潜在损失。所以，这种措施并不能减轻灾害的危险，反而增加了灾害发生的可能性。目前，这种现象在城市化和工业化的背景下越来越普遍。

导致常用减灾措施不能完全实现减灾目的的主要原因有两个方面：一是人们无法实现对致灾因子的完全控制和改变。地震的发生、洪水的出现、高温的持续，这些致灾因子的出现不以人的意志为转移。二是针对致灾因子采取的措施不能消除灾害的发生，反而会麻痹人们的防灾意识，增加危险区的灾害发生频率和造成的损失。在这种情况下，要实现减灾目的，只能从人类自身入手，也就是承灾体出发。通过提高人类自身抵御灾害的能力，减少灾害危险区域的人口分布，改变人们生产生活方式，提高社会应急反应能力和组织管理水平，坚持可持续发展原则，才可能提高社会应对灾害能力，有效降低灾害的损失。实际上灾害损失的大小很大程度上取决于人类社会易损性的强弱。社会易损性越大，人类社会应对灾害的能力越弱，灾害可能造成的损失越大。社会易损性越小，人类社会应对灾害的能力越强，灾害可能造成的损失越小。易损性的大小和灾害损失的大小成明显的正相关。这也是自然灾害与易损性之间的关系。所以在目前人类无法改变致灾因子的情况下，通过研究自然灾害和易损性的相互关系，寻求通过降低社会易损性来提高承灾体应对灾害的能力是一条有效途径。

二　易损性的含义

"易损性"一词常常用于风险和灾害研究文献中，也逐渐成为全球变化、环境发展和地理学的重要词汇。过去30年来，在2286份地理及灾害类权威出版物中，易损性这个术语出现了939次，在最近10年来呈现出逐年迅速增长的趋势。这充分表明受人地相互作用的易损性（Vulnerability）研究备受地理学和自然灾害研究者的关注，特别在一些安全与气候变化研究中得到了普遍应用。由于人类社会系统自身的复杂性，导致不同学科和领域（主要包括不同学科的学者、灾害管理机构、发展合作团体和气候变化组织等）根据各自研究的需要对易损性进行了理解与定义，在此背景下涌现出大量的易损性定义和概念框架。

从广泛意义上看，易损性就是潜在的损失，但这个语义并没有清楚的表达描述的损失是什么类型，谁将损失，或许是个人的潜在损失，或许是社会总体的潜在损失，或许是来自于自然过程的潜在损失，或是来自于社会过程的潜在损失，或是来自于自然和社会相互作用的潜损失。这就为易损性的理解留下了很大的空间。

许多灾害研究者都曾给易损性定义，表达了自己对易损性的理解（表7—1），灾害易损性概念的内涵愈来愈广，易损性内涵从作为内在风险因素的自然脆弱性，到人类为中心的作为可能受伤害的程度地易损性，再从具有敏感性与应对能力双重结构的易损性，到作为敏感性、应对能力、暴露程度、适应能力多结构的易损性以及包括自然、社会、政治、经济和环境等多维度的易损性，但这些定义主题差别较大，表述方式不一，使得人们无所适从。笔者以为，这些定义可以归纳为三类。

表7—1   **易损性的定义**

机构或学者	易损性的概念及表达式
UNDRO（1991）	给定尺度的自然现象的发生引起的风险要素或要素类的损失程度，表现为从0—1的范围。
Blaikie（1994）	一个人或团体预感、应对、抵抗和从灾害中恢复的能力特征。
EMA（1995）	社区和环境在面对灾害的敏感性和抵抗力的程度。
IPCC（2001）	自然或社会系统容易遭受来自气候变化（包括气候变率和极端气候事件）的持续危害的范围或程度，是系统内的气候变率特征、幅度和变化速率及其敏感性和适应能力的函数。
UN—ISDR（2002）	由于自然、社会、经济和环境因素引起的一系列状况的过程，这些状况和过程会增加一个团体对灾害冲击的易损程度。
UNDP	由自然、社会、经济和环境因素而导致的人群的状况和过程，决定了人群受害的可能性和受害的程度。

机构或学者	易损性的概念及表达式
UNDP（2004）	由自然、社会、经济和环境因素引起的人文条件和过程，决定某种灾害影响的破坏程度和范围。
ISDR（2004）	一种状态，这种状态决定于一系列能够导致社会群体对灾害影响的敏感性增加的自然、社会、经济和环境因素和过程。
UNU—EHS（2006）	决定来自于一个特定的严重事件对未来的损坏和破坏的风险要素的本质和动态特征，包括危险事件本身的影响。易损性随着时间和自然、社会、经济和环境因素的变化而不断改变。
Vilagran（2006）	社会易损性作为人口和他们的社会、经济和政治系统的状况。
Prevention Consortium（2007）	遭受危险或损失的可能性，与应对未来灾害的能力，包括抵抗力、弹力和适应力有关系。包括易损性和其对应的恢复力都受自然、环境、社会、经济、政治、文化和习俗因素等影响。
FAO	存在可能导致地方居民出现安全问题或营养不良的因素。

第一类是最平常的表达，即易损性指易于遭受到自然灾害的破坏和损害。这是使用最广泛的易损性定义。这个定义最早出现在拜顿等人编著的《环境灾害》一书中。这一概念含义比较宽泛，关注的主题是自然灾害条件的分布、人类占用的灾害地带和灾害可能带来的损失度。强调的是灾害对系统所产生的伤害程度，因此其核心是关心人类系统对灾害的暴露程度以及系统对不同灾害频率和强度冲击的敏感性与脆弱性，而对人类系统有无能力处理灾害事件的结果并不重视。

第二类概念是布莱克的定义，按布莱克的意思，易损性就是个人或群体预见、处理、抵御灾害和从灾害中恢复的能力的特征，它涉及自然或社会灾害威胁人们生活程度的各种因素。在灾害背景下，社会中一些阶层比另一些阶层的人们更容易遭受到灾害的破坏和损失，这些影响因素包括：社会阶层、种姓、种族、性别、残疾、年龄等。这类概念关注的主题是社会对灾害的抵御和恢复能力，灾害事件的性质当作是已知的条件，它强调易损性是人类系统在遇到灾害之前就已存在的状态，认为易损性是从人类系统内部固有特质中衍生出来的，因此其核心是探讨人类社会或社区受灾害影响的社会结构，注重分析影响人们处理灾害能力的历史、文化、社会和经济过程。

易损性概念的第三类含义是指灾害风险及其处理灾害事件的社会和经济能力的综合量度。在这种用法中，灾害易损性将灾害危险的敏感性和人类对这种危险的响应能力结合起来了，它相对应的概念是社会的恢复力。这一定义外延太广，将灾害风险包含在易损性概念之内，一般来说，灾害风险和易损性是两个概念，且多数人认为易损性只是灾害风险的一个组成部分。

自然过程和社会过程的相互作用是易损性概念的核心内容，在上述这些概念里，虽然没有文字上的直接表述，其实它们都包含有自然与社会相互作用的意思，但三类概念含义上的差异是明显的。这种差异实际上是不同的研究者对灾害及其易损性的因果关系的不同理解（或者重点在于自然灾害的易损状态，或者重点在于人们的独特的人文和社会条件，或者重点在于自然和社会相互作用的事件上），但本质上看，这些概念理解上的差异主要是认识论（自然科学、政治生态学、人类生态学）和方法的不同所致，也与研究者对于灾害类型的选择和区域选择有关。

三　社会易损性概念模型及框架

目前，国际学术界基于不同学科的研究视角，针对社会系统的复杂性，提出了一些社会易损性基本概念模型及理论框架。

（一）作为风险成分的易损性模型

易损性可以看作灾害风险的组成部分，与致灾因子、暴露、应对能力一起构成灾害风险系统（图7—1）。

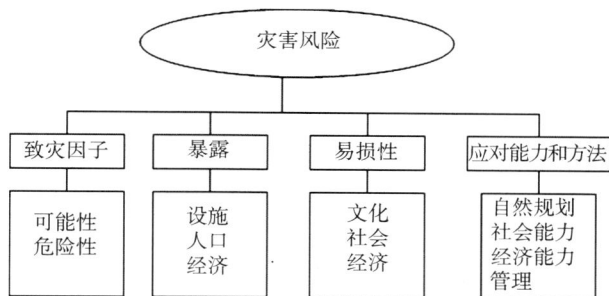

图7—1　灾害风险识别模型

致灾因子用可能性和危险性刻画；暴露成分包括设施、人口和经济；应对能力和方法主要从自然规划、管理和社会经济能力决定；易损性包括自然、社会、经济和环境四个部分。

该模型在灾害学和风险学领域应用较为广泛，尤其是在风险评估中往往将易损性评估作为风险评估的关键成分，同时将易损性作为灾害风险形成的重要部分。

（二）BBC易损性框架

所谓BBC框架（图7—2）是基于Bogardi、Birkmann和Cardona所提出的有关易损性模型，结合了其他多种易损性模型的基础上综合而成。

该框架包括自然事件系统、经济系统和社会系统通过"机

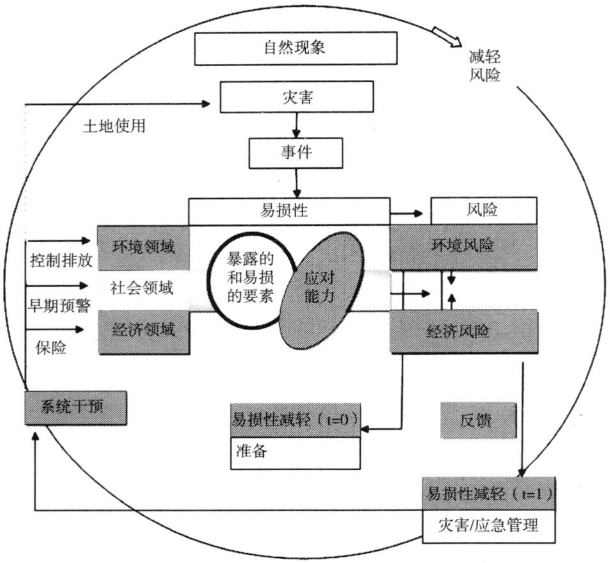

图 7—2　BBC 易损性框架

会"和"现实"建立联系，尝试将易损性、人类安全和可持续发展统一起来。强调把易损性看作为动态的过程，通过应对能力和潜在的干预工具来减轻易损性。在定义易损性、风险、适应能力过程中考虑了环境、经济和社会因素。

（三）压力和减轻模型（PAR）

压力和减轻模型（PAR）（图 7—3）指出易损性是一系列因素的社会产物。灾害所产生的压力包括两个方面：一方面是易损性的增加，从根源到动态压力到不安全条件；另一方面是灾害事件。易损性被定义为一个人或群体在面对灾害时所表现出来的预计能力、应对水平、抵抗灾害并从灾害影响中恢复的特征。PAR模型主要解释和揭示人们所面对的变异事件（洪水和地震等）

及其所导致的灾害的原因。易损性的形成除了与灾害事件本身有直接关系，还与资源的缺乏、社会地位的低下、政治权利的缺乏等有密切关系。所谓减轻，是指减轻灾害影响。为了减小压力，必须要减少易损性。

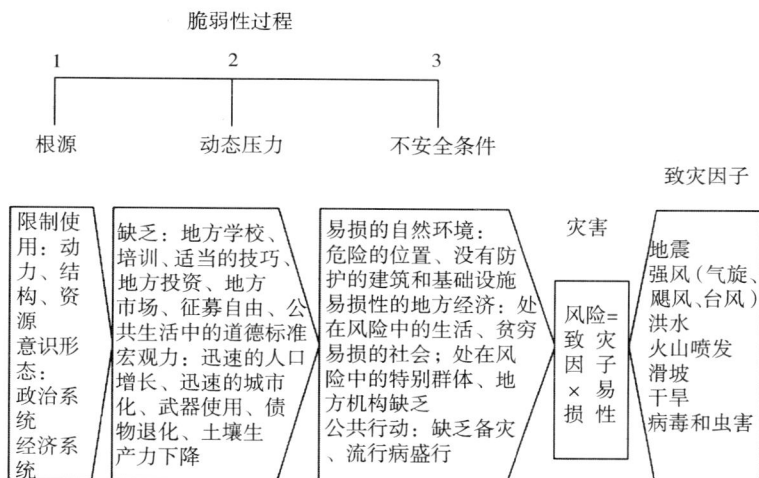

图 7—3　PAR 模型

（四）地方易损模型

　　由美国地理学者苏珊·卡特将风险/灾害和政治生态学的综合，提出了地方灾害的易损性模型，主要描述以小尺度空间单元地方为基础的自然易损性（暴露性）和社会易损性之间的相互作用决定着地方灾害易损性，该模型主要侧重于对社区范围的灾害易损性状况刻画，包括自然易损性和社会易损性的评估（图7—4）。

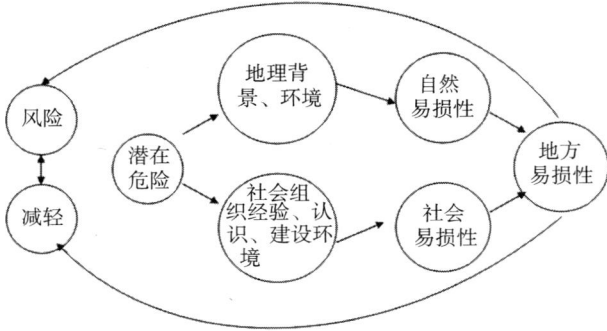

图 7—4　地方灾害模型

（五）　灾害社会易损性概念模型

自然灾害的发生发展是一个自然事件与人类社会相互作用变化的过程，这个过程造成了人类社会正常需要的非正常中断，从而使人的生存与发展受到严重阻碍与破坏。因此，灾害实际上是人类社会对自然生态因子和社会经济因子变异的一种价值判断与评价[①]，其核心是人类及人类社会遭受的伤害、破坏和损害。灾害易损性的实质就是社会易损性。

我们认为，社会易损性就是潜在的自然灾害可能对人类社会造成的损毁程度，它涉及人们的生命财产、健康状况、生存条件以及社会物质财富、社会生产能力、社会结构和秩序、资源和生态环境等方面的损失，这种损失既是社会个体的损失，也是社会整体的损失。由于自然和社会交互作用的复杂性，我们可以把社会看作一个整体场，自然事件看作引起这一个过程的外力，并在这一过程中造成社会秩序的混乱，社会功能暂时或局部的缺失，社会财富和价值的损失。

---

①　段华明：《灾害与人类社会发展》，《现代哲学》1999 年第 4 期。

社会易损性是一个由多种因素影响的综合性系统，包括了多种维度的易损特征。而狭义的易损性则主要是针对社会系统这个承灾体本身而言所表现出来的易损程度。即包括社会系统在面临灾害时的危险性，遭遇灾害时的敏感程度和灾害过后的恢复能力。其所包含的影响易损性程度的维度主要有人口特征、经济水平、社会结构和社会文化四个方面。因此简单来说，所谓易损性就是指由人口特征、经济水平、社会结构和社会文化所影响的社会系统在遭遇灾害过程中可能出现的潜在损失及其所表现出来的抵御灾害的能力，也可称为社会易损性。

四　风险、脆弱性与易损性

目前在我国灾害研究中，风险、脆弱性、危险性、易损性等已经成为了研究的重点和热点，它们各自含义既有联系，又有区别，使得人们容易混淆。

（一）风险

何谓风险，目前尚无统一的定论。《韦伯字典》中说"风险是面临伤害或损失的可能性"。联合国人道主义事务部（UNDHA）给出的自然灾害风险的定义是"风险是在一定区域和给定时段内，由于某一自然灾害而引起的人们生命财产和经济活动的期望损失值"。基于对风险定义的理解，联合国人道主义事务部同时提出的自然灾害风险表达式为：风险度＝危险度×易损度。

危险性指灾害发生的可能性，反映的是灾害的自然属性，危险度则是灾害发生的概率；易损度，反映灾害的社会属性，是承灾体人口、财产、经济和环境损失的函数；风险度，是灾害自然属性和社会属性的结合，表达为灾害危险度和易损度的乘积（图7—5）。

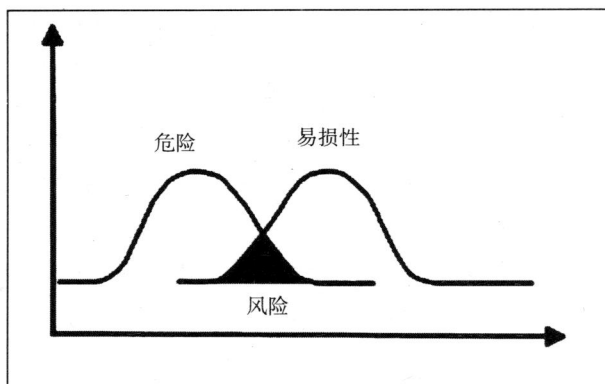

图 7—5　风险、易损性、危险关系

　　从表达式来看，风险和易损性是密不可分的，它们之间存在一定的函数关系，可以将易损性看做是风险的一个影响因子，风险函数的自变量。一个地区谁最易损，谁将有可能是最有风险或者是日常生活有可能受到干扰。虽然不同地区可能面临同样的风险，但是它们可能会有同样的易损性。

　　总的来看，对风险的研究大多是针对自然灾害，研究区域也主要以大尺度的全球、地区和国家为主。所以在对灾害风险的理解和研究时，特别注重对灾害的自然成因的研究，并且取得了大量的研究成果。自然灾害风险分析的主要内容包括四个方面：致灾因子的风险分析、承灾体的易损性评价、灾情损失评估及相应的减灾对策。在以上四个方面的分析评价工作中，致灾因子的风险评价和易损性评价是灾害风险性评价的基础。对于灾害评价来说，易损性评价体系是灾害风险评价体系的重要组成，是进行风险评价的基础，通过减轻易损性来降低灾害风险，从而降低灾害损失。自然灾害的成灾程度一方面取决于致灾体条件，另一方面取决于受灾体条件。在自然灾害风险评

价中，通过危险性分析评价致灾体条件，通过易损性分析评价
受灾体条件。随着减灾研究的深入，人们逐渐开始意识到灾害
的易损性分析对于指导高风险区的减灾防灾具有重要的作用，
联合国国际减灾战略秘书处也在"国际减灾"活动中提出了减
轻易损性是降低灾害风险及减轻灾害损失的重要途径。

（二）脆弱性

　　近年来，脆弱性一词经常出现在环境、生态和灾害学领域的
有关文献中，用来描述相关系统及其组成要素易于受到影响和破
坏，并缺乏抗拒干扰、恢复初始状态（自身结构和功能）的能
力。与脆弱性相近的词语还有"敏感性（susceptibility）"、或
"不稳定性（instability）"等，它们在不同的学科中有不同的含
义。
　　在生态、环境方面，脆弱性一般强调系统经受干扰的能
力。脆弱性（vulnerability）是指生态系统在受到干扰时，容易
从一种状态转变为另一种状态，而且一经改变，很难恢复到初
始状态。这种转变常常有以下几方面暗含：其损失不可弥补；
对于人类引起的变化特别敏感；如果这一损失和退化导致物种
多样性降低及生态系统不稳定性增加，将产生广泛的不良连锁
反应。
　　在灾害学的文献中，脆弱性（vulnerability）主要强调人类
社会经济系统在受到灾害影响时的抗御、应对和恢复能力，侧重
灾害产生的人为因素。可概括为以下几种：（1）强调承灾体易
于受到侵害的性质。脆弱性指承灾体对破坏和伤害的敏感性，这
一直被认为是衡量损失和受损程度测量的标准。（2）强调人类
自身抵御灾害社会经济属性。脆弱性指人类易于或敏感于自然灾
害破坏与伤害的状态。用来指人或人群对灾害的预见、对付、抗
御并从灾影响中恢复的能力。认为人和人群的脆弱性受到现行

社会的政治、经济体制、人在社会中的地位和收入水平、种族、宗教、性别、年龄、身体状况等多种因素的影响。而对社会、经济财产和环境易于或敏感于自然灾害破坏和伤害的状态称之为社会财产的脆弱和环境条件的不稳定性。（3）脆弱性指人类、人类活动及其场地的一种性质或状态。脆弱性可以看成是安全的另一方面。脆弱性增加，安全性降低。脆弱性越强，抗御灾害和从灾害影响中恢复的能力就越差。

简单地说，灾害的脆弱性应指一定社会政治、经济、文化背景下，某孕灾环境区域内特定承灾体对某种自然灾害表现出的易于受到伤害和损失的性质。事实上灾害的脆弱性的含义与灾害的易损性是一致的，在这里，脆弱性与易损性只是翻译表述的不同。

五　灾害易损性的性质

自然灾害本质上是极端的地球物理事件，它们有对人类社会施加潜在危险的特征，但灾害的风险不仅仅是自然过程的结果，而且更应是人类社会及其易损性的结果。灾难是自然过程和人类易损性相互作用的结果。如果地球上仅有地球物理极端事件发生，但没有人类易损性存在，那么灾害风险是不会发生的；如果没有极端地球物理事件，即使人类社会有易损性，那么灾害风险也不会发生。换句话说，对自然灾害风险来说，人类的易损性和自然的极端事件是同等重要的。易损性是构成灾害风险的重要条件。

（一）易损性的存在既是普遍的，又是特殊的

在强大的自然力量面前，人类社会显得是相当脆弱的，是易于受到破坏和伤害的。加之人类社会的社会形态、组织

结构的不完善，社会经济、政治、文化条件的不强壮和人类一些行为的不理性，使得人类社会在自然灾害面前更加脆弱和易损。在人类社会里，灾害易损性是普遍存在的，但它的成因是不相同的。人类社会的复杂性和多样性，使得不同社会的易损性成因不同、特征不同、大小不同，易损性又是特定社会的专门产物。

（二）易损性的表现形式是多种多样的

极端地球物理事件对人类社会的影响和破坏是全方位的，几乎人类社会的方方面面都可能遭受到自然灾害的影响和破坏，从而使得易损性的表现形式的多样性。据阿伊善研究，易损性至少有这样几种表现形式：缺乏资源（经济易损性）、社会结构的分离（社会易损性）、缺乏强有力的国家和地方组织机构（组织易损性）、缺乏信息和知识（教育易损性）、缺乏公众意识（动机易损性）、有限的政治权力（政治易损性）、信仰和习惯（文化易损性）和虚弱的身体（健康易损性）①。

其实，易损性还有许多其他类型的表现形式，比如，房屋的易损性、农业生产的易损性、军事的易损性、环境的易损性、家庭的易损性、社区的易损性、区域的易损性、国家的易损性等。从易损性的表现形式可以看出，易损性不仅是人类行为、决策和选择的结果，也是人类生活的自然、经济、社会、文化和政治背景的结果。

（三）易损性的强弱是动态变化的

易损性可以说是与灾害相关的社会、经济、文化、政治条件

---

① Y. F. Aysan. Vulnerability assessment, in P. A. Merriman and C. A. Browitt（eds）Natural Disaster: Protecting Vulnerable Comunity, London. Thons Telford, 1993. pp. 1 – 4.

的表现形式，正是这些相互联系的社会经济过程构成了易损性。社会经济过程是复杂的，多数组成要素和影响因素都是随时间而变化的，社会经济是动态演化的过程，因此，易损性就不可能是静态的，易损性也是动态的演化的，这是易损性的本质特征。易损性的变化可以影响个人或社会的稳定性，影响社会处理外部干扰事件的能力。

（四）易损性的形态既是有形的，又是无形的

易损性作为灾害可能带来的潜在破坏和损失，其结果可能是可见的、有形的，比如人群、建筑物、物质财产等，它们是有物质形态的，我们可以直接感受到的事件，易损性也可以是不可见的社会、经济、文化和政治影响，比如灾害可能给人类带来的心理恐惧、失业、企业丧失生产能力和市场、社会关系变更等，这些都是没有物质形态的、不可见的，但可以预料的。易损性的影响不仅在灾害发生地，而且也可超越灾害发生地，波及其他地区。易损性是当代的，其影响也可是历史性的。

六　易损性的识别

易损性是人类及其社会结构薄弱环节的体现，所以人们可以将社会分异或社会系统组成的不利条件作为切入点来识别社会的易损性。易损性的组成是由许多要素和因素构成的，例如社会地位、健康状况、年龄、社会管理等，这些因素影响着社会中人们的各种活动，决定着社会经济的易损程度。

易损性的组成在自然灾害的后果中是不难识别的，在灾后调查中可以评价和测量。但是在灾前如何识别和评价易损性乃是更重要的问题。从理论上讲，灾害的易损性可以通过社会经济系统

的层次、结构分析，社会系统内部组成及其相互关系的解析得以识别，也可以通过区域宏观经济发展的不利条件分析，或者灾害案例演绎来判别①。

易损性的识别是一个复杂的、因事而变的过程，它涉及空间尺度、地域类型、区域或部门协调等问题，例如评价的地域是城市，还是农村，是社会整体，还是个人、家庭、社区、地方，这些都将影响易损性的识别标准或指标。

地方易损性评价是易损性评价的重点，这样的评价应有社区参与。当地居民可以对诸如房屋易损性、社会组织状况、建筑物的维护和财产的所有制关系等问题提供帮助。但仅有外部的调查和本地的印象对易损性评价来说还是不够的，因为灾害的地方印象可能还不是灾害全景，当地以外的人类活动可能产生或加剧灾害，影响可能超过当地的经历，这样地方的调查可能会忽视那些当地不熟悉的灾害易损性。因此，易损性的判别和评价应该是地方和区域、微观和宏观的结合。

参考文献

David. Alexander, *Natural Disasters*, New York: Chapman and Hall, 1993.

A. Staines, "Social Models of Disaster: Vulnerability and Empowerment", *GIS for Emergency Preparedness and Health Risk Reduction*, ed. David J. Briggs, London: Kluwer Academic Publishers, 2002, pp. 61—76.

J. Birkmann, *Measuring Vulnerability to Hazards of National Origin*, Tokyo: UNU Press 2006.

Claude Gilbert, "Studying Disaster: a Review of the Main Conceptual Tool", *International Journal of Mass Emergencies and Disaster*, 13, 1995, pp. 231 – 240.

---

① 樊运晓、罗云：《承灾体脆弱性评价指标中的量比方法探讨》，《灾害学》2000 年第 2 期，第 23—27 页。

Cees Van Westen, *Multi—hazard risk assessment*,
http. //www. itc. nl/unu/dgim. 2009.

David Alexander, *Confronting Catastrophe*: *New perspectives on natural disasters*, New York: Oxford University Press, 2000.

Ian Burton, and other, *The Environment as Hazard*, Oxford: Oxford University Press, 1978.

James Lewis, *Development in Disaster – prone Place*: *Studies in Vulnerability*, London: Intermediate Technology Publications, 1999.

K. Dow and T. E. Dowing, "Vulnerability research: Where things stand", *Human Dimensions Quarterly*, 1, 1995, pp. 3—5.

Kennedy Smith, *Environmental Hazards*: *Assessing Risk and Reducing Disaster*, London: Routledge, 1992.

Marco A. Janssen and other, "Scholarly Networks on Resilience, Vulnerability and Adaptation within the Human Dimensions of Global Environmental change", *Global Environment change*, 16, 2006, pp. 240 – 250.

P. Blaikie, T. Cannon and B. Wisner, *At Risk*: *Natural Hazards, People's Vulnerability and Disasters*, London: Routledge, 1994.

Peter Winchester, *Power, Choice and Vulnerability*, London: James and James, 1992.

Susan. L. Cutter, "Vulnerability to environmental hazards", *Progress in Human Geography*. 20 (4), 1996, pp. 529 – 539.

United Nations Department of Humanitarian Affairs, *Mitigating Natural Disasters*: *Phenomena, Effects and Options – A Manual for Policy Makers and Planners*, New York: United Nations, 1991, p. 164.

United Nations Department of Humanitarian Affairs, *Internationally Agreed Glossary of Basic Terms Related to Disaster Management*, Geneva: United Nations, 1992.

高庆华、张业成、苏桂武:《自然灾害风险初议》,《地球学报》1999年第1期。

郭跃:《自然灾害的风险特征及风险管理模型的探讨》,《水土保持研究》2006年第4期。

黄崇福：《自然灾害风险评价理论与实践》，科学出版社 2004 年版，第 5—12 页。

商彦蕊：《自然灾害综合研究的新进展——脆弱性研究》，《地域研究与开发》2000 年第 2 期，第 73—77 页。

第八章　影响灾害易损性的主要社会因素

　　灾害易损性可以说是与灾害相关的社会、经济、文化、政治条件的表现形式，正是这些相互联系的政治经济、社会文化过程构成了灾害易损性，也决定和影响着灾害易损性的强弱大小。

　　西方一些学者从不同的研究视角出发，提出缺乏资源、信息、知识和技术，经济地位和教育水平较低，有限的政治权力和代表性，社会资本的不足（社会网络和联系），信仰和生活习惯，住房状况，易损的和行动不便的人群，基础设施和生命线的类型和密度等因素，都是影响灾害易损性的主要社会因素。

　　按社会学的理解，社会是由一定地域的社会组成成员及其相互关系联系在一起的组织形式或文化现象。自然灾害的社会易损性显然应该含有社会群体和区域两个方面。

　　社会群体是社会关系的本质和核心，是灾害的直接承受者；区域是社会关系的载体，也是灾害的承受者。社会群体及其特征不仅决定着其成员在灾害面前的易损性大小，而且对区域社会易损性也产生重要的影响，区域社会条件为社会全体成员提供社会组织形式和文化特征，包括生产和生活的安全保障条件，影响着社会群体的易损性。所以，影响灾害的社会易损性的社会因素，必须从社会群体的生存发展特征以及社会结构和社会文化三方面来分析。

一　人口特征

在通常情况下，人们对于灾害后果的考察与认识大多集中在对人的伤害及生存条件的破坏上。人的生存依托于两大系统，即自然系统和社会系统。自然系统为人提供了基本的能量和环境空间；社会系统为人提供了社会资源和社会环境，包括社会关系网络、人际交往、人性教化、知识和能力的传授、社会保护与制约、人生原则与交往规范等。

对于人群的易损性分析是最复杂的，涉及关于人的基本能力和具体情境中的状态以及所处环境的状况。就灾害易损性而言，承灾人群的性别、年龄、身体状态、职业特征、经济状况、受教育程度、社会地位、民族特征等因素都将影响人们预防、应对及抵御灾害的能力，也就决定着灾害潜在损失的大小。

一般意义上讲，最易损的群体是那些选择余地最小、生活受到限制的人群。如残疾人、老年人、妇女、儿童、生理健康状况较差的人，他们是社会的弱势群体，也是在灾害面前最易受损的人群；社会边缘人群、流动人群，这类人群缺乏资源、信息、知识和技术，就业机会有限，经济地位和教育水平较低，灾害的抵御能较弱，在灾害面前亦容易受到伤害；一些特殊职业，比如采矿业、交通运输业、建筑业，由于所处的工作和生活环境的特殊性，使得这类人群也成为灾害的易损群体。

二　社会结构

社会是以生产活动为基础的、有较为复杂组织结构的、有一定自我调节机制的系统。社会的生产活动、组织结构、政策机制决定着社会的基本特征，它们也是决定社会抵御和防治灾害，以及灾后恢复重建能力，即社会易损强弱的重要因素。

（一）社会经济活动

社会经济活动是人类社会生存和发展的基础，一般来说，社会经济发展水平愈高，社会和人们的物质财富愈丰富，社会的基础设施建设愈完善、社会对自然灾害的抵御能力就愈强，人类的社会经济活动使得社会易损性减弱，我们的社会就越安全。

由于人类不合理的经济活动对环境的过度干预或破坏，加之城市化发展带来的人口恶性膨胀和财富资本的高度集中，产生灾害的潜在因素也在增加，灾害的成灾损失越来越严重，易损性增加，灾害对经济发展的影响与社会经济因素对灾害的影响都在日益加深。违反科学规律的经济活动虽然能给人类带来暂时的可观利益，但同时也可能带来巨大的灾害，社会经济的发展诱发或产生新的灾害源，强化了致灾源的强度，加剧灾害链效应，扩大了灾害的影响范围，加大了社会经济系统的易损性。

灾害成灾一般应具备灾害源和承灾体，社会经济系统是灾害的最终承受客体，灾害致灾的轻重不仅取决于灾害源的强弱，而且还决定于承灾区人类社会经济系统对灾变承受和调整能力的高低。在同等的致灾强度条件下，社会经济系统的易损性愈强，承灾功能愈脆弱，灾害造成的损失也就越大。特别是发展中国家人口众多，经济技术落后，资本稀缺，抗灾能力低，防灾意识不强，加之不合理的非可持续发展经济活动对环境的过度干预以及发达国家转嫁环境灾害和社会危机，致使发展中国家产生灾害的潜在因素增多，灾害的成灾损失越来越严重。破坏性的经济建设，特别是对自然资源的开发，常常是产生灾害的一个重要的驱动因素，导致生态失衡，生态破坏诱发的各种灾害又抵消了经济建设的既得利益，从而更加破坏和延滞了经济发展。

灾害是制约社会经济发展的重要因素，而经济发展对于灾害来说是一把双刃剑，经济较发达地区抵御灾害的能力更强，但其人口也更加稠密，消费量大，其面临的灾害易损性也可能会更大①。所以经济发展中必须树立减灾就是效益的灾害经济观点，尽可能降低人类经济活动对环境的致灾效应，努力提高社会经济系统的承灾能力，降低社会经济的易损性。

（二）社会组织结构和社会资本

健全的社会组织结构是社会稳定发展的基本保证，也是有效抵御灾害的前提。社区是现代社会组织结构中最基本的组成单元。现代社区结构和功能越来越发达，再加上大量的社会管理、社会服务、社会保障的功能从政府和单位中不断剥离出来，让社区承接，这就有力地提升了社区的功能，丰富了它的内容，拓宽了它的工作面，因而使社区成为能协调和凝聚方方面面的中心，成为功能比较齐全的"小社会"。而作为人们生活和工作主要活动场所的社区，其医疗卫生、交通等服务功能在灾害条件下将会发挥不可替代的作用。社区的组织化程度则在抗灾防灾中发挥最直接、最基础的作用。

政府除了为灾民和灾区提供物资援助、重建当地的基础设施以外，还应该采取积极的措施重建当地的社会网络，充分利用当地既存的社会组织与社会规范，特别要重视非政府组织以及灾民自发组织在灾后重建中的作用，动员灾区人民更积极地参与到灾后重建中来，这样可以对政府灾后治理工作中可能存在的不足起到有益的补充，提高社会及个人对灾害损失的承受能力。

各社区因为各自的社会背景不同，所存在的灾害隐患也存在

---

① 许世远、王军：《沿海城市自然灾害风险研究》，《地理学报》2006年第2期，第127—138页。

差异，所以其易损性也截然不同。在社区的灾害管理中，可以建立自己的志愿者组织，这些组织在灾后重建中将起到很好的动员公众参与灾后重建的作用；此外，还必须重视信息在灾害管理中的重要性。如果没有相关的情报和处理它的手段，即使最熟练的专业人员，掌握最好的组织系统，实际上也无法发挥作用。信息的质量至关重要，信息必须准确及时，否则就会影响灾后救援。因此，建立一个比较完善的社区灾害信息管理系统是很有必要的，或者在已有的社区信息管理系统中增加灾害信息，并及时更新。目前在社区灾害管理中由于分工协作，许多可以为大家共享的信息基本上散落在各科室、个人手中，平时又缺乏交流，使得社区灾害信息无法共享，影响救灾的效率。

大量经验研究表明，社会资本对提高社会的经济绩效、推动和维护民主化进程、保证社会的可持续发展等起着不可或缺的作用[①]。对承灾体而言，不同结构的社会网络所能传递的社会资源是不一样的，并影响灾民的求助和提供帮助的行动。当遇到困难时，不同的人从不同的来源寻找帮助，每个社会群体都有自己独特的方式应付最困难的状况。在政府为人们提供帮助之前，人们在困难时广泛地依赖家庭成员、亲属、朋友、社区、社会上宗教或非宗教的慈善组织或慈善活动提供的帮助。社会资本存量丰富的社区，灾后恢复速度更快，灾害中灾民对政府的信任度以及社会规范和社会组织的作用等方面都要大大优于资本存量少的社区。更高水平的信任有助于提高灾民的满意度；受灾社区和群体依据完备的社会规范，有组织地接受救助和进行自救，有助于灾后恢复和重建工作的高效进行。

---

① 赵延东：《社会资本与灾后恢复：一项自然灾害的社会学研究》，《社会学研究》2007 年第 5 期，第 164—187 页。

（三）社会保障制度

社会安全需要制度建构，社会保障制度健全与否是影响社会易损性的重要因素。自古以来，人和社会的安全都和自然资源的匮乏或突然断裂供给相联系，比如自然灾害导致基本生存状态的错乱，于是就有平衡社会的各种制度与措施的产生。据《周礼》记载，古代中国有"保息六政"，即慈幼、养老、赈穷、恤贫、宽疾、安富等 6 种措施；"荒政十二"即：散财、薄征、缓刑、弛力、舍禁、去几、省礼、杀哀、蓄乐、多昏、索鬼神、除盗贼等 12 政策；再如，《管子》提出的"九惠之教"，即九种社会的福利措施，包括：老老、慈幼、恤孤、养疾、合孤、问疾、通穷、赈困、接绝等；以及仓储救济，即：平仓、义仓、社仓。这些平衡社会的制度也成为福利或保障制度的前身，一直延续到民国政府以前。这些社会政策和制度在特定历史环境下，一定程度上减缓了灾害对社会的损害。

我国已建立市场经济体制并逐步在完善，社会保障制度是市场经济的重要稳定机制。因此，在市场经济主宰人类社会的今天，世界各国都把社会保障作为社会制度的基本内容之一。其在减灾救灾、缓和社会矛盾、稳定社会秩序、提高人民生活质量和调节经济运行等方面发挥了重要作用。社会保障制度通过一系列的国家干预措施，如通过建立社会福利机构、公益性的卫生保健和社区服务设施，增加社会教育卫生的支出，通过投资于公共工程项目创造短期的就业机会，通过对食品或其他服务的价格补贴和社会救助对弱势群体进行收入转移等等政策手段，形成人们在遇到灾难或困难时可以依赖的社会保护网。

（四）社会冲突的协调能力

灾害是一个突发事件，防灾救灾面临着一系列自然和社会，以及社会人与人之间的矛盾冲突，灾害救助与管理是对政府社会冲突的协调能力的严峻考验。这种能力的强弱直接影响着灾害给社会带来的损失大小。

社会治安反映着政府社会冲突的协调和控制能力，以及对社会秩序的监管力度。一旦灾害发生，人们的心理和情绪都会极度不稳定，如果政府有强有力的维护社会秩序的队伍，社会秩序在很大程度上就会得到保障，社会的基本救灾减灾目标就能实现。

灾害管理是一项综合性的系统工程，具有实践操作性的特征。在这一过程中各个环节都存在着许多不确定的因素和突发事件，任何一个环节的缺失都将造成社会重大的损失。因此，有必要拟制各种不同灾害下的行动指挥应急救援预案，包括组建一支应急救援的队伍及其领导班子，定期进行训练和演习，以备突发灾害出现时，能够及时、准确、有效地做出相应的救灾反应，最大限度地降低灾害带来的损失。

三　社会文化

社会文化是影响一定社会群体生活和社会行为方式的重要因素，不同社会群体、民族区域文化背景和受教育程度的差异对灾害的认识存在着显著差异，他们的人文背景直接影响对灾害的反应（灾前的预警、应灾响应、灾后救助等），那么灾害易损性分析就一定要充分考虑到不同社会文化的影响。

1964 年哈里·摩尔提出"灾害文化"概念时就把灾害文化看做是社区经过若干次灾害后形成的独特应对手段。就是指灾害发生条件下，以灾害观念为核心和灵魂，以救灾物资为依托，灾区人们的生活方式和行为方式的总和①。后来研究人员把"一些

---

① 　王子平：《灾害社会学习》，湖北人民出版社 1998 年版，第 105 页。

决定一个特定范围内的社会团体防灾和减灾水平的知识和各级社会组织所制定的规章制度、社会准则和措施"统称为灾害文化。灾害文化是一种特定环境下的生活方式和行为方式，比如人们以何种精神状态对待灾害，如何承受灾害，采取哪些措施消除灾害，恢复重建，这些行为特征和方式都会影响灾害的社会后果。

灾害文化内涵十分丰富，它渗透到社会各领域。它包括人们对灾害认知、防御能力，受灾时的人及社会的心理、行为反映，国家与社会建立防灾减灾策略及应急救灾能力，灾后恢复生产与生活能力、防灾文化教育宣传等等。在经济与科技高速发展的今天，以安全为目的，以防灾减灾为手段的"灾害文化"，已经渗透到人类社会的观念、意识、习俗、法律、规范等各个方面。先进的灾害文化体现全体公民具有较高的防灾救灾意识，掌握相关知识与技能，当灾害发生时，能沉着应对，有效避难、自救、互救，最大限度地降低灾害损失。

灾害观是灾害文化的核心，它制约着人们对灾害的基本态度和在灾害面前的行为倾向。灾害观是人们同灾害打交道的过程中逐步形成和树立起来的。古代迷信愚昧的灾害观使得人们消极和被动地对待自然灾害，科学的灾害观才能正确地引导人们积极主动地面对灾害。有正确的科学灾害观，政府就可以制定科学合理的灾害对策；有科学的灾害观，民众才可能有正确的防灾思想、态度和行为，才能表现出自身抵御灾害的能力；有科学的灾害观，才能充分发挥人的主观能动性，这将极大地推动灾害恢复和重建。

灾害文化形态主要表现在物质、制度和意识形态三个方面。灾害文化是一种物质文化，灾害文化的物质形态主要指的是保证灾民生存与发展的物质条件，在一个多灾地区，为抵御灾害的物质备灾是必不可少的。国家应有救灾物资储备，社区和个人也应有备灾物质准备。灾害文化的制度形态是指国家为抵御灾害而在灾害发生前、发生时、发生后，为维护灾区生活秩序、保证灾民生存、维护重建家园活动的正常进行而制定的一系列政策、法规、制度和规章；这些减灾防灾政策法规既是现代社会法治精神的体现，也是一种文化现象。灾害文化的意识形态主要包括通过各种形式表现出来的灾民意识、灾害观念、关于灾害的科学技术知识和观念、减灾防灾精神、灾时的社会心理、人际交往、人性与情感、灾害宣传与教育等，这些意识和现象对社会的灾害潜在损失以及防灾减灾活动都将产生重要的影响。

　　灾害文化是一种由灾害造成的客观环境引发的客观现象，它在灾害发生后在灾区实实在在地存在着，通过灾民的生活方式和行为方式表现出来，从而影响着区域的灾害社会易损性，推动或制约着减灾防灾活动的开展及其成效。人们在一次次的灾难中警醒，如果早有准备，早做预防，具备防灾减灾、自救互救的能力素质，就能在每一次劫难到来时，从容应对。这样，也许在2008 年初南方的冰雪灾害发生时，依据政府与民众先进灾害文化素养，对气象因素变化及对社会的影响进行科学分析与预测，提前做好防灾的准备，也就不会出现百万人流会聚广州火车站的混乱场面；在救灾过程中，就会有充足物资储备和技术储备，有序有效地展开救灾活动，抑制灾情的发展。事实证明，灾害文化发展的社会，就有较高的防灾水平；同时灾害文化影响个人和团体的避难行为反应，也就是说有灾害文化的个人或社区在灾害链冲击时可以产生积极的适应行为，有效地调节和控制灾害带来的影响，从而减弱灾害链冲击的强度，提高人类对灾害的隐性抵御能力。

　　自然灾害社会易损性的影响因素是一个复杂的体系，从社会学角度进行研究，主要包括以下几方面内容：（1）人口，由于人自身的条件，面对灾害的袭击而做出的反应和对灾害抵抗能力具有很大的差别。弱势人群和人的职业构成是灾害易损的主要方面。（2）社会结构。社会结构是一个群体或一个社会中各要素相互关联的方式。社会结构是否稳定、方式是否合理可以决定社会在灾害面前损失的大小，以及社会对自然灾害的抵御和恢复能力。（3）社会文化，有着不同文化背景的社会处理社会事物的方式各相不同，信念和生活习惯的不同，都将会影响社会易损性。

参考文献

K. J. Tierney, M. K. Lindell and R. W. Perry, *Facing the Unexpected: Disaster Preparedness and Response in the U. S. A*, Washingtion, D. C. : Joseph Henry Press, 2001.

S. L. Cutter. American *Hazardscape: the Regionalization of Hazards and Disasters*, Washingtion, D. C. : Joseph Henry Press, 2001.

贾江华：《社会安全：意义与结构》，《求实》2004 年第 4 期。

王平、史培军：《中国农业自然灾害综合区划方案》，《自然灾害学报》2000 年第 4 期。

赵晓燕、丰继林、路鹏、贾中华：《试论灾害文化在防灾减灾中的作用》，《防灾科技学院学报》2008 年第 2 期。

第九章 区域自然灾害社会易损性评价

自然灾害是自然界与人类社会经济系统相互作用的产物，它伴随着人类的产生而产生，伴随着人口增长、科技与社会进步以及人类对自然资源利用广度和深度的变化而变化。人们很容易把自然灾害看成是单纯的自然事件来研究，而忽视了灾害作用的具体社会背景。大量灾害事实表明，物质实力的增强和科技手段的提高并没有完全解决灾害问题。对于灾害的认识我们有理由把关注的焦点更多地放在人类社会本身的易损性上。

自然灾害社会易损性评价，是指对区域社会灾害响应能力和恢复能力，进行综合的、系统的评估，以期对区域社会的抗灾能力做出评价、判断和提出对策。社会易损性评价的对象是区域社会基本情况，评价内容包括与自然灾害相关的各种社会构成，评价的目的是研究区域社会易损程度，即潜在危险性的大小。

一 区域自然灾害社会易损性评价流程

针对自然灾害社会易损性评价，现在还没有形成统一的、标准的模式，在参考国内外风险评估及易损性评价的基础上，提出了以下评价流程（图9—1）。

（1）研究区域的确定是自然灾害社会易损性研究的前提，不同的地域尺度，精细度的、侧重点的不同会影响指标体系的建立。

（2）简要分析研究区域与自然灾害相关的自然环境背景和

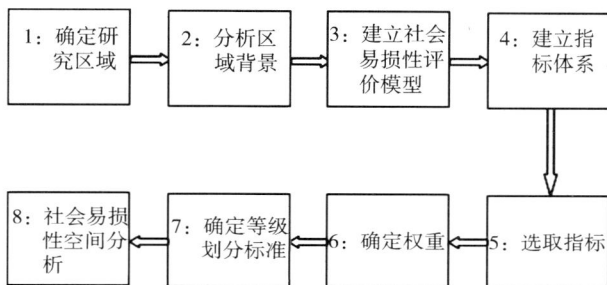

图9—1　自然灾害社会易损性评估步骤

人文环境背景。

（3）根据研究区域和自然灾害背景建立合适的评价模型。

（4）参考评价模型，建立指标体系的层次关系。

（5）根据研究区域特征和相关性分析选取指标。

（6）确定易损性指标权重：利用层次分析法确定易损性评价指标在评估体系中的权重。

（7）根据自然灾害社会易损性度，确定社会易损性等级。

（8）根据社会易损性等级划分，建立社会易损性空间分布格局，并进行相关分析。

二　区域自然灾害社会易损性评价指标体系

为了客观地认识区域的社会易损性，正确评价区域社会易损性的状态，非常有必要从确定或影响自然灾害的区域社会易损性的要素中，选取一些具有标示性意义的定量化信息作为评价的指标，也只有准确地选择指标才能够真实反映区域社会易损性的本质和特征，因此，评价指标的拟定对区域自然灾害社会易损性评价、计算，以及科学合理地构建防灾减灾体系有着重要的指导意义。

（一）评价指标选取的原则

社会易损性就是潜在的自然灾害可能对人类社会造成的损毁程度，它涉及人们的生命财产、健康状况、生存条件以及社会物质财富、社会生产能力、社会结构和秩序、资源和生态环境等方面的损失，这种损失既是社会个体的损失，也是社会整体的损失。在这一过程中造成社会秩序的混乱，社会功能暂时或局部的缺失，社会财富和价值的损失。社会易损性的问题涉及区域人口、社会结构和社会文化等方面的问题，是一个复杂的多种因素相互影响的整体。因此，在建立灾害易损性评价体系时应遵循以下原则。

科学性原则：科学性是任何指标体系建立的重要原则。自然灾害社会易损性指标体系应建立在科学的基础上，指标概念的内涵和外延要明确，统计方法要规范，能够度量和反映区域自然灾害社会易损性状况、基本特征及其区域社会背景。

可比性原则：指标的选择应含义明确，选取的指标应是共性的指标，既便于横向比较，又便于纵向比较。

分层性原则：影响灾害社会易损性的因子众多，要结合当地的实际情况把指标按照不同属性和作用分层，且要层次清晰，能够清楚地反映体系的层次结构。各指标之间既相互区别又互有联系，层层深入形成一个综合评价系统。

独立性原则：灾害社会易损性的影响因子之间相互影响、共同作用，所以要减少指标在概念和外延上的重叠、统计上的相关。选择独立性强，代表性和贡献最大的较少评价指标群。

可操作性原则：由于需要对采集的数据进行操作和评价，数据量又比较大，所以评价指标体系也要强调可操作性原则。所选用的评价指标也要能客观反映当地的实际，能够取得准确的数据，确保测算结果的真实可信。

同向性原则：同向性是指各个指标在反映社会、经济、科技发展的程度时，其数值的大小与易损性大小的评价方法上是相同的。一般地说在具体选择中要求都以正指标或逆指标组成，避免不同向指标在同一问题的应用时，因方向的不同而相互抵消，混淆了事物本质特征的反映。即使在实践中出现了正、逆指标同时出现在一个评价指标体系中，我们也采用标准化的方式将其转换为同向的指标来进行评价。

　　根据这些原则，采用层层分解的方法，将指标逐次细化，经过分析确定出区域社会易损性指标评价体系。

（二）　灾害社会易损性指标体系的设计

　　灾害易损性系统评价结果的科学性有赖于评价指标体系的科学性，灾害易损性指标体系评价要注意以下问题。

　　（1）指标组成的内部层次分明、逻辑结构清晰、合理，它直接反映体系对象的系统性。

　　（2）逻辑结构具有最大的兼容性，能适用于各种自然灾害和中国现实社会结构。

　　（3）表达方式要有利于描述目的实现和体系功能的发挥。

　　（4）具有理论依据或统计规律的权重分配、评分度量和排序规则。

　　自然灾害社会易损性的指标体系是一个内部层次分明、逻辑结构清晰的定量式框架，依据相应指标的表现和位置，既可以分析、比较、判断和评价特定区域自然灾害的社会易损状况，也可以模拟区域自然灾害的社会易损性的历史过程。它应当成为政府管理部门和社会公众认识自然灾害的社会属性的科学依据，也应是减灾防灾的重要工具。

　　区域自然灾害社会易损性评价的指标体系，分为目标层、系统层、状态层和要素层4个等级。目标层：将表达区域自然灾害社会易损性的基本状况和综合特征。系统层：以自然灾害社会易损性的概念及其内涵为基础，主要表达影响社会易损性的社会因素内部的逻辑关系。状态层：系统内部能够反映系统行为的关系结构，这里用具有一定综合性的指数加以代表。要素层：采用可测得、可比的、可以获得的指标，它们从本质上反映了系统状态的行为、关系的原因。

（三）自然灾害社会易损性评价指标体系框架

按照我们对社会易损性构成的认识，自然灾害社会易损性评价指标体系由区域人口易损系统、区域社会结构易损系统和区域社会文化易损系统三部分组成（表9—1）[1]

表 9—1　　　　　**自然灾害社会易损性评价指标体系**

目标层	系统层	状态层	指 标 层
自然灾害社会易损度	人口	弱势群体指数	女性人员数量
			60 岁以上人口
			4 岁以下儿童
			城镇居民最低生活保障人数
			丧失劳动力人口
			流动人口
		易害职业指数	采矿业人数
			交通运输业人数
			建筑业从业人员
			农业人口

---

[1]　郭跃：《自然灾害的社会易损性及其影响因素研究》，《灾害学》2010 年第 1 期，第 84—88 页。

续表

目标层	系统层	状态层	指　标　层
自然灾害社会易损度	社会结构	经济发展指数	人均地区国内生产总值
			建城区面积比例
			基础设施、生命线工程投资
			第三产业生产总值
			区内路网密度
		社会资本指数	地方财政收入
			农民居民人均收入
			在岗职工人均收入
			城乡居民储蓄余额
		社会组织指数	公共管理和社会组织人员
			人均公共事业财政支出
			城镇社区服务设施数量
		社会保障指数	社会福利收养单位
			医疗卫生机构数
			每万人的卫生技术人员
		社会安全指数	2人以下户数比例
			离婚率
			城乡收入水平差异
			失业人口
			危旧房面积
			万人刑事案件立案率
	社会文化	社会文明指数	大学学历人数
			在校学生人数
			文盲比例
			广播电视覆盖率
		灾害文化指数	单位职工人数
			灾害发生频率
			科普宣传投入
			少数民族人口比例

　1. 区域人口易损系统

　人是社会的主体，也是自然灾害的承灾体。由于人群自身的生理条件和生活生产条件的差异性，面对自然灾害的袭击而做出的反应和对灾害抵抗能力以及灾后的恢复能力都具有很大的差别，人口的易损性特征有很大差别。从灾害易损性的角度看，弱势人群和特殊职业的人群构成是区域灾害易损的主要方面。

　（1）弱势群体指数

　从社会个体的角度来看，影响承灾能力的因素包括性别、身体健康状况、生活水平、年龄以及文化和认知水平等。从灾害易损角度，我们选取了以下指标。值得一提的是作为区域的社会统计指标，个体指标也在一定程度上反映区域社会的整体结构。

　女性人员：女性从生理上来讲，要比男性体质弱，现代社会在不同职业领域，潜在的还存在着不公平的待遇；受中国传统思想的影响，女性在家庭和社会上的地位以及受教育程度都有不同程度的差距。有关研究显示，由于在灾害发生时，女性的抗灾救灾能力明显低于男性，是灾害易损的人群。

　60 岁以上人口：60 岁以上可视为老年人，由于身体机能开始退化，他们是社会的弱势群体，也是灾害损伤的主要群体。

　4 岁以下儿童：儿童与老年人的情况相当，生存能力弱小，也属于弱势群体，是灾害最易伤害的人群。

　城镇居民最低生活保障人数：城镇享受低保的人群也是这个地区中生存能力最弱的部分，所以人数越多说明该地区的整体生存能力越弱越易损。

　丧失劳动力人口：丧失劳动力人口是因为他们身体或者智力的缺陷使得他们在灾害发生时缺乏应对能力，也是灾害的弱势群体。

　流动人口：流动人口的动态性使得他们对灾害的关注缺乏警惕，灾害的发生偶然性较大，所以流动人口遇到的伤害可能性也就较大，而且多数情况下，他们在灾害中缺乏必要的帮助，所以他们可视为灾害的弱势群体。

（2）易损职业指数

职业是目前我国最能体现一个人的社会地位的因素，在灾害条件下，职业的不同最能体现人们能获取资源的能力。另外，职业的不同造成人们特殊的工作环境和作息时间，这个要素对于人们面临的风险大小有很大差异。不同的职业具有不同的特点，有些职业和灾害的关系十分密切，例如野外工作人员、采矿人员、流动人员等在灾害状态下的反应能力较其他人弱，因此也属于易损的人群。

采矿业人数：采矿业是属于高危行业，灾害对其威胁极大，而且一旦遇灾害发生，受到的损毁就是严重的。

交通运输业人数：交通的流动性最大，受到灾害的影响也就较为严重。

建筑业从业人员：建筑业很容易受到灾害的影响，而且是经常性的，从而造成的损失也是不可忽视的。

农业人口：农业人口的文化层次和信息量都比较有限，灾害发生时不能及时采取措施，从而造成易损。据有关研究表明，农业人口的生存能力相比非农业人口较弱，由于社会经济的发展水平限制，农业人口自身的条件提高受到很大的限制，所以，生存能力较弱就越易损。

2. 区域社会结构易损系统

社会结构是社会要素的组成和联系方式，是社会机制正常运行的保证，也是社会生活中最复杂的内容，社会结构是否合理对灾害的易损性造成直接影响。不同的社会结构对灾害的应对和采取的措施也是不尽相同的，合理的社会结构抵御自然灾害的能力较强，能够最大限度地减轻灾害的损失，而混乱的、不合理的社会结构则会放大灾害的作用，使其后果更加严重。

（1）经济发展指数

经济发展是一切社会生活的基础和保障。也是社会防灾、救灾、灾后恢复等灾害应急能力的一种体现。而且人们对灾害的认识和了解也会随着经济发展的差异而有所不同。经济基础较好、发展快的地区对灾害的重视程度要远远高于经济落后、发展缓慢的地区，往往在比较偏远贫困的地区，人们将灾害看成天灾，非人类所能左右，这样一来就会主观地扩大灾害的损毁结果。区域经济发展状况对灾害的影响是重要的，同样的灾害状况发生在不同的地区造成的影响和灾后的状况也是大不相同的①。

人均地区国民生产总值：是衡量一个地区社会经济发展的一个最为重要的综合指标，它反映了一个地区社会经济的发展水平和发展阶段，也是体现一个地区承受抵御自然灾害的能力以及灾后恢复重建的能力。

建城区面积比例：是衡量一个区域开发和建设成果的重要指标，它体现了人们的社会经济活动的强度和社会财富。

基础设施、生命线工程投资：基础设施是一个地区经济发展的重要基础，也是衡量经济发展的重要支柱。

第三产业生产总值：第三产业是朝阳产业，代表了较为先进的经济发展方向，第三产业的产值越大，这个地区的社会经济就越发达，人们的思想也会更加开放，增加对灾害的关注度。

区内路网密度：道路建设是经济发展的先决条件，道路通畅对于防灾减灾是非常重要的，也是紧急状态下社会保障的重要组成部分。

（2）社会资本指数

社会资本对于社会经济发展、强化社会网络关系、形成社会的自助互助，特别是灾害发生时的及时救助，具有积极的意义。

----

① 郭跃：《自然灾害的社会学分析》，《灾害学》2008 年第 2 期。

地方财政收入：反映区域社会的基本财政情况，如果这一指标越高说明社会资本越丰富，对灾害的抵抗能力越强，对灾害的反应速度提高的可能性越高。

农村居民人均收入：反映农村居民的收入水平，收入越高，在极端条件下，对灾害的抵抗性就会越强。

在岗职工人均收入：反映城镇居民的收入水平，收入越高，在极端条件下，对灾害的抵抗性就会越强。

城乡居民储蓄余额：反映了社会闲置的资本，城乡居民储蓄余额越多，表明社会民间资本充足，社会抵御灾害的能力较强。

（3）社会组织指数

社会组织是社会有效管理和运行的基础，也是社会和人们抵御自然灾害依赖的基础。组织健全、结构合理的社会可以确保社会物质流、信息流畅通，可以高效地防治和抵御自然灾害。

公共管理和社会组织人员：灾害状态下出现的混乱局面，需要有人进行管理和组织，更需要有人进行引导减灾救灾，从而减少灾害的损失。

人均公共事业财政支出：反映政府对基础设施的投资力度，也反映社区的抗灾能力。

城镇社区服务设施数量：是衡量一个城镇社会服务条件的指标，也是居民生存条件的一个重要方面。

（4）社会保障指数

社会保障是对社会成员特别是生活有特殊困难的人们的基本生活权利给予保障的社会安全制度，它对社会公平的维护和促进社会稳定发展具有重要意义。社会保障是体现社会结构状况的一个重要方面，也是社会文明进步的重要标志之一。灾害发生时，社会保障是社会的自我救助和自我恢复的基本保证。从社会救灾角度看，在设计社会保障指数时，我们考虑了社会福利收养单位、医疗卫生机构数和每万人的卫生技术人员等三个因素。

社会福利收养单位：反映区域弱势群体的救助条件和生活条件。

医疗卫生机构数：该项指标是灾害发生时救助能力的一个指标，也是重要的社会保障基础设施。

每万人的卫生技术人员：卫生技术人员是指在自然灾害发生时，对受伤人员的救护作用，该指标数量越大那么这种救护能力就越强，反之则越弱。

（5）社会安全指数

该指数主要反映社会的安全状况，保障灾害状态下人们能够安全地进行生产生活。包括社会治安状况、居民住房状况、家庭变异状况、人员就业状况等。

2人以下户数比例：根据社会互助理论，在一个单元内，成员数量越多得到的帮助也就越多，灾害发生时，家庭成员之间的相互帮助是至关重要的。

离婚率：家庭不和是一个重要的社会安全隐患，它是社会冲突的反应，离婚率给很多家庭造成伤害，而社会就是由很多家庭组成，所以离婚是影响社会安全的一个很重要问题。

城乡收入水平差异：城乡收入水平差异也是一个很明显的社会分层现象，人们的收入水平差异直接对人们的心态造成影响，如果心态发生偏差，就会使人误入歧途，从而威胁社会安全。

失业人口：失业人口是社会物质财富缺乏的群体，他们在灾害发生时亦属弱势群体，也是社会潜在的不安定因素。

危旧房面积：危旧房屋是灾害最容易损毁的建筑，包括年老未修的城镇建筑、危旧的居民楼房、木质结构房屋等。

万人刑事案件立案率：社会违法事件是直接影响社会安全的行为，尤其是在灾害状态下，人们更需要稳定安全的社会环境。

3. 区域文化易损系统

文化差异直接影响人们对待灾害的不同态度，从而产生不同的结果。文化的差异是人们接受教育以及民族信仰的不同造成的，也是人们长期经验积累的结果。本文所述文化主要包括社会的文明程度和灾害文化，文明程度是人们接受教育和文化发展的直接体现，灾害文化就是决定一个特定范围内的社会团体防灾和减灾水平的知识和各级社会组织所制定的规章制度、社会准则和措施①。

（1）社会文明指数

该类指标主要从社会和灾害的角度出发，文明程度也是依对灾害的影响而划分。人们对灾害的认识是随着社会的不断进步而逐步加深的，也是随着社会文明的程度而不断变化的。社会文明程度越高，对灾害的认识就越深，灾害的易损就越小。

大学学历人数比例：大学生代表着现代文明的前沿，也是现代文明的推动力量。

在校学生人数比例：在校学生人数是教育质量的一个衡量标准，从而也是社会文明的一个衡量标准。

文盲比例：识字率是社会科学文化的代表，只有识字才能更好掌握科学文化，也才能更好地推动社会的文明进程；相反，文盲则是社会文明的落后群体，他们属于文化的落后群体。

广播电视覆盖率：广播电视是社会文化宣传的一种方式，通过这些手段可以使得人们能了解更多的科学文化，从而推动社会文明进步，也是灾害知识的一个宣传途径。

（2）灾害文化指数

该项指数主要根据人们对灾害的了解和认识程度的不同而划分的，主要取决于人们对灾害的经历或者对灾害的认识。

单位职工人数：企业职工在企业的组织和管理下，文化素

---

① 王子平：《灾害社会学》，湖北人民出版社1998年版，第58页。

养、组织行为和灾害意识都会有一定提升。面对灾害时，企业的职工比一般社会成员的灾害应急能力要强。

灾害发生频率：在灾害发生频繁的地区，人们对灾害就很了解，知道怎样去防灾减灾；相反，如果从来没有遇到过灾害，那么灾害一旦发生，就会造成一种紧张的气氛，如果措施不当，后果就会很严重。

科普宣传投入：科普宣传主要是对人们进行科学的防灾、减灾和救灾知识的培训，使人们在灾害发生的时候采取正确的措施，从而减轻灾害的损毁程度。

少数民族人口比例：少数民族有自己的文化、传统以及生活方式，总体而言少数民族聚集的地方发展缓慢，对科学的接受也慢，而且很有限，所以，灾害发生时缺乏科学的措施和有力的社会保障，灾害中他们也是易损的。

灾害社会易损性评价指标体系揭示了社会潜在的损失状态，反映了灾害的社会本质和特征，也反映了人类社会自身条件对灾害的抵御能力、自救的能力、社会组织的应急能力、社会恢复正常的能力。社会易损性评价体系的建立，为评价不同地区灾害的社会易损性提供了参考工具，也为科学分析各地灾害的社会易损性原因及变化趋势、有针对性地制定政策措施提供了可靠的参考依据。

三　社会易损性评价的模型和计算

制定合理的自然灾害社会易损性评价模型，关系到评价结果的科学性和真实性，是社会易损性评价的关键环节。因此，建立模型要能选取合理的指标，并在权重上加以区分，层次分明，能反映社会易损性的综合特征；方法的选择要具有科学性和可操作性，能够反映社会易损性构成的复杂性、不确定性和信息不完备性的特征。

社会易损性评价模型的建立，要能够综合的反映其构成要素。从大的方面来看主要有，人口易损、社会结构易损和社会文化易损。人口易损性又包括，弱势群体、人口压力和易害职业。社会结构易损包括，经济、社会资本、社会组织、社会保障和社会安全几个要素。社会灾害文化包括，社会文明和灾害文化。因此，可以将社会易损性建立为要素复合的可加模型，对指标要素进行加权叠加，即

$$R = \sum_{i=1}^{n} Fi * Wi \qquad\qquad （式 9—1）$$

R 表示区域自然灾害社会易损性综合指数；

Fi 表示某地区第 i 指标的标准值；Wi 表示第 i 种指标的权重。

在运用社会易损性可加模型计算社会易损性值时，首先是进行指标的标准化处理：在获得每个指标的原始数据后，为统一评价标准（每个指标值在 0—1 之间），必须对具有不同量纲的原始数据进行标准化处理。将所有指标按照正向指标（即指标值越高社会易损性越大）与逆向指标（即指标值越高社会易损性越小）分别进行标准化处理。所采用的处理方法按照下面的公式进行：

F（正指标）＝（Fi － Fmin）／（Fmax － Fmin）

F（负指标）＝（Fmax － Fi）／（Fmax － Fmin）

式中：F——为归一化后的数据；Fi——为各指标的原始数据；

Fmin——为原始数据中最小值；Fmax——为原始数据中最大值。

然后，进行指标权重的计算：指标权重是反映各项指标、状态层及系统层对目标层的贡献程度的大小。构建多指标体系

的过程中权重的确定是一个不可回避的重要问题。常见的设计
权重的方法包括：数理统计法、专家打分法、经验权数法、模
糊统计法和层次分析法（AHP）等多种方法，这些方法各有优
劣。

　　再将自然灾害社会易损性各有效指标进行无量化处理后的标
准值和经过以上确定的各指标权重代入公式（9—1）中就可计
算出各状态层（即弱势群体指数、易害职业指数、经济发展指
数、社会资本指数、社会组织指数、社会保障指数、社会安全指
数、社会文明指数和灾害文化指数）的社会易损度；然后，根
据状态层与系统层之间的逻辑关系将状态指数合并，分别得出人
口易损性、社会结构易损性和社会文化易损性；最后再将人口易
损性、社会结构易损性和社会文化易损性进行加权合并，即得出
区域总的社会易损度。

参考文献：

Ann Varley, "The Exceptional and the Everyday: Vulnerability Analysis in
the International Decade for Natural Disaster Reduction", *Disasters, Development
and Environment*, ed. Ann Varley, Chichester: John Wiley & Sons Ltd, 1994,
pp. 1 – 14

F. C. Cuny, *Disasters and Development*, New York: Oxford University
Press, 1983.

郭跃：《灾害易损性研究的回顾与展望》，《灾害学》2005 年第 4 期。

梁芳：《地震的社会经济影响》，《灾害学》2006 年第 2 期。

赵卫权：《自然灾害社会易损性评价指标体系研究》，重庆师范大学硕
士学位论文，2008。

赵延东：《社会资本与灾后恢复——项自然灾害的社会学研究》，《社
会学研究》2007 年第 5 期。

赵晓燕、丰继林、路鹏等：《试论灾害文化在防灾减灾中的作用》，
《防灾科技学院学报》2008 年第 2 期。

第十章　国外灾害易损性评估及
易损性分析案例

目前，国际上针对区域自然灾害易损性评价主要从两个方面进行：一种是基于面临巨灾的区域或承灾体的易损性评估；另一种是基于社区的易损性评估。前者的易损性研究主要是为了评估巨灾来临时可能造成的损失，保险业和国际相关组织是主要的推动者。后者主要注重从日常过程中分析特定社区易损性的影响或决定因素，以便于采取相应的措施来阻止和减少灾害所产生的影响。国际社会针对灾害易损性评估主要由三种类型，分别包括：历史灾情数据评估、指标体系评估和灾损曲线评估。它们各有优劣，其中指标体系评估方法虽然在权重确定、指标选取及模型构造方面存在一些局限，但是在易损性定义和机制还没有真正清晰的情况下，该方法的应用最广泛。

目前从全球、区域、国家、地方、城市到社区等地域单元，都开发了定量评价易损性的指标体系如美国哥伦比亚大学环境研究所与美洲洲际银行合作开发的通用易损性指数（PVI），以及美国南卡罗尼纳大学所构建的社会易损性指数（SOVI）等。其中 PVI 和 SOVI 在社会易损性评价中得到了广泛的运用，

一　灾害通用易损性指数

灾害通用易损性指数是美国哥伦比亚大学环境研究所与

美洲洲际银行合作开发的灾害风险管理指标系统中的一个子系统。该系统代表了一个国家的易损性和风险管理状态。通用易损性指数是一个合成指标，它可以评价一个地区的灾害易损性状态，确定该地区主要易损性因素，提供了量度一个灾害事件的直接、间接及潜在影响的方法通用易损性指数所提供的信息，对于区域发展、住宅和城市建设、健康、环境保护、社会福利、经济规划、农业发展等方面都具有重要的意义。

通用易损性指数（PVI）是三个指数合成：PVI ＝（PVIES ＋ PVISF ＋ PVILR）／3，这些指数用来描述暴露、社会经济状况和恢复能力缺乏的程度。可以用来识别在大灾发生后，他们在社会、经济和环境等负面后果中的作用。这些指数每一个都是一组表示状况、原因和薄弱环节的指标构成。

物理暴露是风险存在的必要条件，也是易损性分析的前提，物理暴露指数（PVIES）的包含的指标是易受影响的人口、财产、投资、生产、人类活动和历史古迹等如表 10—1 所示

表 10—1　　　　　　　　物理暴露指数的指标

描述	指标	权重
人口增长（平均年增长率）	ES1	W1
城市增长（平均年增长率）	ES2	W2
人口密度	ES3	W3
每天收入低于 1 美元的贫困人口	ES4	W4
资本（百万美元/km^2）	ES5	W5
货物进出口与服务占 GDP 比重	ES6	W6
总国内固定投资占 GDP 比重	ES7	W7
耕地占总土地面积比重	ES8	W8

社会经济易损性（PVISF），可以用贫穷、个人安全的缺乏、文盲、收入不平等、失业、通货膨胀、债务、环境恶化等指标来反映（表10—2）。这些指标反映了一个国家或地区的弱点，它加重了危险事件的直接后果。即使这些影响不是累积的，它们也会对社会和经济水平产生重要影响。

表 10—2　　　　　社会经济易损性的指标

描述	指标	权重
人类贫困指数	SF1	W1
受赡养人口与工作年龄人口的比重	SF2	W2
基尼系数	SF3	W3
失业人口占总劳动人口比重	SF4	W4
食物价格年增长率	SF5	W5
农业与 GDP 增长的相关性	SF6	W6
债务占 GDP 的比重	SF7	W7
人文因素引起的土地退化	SF8	W8

恢复能力的缺乏程度（PVILR），可以用人类发展、人类资产、经济再分配、管理、财政保护、社区灾害意识、对危机状况的准备内程度、环境保护这些指标来反映，这些指标反映了灾后恢复、或消化吸收灾害影响的能力（如表10—3）。

表 10—3　　　　　恢复能力指数的指标

描述	指标	权重
人口发展指数	LR1	W1
性别相关的发展指数	LR2	W2
养老、健康、教育占 GDP 的比重	LR3	W3

描述	指标	权重
协同管理指数	LR4	W4
设施和房屋保险占 GDP 比重	LR5	W5
每千人拥有电视机台数	LR6	W6
每千人医院床位数	LR7	W7
环境可持续能力指数	LR8	W8

总体来说，通用易损性指数所反映的包括人和物质的物理暴露程度而产生的易损性，容易产生间接和潜在影响的社会经济易损性以及消化吸收结果能力的缺乏。这些因子是人类可持续发展过程和减灾目标政策的目标。

二　灾害风险指数系统（DRI）中的易损性指标

灾害风险指数系统（DRI）是联合国发展规划署研制的全球尺度的国家人类易损性评价指标系统。该灾害风险评价模型认为，灾害风险是由致灾因子、物理暴露和易损性共同确定的[1]。即：

$$R = H \cdot Pop \cdot Vul \tag{式10—1}$$

式中，R 为风险（死亡人数），H 为致灾因子，依赖于给定灾害的频率和强度；Pop 为物理暴露区的人口数量，Vul 为易损性，依赖于社会、政治、经济状态。

灾害风险指数系统从经济、经济活动类型、环境质量和依赖性、人口、健康和卫生条件、早期预警能力、教育、发展等 8 个方面刻画易损性，共列举了 25 个变量（如表 10—4）。

---

[1]　UNDP：Reducing disaster risks：a challenge for development，John S. S wift Co.；USA. 2004.

表 10—4　　　　　　　　　　　易损性指标

易损性分类	指标	干旱	洪水/地震/台风
经济	按购买力评价的人均 GDP	×	×
	人类贫困指数	×	
	偿还债务总量		×
	通货膨胀、食品价格		×
	失业率		×
经济活动类型	耕地		×
	永久种植谷物的可耕地比重		×
	城市人口比例		×
	农业占 GDP 的百分比	×	
	农业劳动力百分比	×	
环境属性和质量	森林和林地的覆盖率		×
	人为原因引起的土壤退化	×	×
人口	人口增长		×
	城市增长		×
	人口密度		×
	老年抚养比		×
健康和卫生	拥有获得改善的供水条件的人口比例	×	
	每千人拥有医生人数		×
	医院床位数		×
	人的预期寿命		×
	5 岁以下幼儿死亡率	×	

续表

易损性分类	指标	干旱	洪水/地震/台风
早期预警能力	每千人收音机拥有量		×
教育	文盲率		×
发展	人类发展指数	×	×

　　在灾害风险指数系统中，只设计了干旱、洪水、地震、台风四种致灾因子，采用多元回归模型，来检验每一种致灾因子的可见风险的社会、经济和环境指标，共计 27 个变量。对于干旱灾害来说，涉及 8 个社会经济和环境指标，对于洪水、地震、台风灾害来说，则涉及 19 个社会经济和环境指标。

三　美国社会易损性指数（SoVI）

　　社会易损性指数是以社会经济和人口统计数据为基础构建的自然灾害社会易损性指数，它是美国南卡罗尼纳大学的苏珊·卡特研究团队在对美国各县进行灾害社会易损性评估的过程中提出的，方法是用因子分析法将众多的变量被转换成少量的独立因素，然后将这些因素放在一个可加模型计算出一个总的评价，即社会易损性指数。[①]

　　社会易损性指数（SoVI）是每个县的总社会易损性得一个相对量度。在量度中，每个因素都被认为对县的总社会易损性有同等的影响程度。即所有的因素被测量，以便于正向价值指标定义高水平的易损性；负向的价值指标降低或减少总的易损性。

---

　　①　Susan Cutter: Social Vulnerability to Envenronmental Hazards: Sowal Science Quarterly, 84（2），2003.

在这种情况下这些影响是模棱两可的（包括增加和减少易损性），社会易损性指数的计算就是所有因素分值的求和。

在调查美国自然灾害的社会易损性得过程中，最初收集了美国 3141 个县有关社会经济和人口的 250 个变量，但是对这些变量进行多重共线性测试和标准化处理以后，留下 42 个独立变量用于统计分析（表 10—5）。运用因子分析法，即主成分分析技术减少了分析的变量数据，最终产生了 11 个影响因子，它们包含了所有变量的 76.4% 的信息（表 10—6）。

表 10—5　　　　　　社会经济变量和描述

变量序号	变量名称	变量描述
1	MED – AGE90	中位年龄，1990
2	PERCAP89	每人年收入，1989
3	MVALOO90	自有住房中间价，1990
4	MEDRENT90	租房位中租金，1990
5	PHYSICN90	每 10 万人医生数量，1990
6	PCTVOTE92	执政党选票支持百分比，1992
7	BRATE90	出生率，1990
8	MIGRA – 97	净国际移民 1990—1997
9	PCTFARMS92	农地占土地面积的百分比，1992
10	PCTBLACK90	非裔美国人的百分比，1990
11	PCTINDIAN90	土著美国人的百分比，1990
12	PCTASIAN90	亚裔美国人的百分比，1990
13	PCTHISPAMIC90	西班牙裔美国人的百分比，1990
14	PCTKIDS90	5 岁以下儿童的百分比，1990
15	PCTOLD90	65 岁以上老人的百分比，1990
16	PCTVLUN91	失业劳动力的百分比，1991

续表

变量序号	变量名称	变量描述
17	AVGPERHH	每家庭平均人口数，1990
18	AVGPERHHPCTHH 7589	家庭收入超 7.5 万美元的百分比，1989
19	PCTPOV90	贫困人口百分比，1990
20	PCTRENTER90	租房的百分比，1990
21	PCTRFRM90	农村人口的百分比，1990
22	DEBREV92	地方政府债务/税收的比率
23	PCTMOBL90	移动式房屋的百分比，1990
24	PCTNOHS90	25 岁以上没有高等学历百分比，1990
25	HODENUT90	单位面积的房屋单元数，1990
26	HUPTDEN90	单位面积每个新建筑项目的住房数，1990
27	MAESDEN92	单位面积制造业机构数，1992
28	EARNDEN90	单位面积的产值
29	COMDEVDN92	单位面积商业机构数，1992
30	RPROPDEN92	单位面积所有财产和农产品产值，1992
31	CVBRPC91	劳动力人口百分比，1991
32	FEMLBR90	女性劳动力人口百分比，1990
33	AGRIPC90	第一产业就业人口比例，1990
34	TRANPC90	交通、通信和公共服务就业人口比例，1990
35	SERVPC90	服务业就业人口比例，1991
36	NRRESPC91	养老院居住人口比例，1990

变量序号	变量名称	变量描述
37	HOSPTPC91	单位人口的社区医院数，1991
38	PCCHGPOP90	人口变化率，1980—1990
39	PCTURB90	城市人口比例，1990
40	PCTFEM90	女性人口比例，1990
41	PCTF - HH90	单亲家庭的比例，1990
42	SSBENPC90	单位人口社会安全救助数，1990

表 10—6　　　　社会易损性的维度

因素	名称	占变量的百分比	优势变量
1	个人财富	12.4	每人年收入
2	年龄	11.9	中位年龄
3	建筑环境的密度	11.2	单位面积商业机构数
4	单一部门的经济依赖性	8.6	采掘业的员工比例
5	房屋设施和租赁	7.0	移动式住房单元数
6	种族：非裔美国人	6.9	非裔美国人的比例
7	少数民族：西班牙裔美国人	4.2	西班牙裔美国人的比例
8	少数民族：土著美国人	4.1	土著美国人的比例
9	种族：亚裔美国人	3.9	亚裔美国人的比例
10	职业	3.2	服务业就业人员的比例
11	基础设施的依赖性	2.9	公共设施、交通和通信业就业比例

　　个人财富：是以每人平均收入，家庭收入每年超过75000美元的比例，房价中间价，平均租金为标准的。缺乏财富是社会易损性最主要的因素。财富能使社区更快的从损失中恢复，但是它也意味着首先可能会有更多的物质商品风险。

　　年龄：孩子和老年人是受灾害影响最为突出的两组人口。在社区中大量的孩子和高出生率在某种意义上增加了社会负担。另一方面，中间年龄的人的社会负担较小。超过65岁的人口比例和接受社会社会福利保障的比例来测定老年人口，他们对易损性的影响是正向的。

　　建筑环境的密度：用来描述建筑环境的发展程度。这是通过测量制造业和商业设施，房屋单元和新建房屋许可的密度来定的，这个因素突出了那些在灾害事件中将有重大设施损失的县的情况。

　　单一部门的经济依赖性：强烈依赖某个经济部门获得收入的经济模式会形成地区经济的易损性。在繁荣的全盛期，收入水平很高，但是当工业面临困境或者是被自然灾害影响时，这种恢复可能要花费很长时间，石油业的发展，渔业或者是以旅游业为基础的沿海地区的经济的兴旺和破产就是很好的例子。农业也无例外，并也可能或者依赖气候有更多的变化。天气有任何的变化或者水文气象学的灾害的增加，比如洪水、干旱或是冰雹，这些影响每年的甚至是十年间的收入以及可持续发展的资源基础。这个因素包含了农村农民人口的百分比和采掘业的员工比例。

　　房屋设施和租赁：房屋的质量和所属关系是易损性的重要组成部分。其中占支配地位的变量包括移动式房屋，房屋租赁人以及城市生活水平。在这个因素中自然的房屋设施（移动房屋）和房子原本的拥有者（房东）以及地理位置结合起来描述社会易损性。来自毁坏住宅而受影响的人群的流离失所城市的可能性比农村大得多，但是移动式房屋的破坏，农村地区要大于城市。

种族：对社会易损性的影响表现为缺乏足够的资源。文化差异以及社会、经济和政治的边缘化，这些常常是和种族不平等联系在一起的。这个因素也和女性当家的家庭的比例有很大联系，任何县在最容易受伤害的群体中非洲裔美国人与女性当家的家庭有很高的比例。这个因素定义了其他的种族群体即亚洲人。

少数民族：像种族一样，少数民族毫无疑问也是一个对易损性有影响的因素。这个因素更多的是和西班牙人和美国土著人相关。

职业：理论上，职业是易损性是一个重要维度。事实上这个因素主要指低工资的服务业，比如个人服务。可能正如预期的那样，这些严重依赖于这种服务业的地区可能会遭受自然灾害的更为严重的影响和从灾难中的恢复也将更为艰巨。

基础设施的依赖性：这个因素是一个混合因素，高度加载两个独立的指标，即巨大债务/税收的比率、公共设施和其他基础设施（交通和通信）就业比例。一个县域经济的活力和税收的能力是它将资源转化为减灾救灾能力的指示器。具有高债务/税收比率和主要依赖基础设施就业的这些县很难分配资源用于灾害的恢复，这会影响它们从灾害中成功恢复的能力。

美国自然灾害社会易损性调查表明（图10—1），美国县的大多数存在中等程度的社会易损性。社会易损性指数的范围从9.6（低社会易损性）到49.51（高社会易损性），而美国所有县的易损性平均值为1.54。灾害社会最易损的县位于美国的南半部，从佛罗里达南部延伸到加利福尼亚边界，这一区域有严重的种族和民族的不平等以及很高的人口增长。最低易损性的县聚集在新英格兰，沿着阿巴拉契亚山的东部斜坡，从弗吉尼亚州到卡罗尼纳北部和五大湖地区。较低社会易损性都与均匀的市郊、财富、白种人以及高程度教育特性相关。

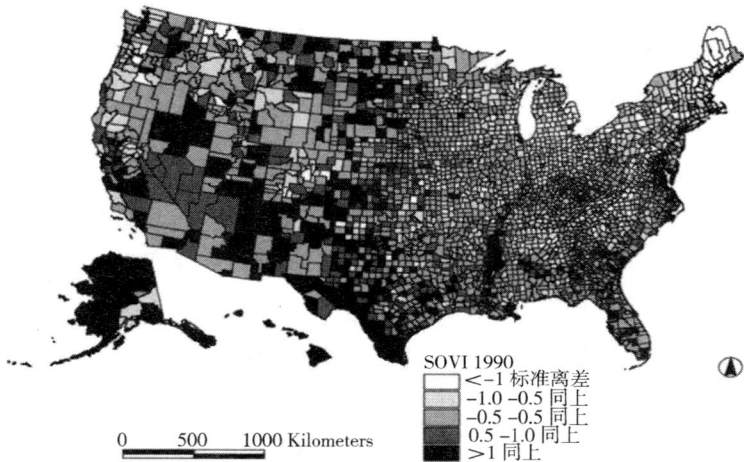

图 10—1　美国自然灾害社会易损性评价图

四　斯里兰卡飓风易损性分析

自然灾害易损性既是灾害损失的评价，也是灾害发生的社会分析方法。这里作为一个案例研究，分析"21 号热带气旋"对斯里兰卡的影响，着手检验社会经济条件和破坏或损坏住宅的关系，人口密度和灾害损失之间的关系①。

（一）21 号热带气旋

1978 年 11 月 17 日起源于孟加拉湾南部的热带风暴：21 号热带气旋一路向西移动，在 11 月 20 日的时候，它被分类为严重的飓风，保持着超过 64 节的持续风速，在 11 月 23 日上午 5 点 30

---

① James Lewis, The Nature of Vulnerability: London: Intermediate Technology Publicatiens Ltd, 1999.

分，通过了位于巴提卡洛阿斯里兰卡的东部海岸线，它向西北移动并且减弱为热带风暴，它继续通过马纳尔湾，在 11 月 24 日进入印度南部，并且在阿拉伯海进一步减弱至结束。

在斯里兰卡，巴提卡洛阿的气候站被破坏之前，持续风速被记录达到 80 节（92 英里/小时），但是基于在科伦坡天文台的卫星信息该风速被估计达到 125 英里/小时。24 小时内（11 月 23 日—24 日）巴提卡洛阿被记录的降雨量达到 12 英寸，达到 17 英寸更大的降雨量被记录位于中央高地，它是由气候形成的外围的西南风在中央高地沉积降雨所形成的。因此，严重的山洪暴发就在许多地方发生，包括努瓦拉埃利亚、拉特纳普勒和阿维萨维拉。

总之，该国家的三分之二地区可能都受到严重的影响，或者直接受飓风影响，或者间接受严重的洪水影响，或者受两者的影响。来自政府和政府间机构的报告和报纸报道必然对灾害的总体影响重视不够，其主要关注于城市中心，那儿可能物理损失最严重，而且是他们自身的交流中心。

由飓风所引起的损失独自覆盖了整个巴提卡洛阿和波罗那露瓦、安帕赖、阿奴拉达普勒、马特莱的部分区域。整个面积大约占斯里兰卡的 20%，居住着该国总人口的大概 7%。被报道的受飓风和洪水影响的介于 80 万到 100 万之间的这个人口数量是该国人口的另一个 7%。

（二）灾害的房屋损失

灾害管理的第一责任是受灾害影响的当地政府。当地政府管理和区域人口只能承担本地灾害责任。当灾害恢复超过当地资源时，当地政府管理就要依赖于中央政府。而依靠中央政府的能力也超过国家的能力时，如该案例这种大尺度的灾害时，中央政府自身或许也要变得依赖灾害援助的外部资源。

斯里兰卡被分为 22 个地区，每一个区由秘书处所管理，为一个政府代理人（GA）所领导。每一个地区域被细分为许多分区，直接由助理政府代理（AGA）管理。每一个助理政府代理（AGA）分区又被进一步地细分为大量的小区，包括 1 个或者更多的村落，每个村由一个村长所代表。

在这 4 个灾害损失严重地区中的 14 个损失分区的一个重要特征就是乡村人口比例较高（表 10—7），而且分区中没有城市区域的乡村人口密度在许多案例中比分区中有城市区域的乡村人口密度更高。

表 10—7　　　灾害地区和分区的人口和密度　　　（人/平方英里）

地区	分区	市区数	城市总人口（1971）	村落数（个）	乡村总人口（1977）	面积（平方英里）	乡村人口密度（人/平方英里）	总人口（城市/乡村）	总体密度（人/平方英里）
巴提卡洛阿	B1	—	—	26	33984	17.42	1950.9	—	
	B2	—	—	102	38315	112.5	340.6	—	
	B3	—	—	109	13306	107.26	124.1	—	
	B4	2	52549	36	24963	27.4	911.1	77512	2829.0
	B5	1	16959	95	30432	227.125	134.0	47391	208.0
	B6	—	—	185	54979	298.0	184.0	—	
	B7	—	—	93	9295	161.875	57.4	—	
波罗那露瓦	P1	1	9684	82	38266	580.29	66.0	47950	82.0
	P2	—	—	31	21611	141.27	153.0	—	
	P3	—	—	35	32690	151.25	216.0	—	
	P4	1	6603	57	35984	449.0	163.6	42587	178.0
	P5	—	—	52	37464		—		

续表

地区	分区	市区数	城市总人口（1971）	村落数（个）	乡村总人口（1977）	面积（平方英里）	乡村人口密度（人/平方英里）	总人口（城市/乡村）	总体密度（人/平方英里）
安帕赖	A1	1	19180	16	37511	8.5	4413.1	6691	787.2
马特莱	M1	1	3147	73	30163	169.0	178.5	33310	197.0
总计			108122	992	438963	2450.89	—	305441	—

　　在所有的分区中，房屋破坏的总数量和分区之和的房屋损害（表10—8），超过了整个住宅的数量，比任何误差范围更大。损坏的数字超过了房屋单元的总和。每个人涉及住房单元数字和国家平均家庭大小是密切相关的，所以被假定是精确的。由于在收集过程中缺乏管理，所以住房被损坏和破坏的数量被一贯地评价过高或夸大。虽然分析不是可靠的，但是破坏的房屋数量已经被使用来比较人口密度和社会经济指标。

表 10—8　　　　　　地区和分区破坏和损坏的房屋单元

地区	分区	面积（平方英里）	房屋单元数量总和	房屋密度（房屋单元/平方英里）	城市房屋单元（1971）	乡村房屋单元（1978）	破坏的房屋单元		损坏的房屋单元	
							房屋数量	占总房屋单元的百分比（%）	房屋单元	占总房屋单元的百分比（%）
巴	B1	17.42	6019	345.5	—	6019	4812	80.0	2768	46.0
	B2	112.5	6928	61.6	—	6928	3347	48.3	7444	100

续表

地区	分区	面积（平方英里）	房屋单元数量总和	房屋密度（房屋单元/平方英里）	城市房屋单元（1971）	乡村房屋单元（1978）	破坏的房屋单元		损坏的房屋单元	
							房屋数量	占总房屋单元的百分比（%）	房屋单元	占总房屋单元的百分比（%）
提卡洛阿	B3	107.26	2282	21.3	—	2282	2605	100	834	36.5
	B4	27.4	10779	393.4	6233	4546	5128	47.6	11905	100
	B5	227.125	11737	51.7	7265	4472	9983	85.1	4033	34.4
	B6	298.0	10412	34.0	—	10412	8744	84.0	3719	35.7
	B7	161.875	1809	11.2	—	1809	1792	99.0	615	34.0
波罗那露瓦	P1	580.29	8802	15.2	1516	7286	12887	100	6625	75.3
	P2	141.27	3610	25.6	—	3610	867	24.0	3687	100
	P3	151.25	4874	32.2	—	4874	5150	100	2322	47.6
	P4	449.0	7038	30.2	1273	5765	3000	42.6	6240	88.6
	P5		6536		—	6536	863	13.2	4500	68.8
安帕赖	A1	8.5	10332	1215.5	3473	6859	465	4.5	12015	100
马特莱	M1	169.0	6048	35.8	610	5438	1064	17.6	5903	97.6

（三）斯里兰卡案例的社会易损性分析

在 1978 年 11 月飓风发生后的 6 个月里，为了评估灾害损失分布和社会经济指标之间的关系，首先要求确定区域管理的当地单元，在此社会经济指标指数和灾害损失数据都是可获取的。

因为一些区域的部分被影响和因为仅仅只有两个全部区域被涉及，在地区层面上的数据对于做出任何现实的比较是不充分的。灾害损失的记录已经有一些详细的说明，为了报告给位于科伦坡的中央政府，这些记录被准备基于村长和助理政府代理（AGAs）轮流收集的信息，而且由每一个区的政府代理人（GA）所整理。书面形式上地区可获得的灾害损失数据最小的单元是助理政府代理（AGA）区域（表10—7和表10—8）。

可以作为助理政府代理（AGA）分区社会经济指标的统计资料是基本乡村统计调查（BVSS）在1977年做出的结果。这些调查给出的数字包括：

·年龄和性别的人口
·主要职业的人口
·教育地位和性别的失业人口
·房屋单元家庭的分布，有电村落的数量，乡村数目总数
·土地利用
·土地拥有权家庭的分布
·村民具有打渔技能的数量
·牲畜和家禽的分布
·工业的分布
·家庭手工业类型机构的数目
·家庭手工业类型房屋单元的数量

机动车辆和拖拉机登记的数字仅仅通过地区获得；收音机的登记数字，如果更可靠的话，是通过邮局整理而得的，它的位置和政府代理人（GA）或者助理政府代理（AGA）管理是不相关的，而且登记能够由居住在另一个区的这个区域的邮局所统计；所有的健康统计资料是基于健康管理区域的，它是和助理政府代理（AGA）区域或分区所不同的，尽管考虑到了，但也和灾害

损失信息是不相容的。

　　记录社会经济措施和疟疾发生率之间明显的直接关系是有用的。因为该统计资料被正常地作为抗疟项目的工作。进一步的研究和分析是必要的，疟疾发病率分布数据有可能成为社会发展的经济指标。

　　一些关于农业生产量和农民收入花费的数字是可获取的，但是仅仅对于区域来说，被准备的其他数字和受飓风影响的区域是不相关的。对于区域的电话储备没有官方的数字，但是每一助理政府代理（AGA）地区的数量信息是从电话目录中提取的。这是被用来在国际水平上作为财富非货币指标的唯一信息，它在助理政府代理地区的地方层面上也是可用的。

　　从乡村水平调查统计资料中，每一个助理政府代理地区是可得的，一些是无用的或者作为财富指标是不合适的。人口数据、房屋单元的分布、村落总数是基础数据；家庭平均住宅单元作为财富指标是不可靠的，因为没有更多的关于社会标准的信息；土地利用的数据是不可得的；打鱼技能的数目对于沿海区域可能具有重要意义，但整体上却没有代表性；工业自身的分布被认为是没什么价值，而且没有其他的关于受雇佣人和其来自哪一个助理政府代理地区的信息，家庭手工业机构也是如此；由于文化的约束其没有代表性，所以猪的数量和每个人牛的数量被省略掉，但是家禽、山羊和水牛的数量被采用——拖拉机使用的数量是非常低的，所以水牛的拥有权作为财富的一项指标是有重大意义的。

　　最终选取的指标是：

　　·每一雇佣人口失业的比例，如15—54岁加上超过55岁的人群（UE）。

　　·无土地家庭的百分比（LA）。

　　·土地家庭加上土地少于半英亩家庭的百分比（LH）。

· 每人家禽的数量（PO）。

· 每人山羊的数量（GO）。

· 每人水牛的数量（BU）

· 有电村落的百分比（显示了每户村落支付电的整体能力）（EL）。

· 每个地区电话的数量（显示了一项单独的支付能力）（TE）。

被选取的指标和对于巴提卡洛阿地区乡村区域它们相应值体现在表10—9中。

表10—9 　　　巴提卡洛阿地区乡村区域被选取的指标

	1	2	3	4	5	6	7	8
分区	UE	LA	LH	PO	GO	BU	EL	TE
B1	17.64	14.20	81.98	0.85	0.13	0.11	26.92	16
B2	4.50	22.42	30.38	0.69	0.31	0.44	2.94	4
B3	24.08	32.63	43.41	1.36	0.99	0.38	0.92	1
B4	14.97	13.22	85.46	1.72	0.16	0.002	30.95	52
B5	12.95	22.36	56.67	1.17	·0.16	0.19	9.47	34
B6	7.38	22.93	74.05	1.43	0.50	0.34	4.86	27
B7	19.96	41.06	62.65	1.29	0.45	0.20	1.08	1

表10—10 　　　　　选取指标相关矩阵

	UE	LA	LH	PO	GO	BU	EL	TE
UE	1.0000	0.3900	0.1644	0.3226	0.4393	−0.3138	0.0679	−0.2429
LA	0.3900	1.0000	−0.4506	0.0748	0.6523	0.4459	−0.8204	−0.6893

	UE	LA	LH	PO	GO	BU	EL	TE
LH	0.1644	-0.4506	1.0000	0.4996	-0.4489	-0.8215	0.7525	0.6468
PC	0.3226	0.0748	0.4996	1.0000	0.2284	-0.4145	0.1835	0.5561
GO	0.4393	0.6523	-0.4489	0.2284	1.0000	0.6175	-0.6545	-0.5660
BU	-0.3138	0.4459	-0.8215	-0.4145	0.6175	1.0000	-0.8402	-0.6695
EL	0.0679	-0.8204	0.7525	0.1835	-0.6545	-0.8402	1.0000	0.6903
TE	-0.2429	-0.6893	0.6468	0.5561	-0.5660	-0.6695	0.6903	1.0000

　　由于指标没有同等重要的意义，在每个区域指标值被计算成一个单一的指标因素之前，一些加权是必要的。一个计算机程序用来确定相关矩阵，所以最具代表性的指标被运用到表10—9中。相关输出和相关矩阵在表10—10中所给定，在8个选取指标中最大的相关是村落用电的百分比（EL）和每个地区电话的数量（TE），但是甚至这些在0.05水平上都不是显著的。

　　巴提卡洛阿和波隆纳鲁沃地区中的12个分区，其被飓风轨迹穿过或很近地接近过，已经被用来作为分析和比较的基础，除了两个邻近的地区：位于安帕赖地区沿海的卡尔穆奈和内陆马特莱地区的丹布勒。

　　从政府代理能获得的每一个助理政府代理地区的数据是死亡的数量、房屋破坏的数量和房屋损害的数量，仅仅对于巴提卡洛阿地区，还有破坏和损害纺织中心和手摇纺织机的数量。房屋破坏的数量和房屋损害的数量是所有区域共同的两类。

　　当然，损失无论在部门范围还是地理范围上都是广泛的。除了损害的房屋之外，还有农业、渔业、工业和基础设施的损坏。房屋破坏的数量是从可获取的数据选取而来，不仅作为它自己部门损失的一个重要方面，而且对于所有区域和分区都是有代表性的，所以它自身就被采用来作为一贯的整体损失的一项指标。

（1）房屋单元密度

乍看之下，图 10—2 和图 10—3 显示出损坏的房屋单元数量或百分比和房屋单元密度之间几乎没有正相关关系，实际上，有一个负相关关系的趋势。两个图使最高密度的 A1 和 B4 相关，下一个高密度单元联系着下一个低破坏的房屋单元数量和百分比。这些地区间包含着非常高的人口和以高房屋单元密度为特征，并且两者都包括城市或市区。

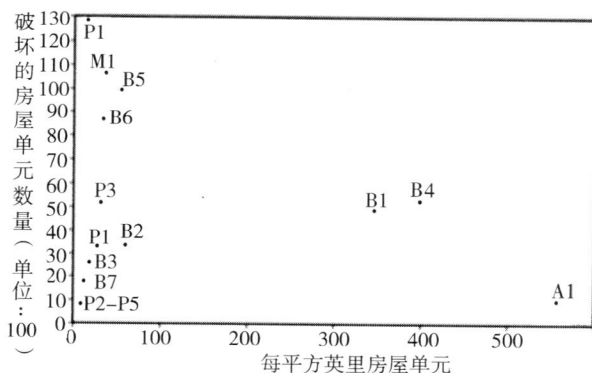

图 10—2　破坏的房屋单元数量和房屋单元密度

当所有包含城市区域的地区被按它们自己的所采取，密度和破坏两者之间有一个很强的负相关关系。在低密度区域 P1、M1、B5 有最高的破坏，在高密度 A1 和 B4 区域破坏最低。在同一直线上的负值，B1 是在人口密集沿海地带 A1 和 B4 之间的高密度非都市地区（图 10—3）。B1 的人口密度比包含城市区域的 4 个地区更高。最后，B2 和 P3 也是高密度非都市区域，是在负值线的外面，这两者互相是相同的关系。显而易见，P3 破坏最高，密度更低；B2 破坏最低，密度更高。

当飓风移动到内陆时，它缓和了，而且风速减小。因此最大

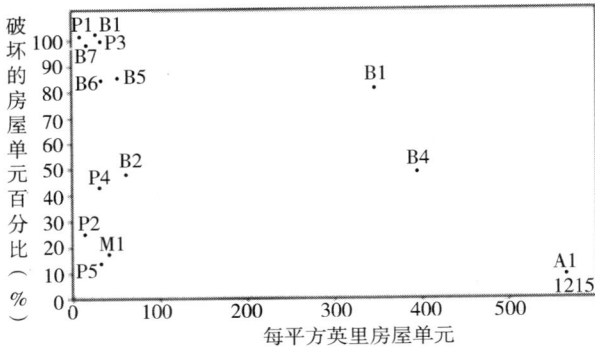

图 10—3 破坏的房屋单元百分比和房屋单元密度

的风速是在沿海，这些区域是人口最集中的区域。高人口密度的3个沿海地区，A1 和 B4 显示了仅仅中到低的房屋破坏百分比，其他地区的房屋破坏更高的百分比（B3、B7、P1、P3、B5 和 B6）。

在 B2、P4、P2、M1 和 P5 地区，低密度区域有低破坏百分比。在这最后的低密度群中，飓风强度的环境因素呈现出取代密度因素。所有的地区位于内陆，具有最高百分比的 B2 最靠近沿海。另一方面，具有高密度和低房屋破坏百分比 A1 的重要性取决于它离飓风轨迹的高密度中心的距离。在非常高密度的地区，非常低密度的地区无论在数量还是百分比上其房屋破坏的层次也是最低的。房屋单元破坏最高的数量是中等密度 M1、B5 和 B6地区（表 10—8）。

正如所预料的，房屋单元损害和破坏在低密度区域是最低的。然而，更令人惊讶的是高密度区域也提供了一些相当大的保护。然而，在这次飓风中，高密度区域是在沿海地带，其本来应该受到最高飓风强度的影响。高密度区域提供的保护取代了飓风强度的环境因素，而避免低密度区域遭受高破坏数量和百分比的

"保护"却没有。强度克服了低密度"保护"。

P1、M1、B5、B6和P3、P4这些地区被认为是显著的，它们有最高的，或者高房屋单元破坏数量位于最高飓风风速强度线上。随着海岸线的交叉，内陆飓风风速能比得上经过外围地区的飓风风速，例如，P1的强度将接近于B7和B3的强度。然而没有充分的风速测量点提供足够的数据来绘制飓风强度的等值线。少数的风速计在飓风达到最大强度之前其中的一些就被飓风破坏了；观测损坏情况就被使用来成为建立飓风强度的一种方法。因此，最高破坏尺度P1、M1和B5的存在不取决于或不仅仅取决于飓风强度。

（2）社会经济指标TE电话的数量

房屋单元破坏数量（图10—4）电话数量的比较呈现出相矛盾的正相关和负相关关系。从6个低密度，低电话数量区域群来看，有4个多有明确的正相关关系的迹象。电话数量指标越高，破坏的房屋单元数量就越高。在一定程度上它或许可以通过不明确但是电话数量和房屋单元总和之间完全正相关的关系来被简单地解释（图10—4）：但是正相关关系最高值M1和B5是两个包

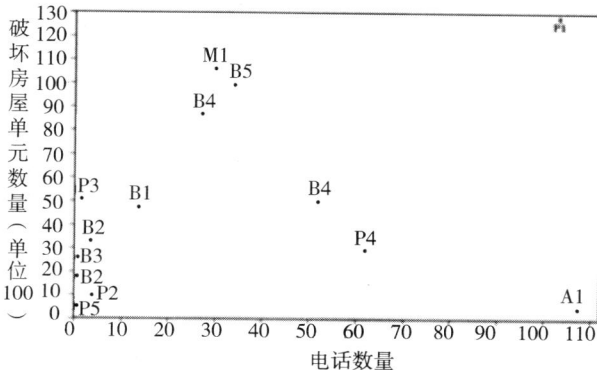

图10—4　电话数量和破坏的房屋单元数量

含城市区域密度最低的地区，之后所有剩余值是和城市内容相似的，显示出负相关关系。在之后的一组中，最高的社会经济指标具有最低的房屋破坏。低密度区域随着电话数量的增多呈现出房屋破坏的增加，高密度区域随着电话数量的增加呈现出房屋破坏的减少。最高破坏的地区其电话数量值处于中间地区。P1 的孤立是令人费解的。

飓风强度的环境因素对于 6 个低密度区域群的关系或许是显著的，但不再是显著超出。环境因素或许在低电话数量、低损失地区具有支配作用。电话数量和破坏房屋单元的百分比之间的相互关系呈现出或正相关或负相关的关系（图 10—5）。

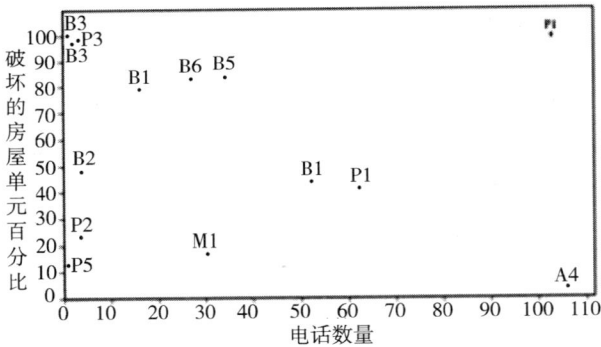

图 10—5　电话数量和破坏的房屋单元百分比

在图 10—6 中，电话数量和房屋单元总数是正相关的。最高房屋单元数量的地区具有更高的社会经济指标。因此，房屋单元密度自身，能更明确地解释其和房屋单元破坏的关系，对于低或高密度地区来说成为更加明显的关键指标。然而，为什么高密度地区却遭受低百分比破坏，可能是由于较高质量建设方面的原因，换言之就是社会经济措施方面。建筑物之间也互相保护。房屋单元密度和社会经济指标相近的兼容性能够被简单地解释，但

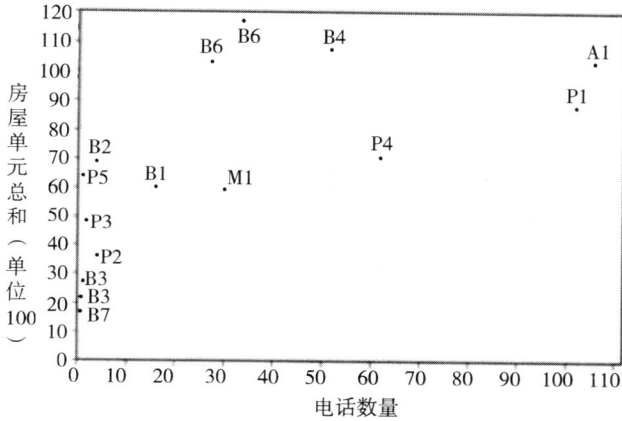

图 10—6　电话数量和房屋单元数量总和

不能被搪塞。

　　分区面积和破坏房屋单元的百分比之间关系的研究（图
10—7）显示出两组负相关关系值。每一组显示出最低面积的地
区其呈现高百分比的房屋破坏单元。在这种情况下，根据密度这

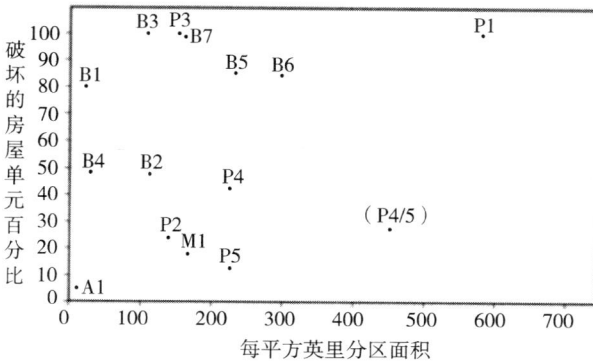

图 10—7　分区面积和破坏的房屋单元百分比

两组不是可分的,每一组都包含着高和低密度面积。然而,房屋
破坏单元最高百分比的这组包含着 5 个最高飓风强度地区。如果
这种分组能够被接受作为显著的,那么房屋单元破坏的高百分比
和小分区面积之间就有密切的关系。最小的面积遭受更大的破坏
比例。

飓风造成的死亡数（图 10—8）通过地区是可获得的,仅仅
在巴提卡洛阿、安帕赖和马特莱地区中。此外,最高密度地区
B1、B2、B4 和 A1 之间,有一个很明确的负相关关系。人口密
度越高,生命损失越低。死亡数和电话数量之间并没有明确的正
相关或负相关关系。

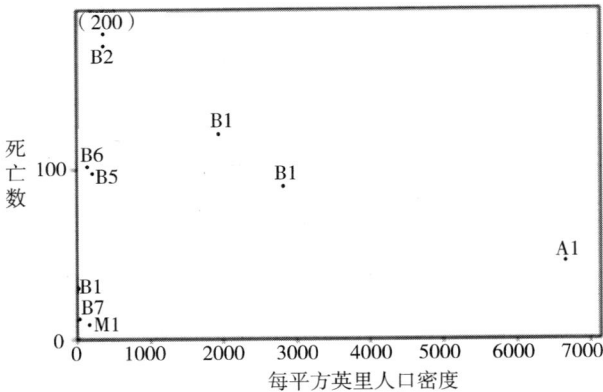

图 10—8　死亡人数和人口密度

（四）易损性分析的结论

从这些分析中得出的结论和建议概要如下：虽然社会经济指
标（TE）和破坏房屋单元数量之间具有最强的明确关系,但它仍
然是有争议的,因为给定区域的电话数量和房屋单元数量之间有
明确的正相关关系。在这种情况下,房屋单元密度本身就是关键
指标。电话数量作为社会经济指标是有根据的,但却不是足够地

有代表性，而且被更重要的房屋单元密度陷入困境。然而，这两者明显地能兼容，如果能够克服数据收集的问题和在另一研究中的可靠性，运用社会经济指标作为另一种尝试或许是值得的。

　　破坏的房屋单元数量和百分比随着低密度面积房屋单元密度而增加，但是在更高密度面积区域则减少，即使高密度区域位于沿海，那里飓风强度最高。至今，它经常被假定高人口密度区域将遭受更大的损失，也就是说，高密度区域有更大的易损性。现在的这些分析显示出低密度，也就是通常乡村地区，包括最高的破坏房屋单元数量。在高密度区域的相对低数量的破坏房屋单元不能一直被高社会经济措施（TE）的那些区域所解释；也不是根据飓风强度最低的那些区域的位置来解释。不是所有的高密度区域都具有高社会经济指标值，而且高密度区域都是沿海城市。建筑物之间互相保护。除此之外，破坏房屋单元的最高百分比位于最小区域面积的地区。

　　一个集中的城市社区的建筑损失的明显性和来自城市中心报告人、评估人和管理者相对减轻的途径，不允许遮掩可能更大地对非都市区域住所、其它建筑物和基础设施损失的社会意义，它或许不是令人理解，但是或许包含非常多的人。

　　总的来说，特殊的措施将要求减少，房屋破坏和损坏的高影响范围作为防灾战略的一部分，但是得以灾害准备和预防发展规划资源为方向。而城市中心也将是管理、运输、供给和交流的中心，这些和所有其他的服务必须在乡村地区代表和参与下被提供，也应采取符合现实区域需要的措施，这些措施应该另外识别出小行政区域更大规模的潜在需求。

五　关于灾害易损性评价的评述

　　灾害易损性评价是以容易造成灾害损性的社会经济因素为基

础而进行的灾害损失的预评估。这种灾害损失的预评估查明了威胁区域灾害损失的持续性和稳定性的那些因素，为地方政府通过一些减灾救灾社会经济公共政策和措施来实现减灾救灾的社会政治目标提供了科学的基础。

灾害易损性评价也是灾害风险评估不可或缺的因素，灾害易损性评价的科学与否直接影响着灾害风险评价结果的可信度。灾害易损性评价也是灾害风险评估中的重要内容。但与灾害风险评估中的灾害危险性评估相比较，易损性评价相对落后，尚不够成熟。

首先，关于社会易损性或者是它们的相互关系在社会科学界没有统一的意见。使用易损性的灾害模型是区域性的，得出社会易损性是多方面的，这些相互关系大部分是从当地灾害案例研究和社区反应中派生出来的。因此，易损性的概念多种多样，至今都还没有一个得到学界公认的易损性概念，由此导致出易损性组成要素的理解的不相同。

其次，也由于易损性以及社会经济影响因素关系认识的局限性，目前还难于从动力学角度，采取演绎的方法揭示哪些变量因素对灾害损失起主导作用；再有历史灾情的记录不详，精度不高，灾害发生时各种易损性变量的观测不够，由此归纳哪些要素导致了灾害的易损性带来了很大的困难。

按我们的理解，决定灾害易损性的主要因素是一系列人口和社会经济要素，要素类型多样，而每一要素有多种属性，分别可用不同的指标来表示，但是，究竟哪一要素的哪一属性与灾害损失关系最为密切，目前大都依据研究者个人理解的偏好，选择相关的因素和指标，因此，目前易损性评价不同模型和方法得出的灾害易损性值还不具有可比性或普适性。

最后，构成灾害易损性的维度是多方面的，这些不同维度的因素在决定灾害易损性大小中的重要性是不相同的，研究稳固的权重数据表是必要性的，但是应该根据什么来确定这些相关权重呢？这又是没有共识的问题。

目前构建的这些社会易损性指数不是一个完善的结构，这很明显的是与社会经济数据采集，以及重大灾害数据的公布状况相关，易损性指标的选择范围受制于目前的社会经济统计指标，而有些与灾害损失密切相关的社会经济指标和人口指标并非是目前常规的统计指标，而重大灾害数据的公布则往往受社会政治影响。

系统科学的研究表明，人类社会是一个高度复杂的非线性系统，但是目前的易损性评估几乎均是采用现行系统的计算方法，并且对结果的不确定性的分析甚少。

由此可见，我们还须深化灾害易损性本质属性认识，在加强理论研究的同时，加强灾害案例数据的收集，一方面多渠道地收集历史灾害的基础数据，另一方面，加强对未来灾害案例的观测，全方位、多角度、精准地观测与灾害损失相关的每一个变量。在拥有丰富的灾害案例数据的基础上，利用成熟的数理分析方法，探讨造成灾害易损性的关键要素和关键属性及其最佳量化指标，然后构建易损性的评价模型。

通过科学合理的评价模型，可以进一步拓展灾害易损性的实践应用范围，比如检测社会易损性指数在时间和空间上的变化，测量分析社会易损性。通过这种方法，能够监控总的社会易损性数值的变化和它处于某一时期的潜在规模。更进一步说，这个分析方法使用类似的数据可以预测未来变化，从而对未来易损性进行逼真情形的研究。

参考文献

International Bank for Reconstruction and Development, *the Natural Disaster Hotspots: A global risk analysis*, New York: the Word Bank and Columbia Uni-

220
自然灾害与社会易损性

versity, 2005, http://publications. worldbank. org/ecommerce/catalog/product?
Item − id = 432005.

James Lewis, "Comprehensive Analysis of Vulnerability Tonatural Disaster", *The Socio − economic component Mimeo*, Feb, 1978, p. 26.

葛全胜、邹铭、郑景云:《中国自然灾害风险综合评估初步研究》,科学出版社 2008 年版。

第十一章 中国自然灾害社会易损性评价

中国是世界上受自然灾害影响最为严重的国家之一。自然灾害的发生严重影响了社会经济水平的发展，造成了巨大的经济损失，对社会发展造成了严重的负面影响。

自然灾害的发生有三个必要因素：（1）自然因素：自然灾害暴发的自然环境条件，自然条件是灾害发生的物质基础；（2）社会因素：自然灾害暴发的社会条件，由人与人、人与社会形成的社会环境，既是自然灾害的管理者，又是经济损失的承担者和自然灾害发生的诱导者；（3）人口因素：自然灾害暴发的人口条件，人口是自然灾害的最终作用对象也是灾害的承担者，是自然灾害造成破坏和损失的先决条件。总的来说，自然因素是灾害发生的物质条件，社会因素既是灾害的诱导者又是灾害的承担者，人口是灾害产生的先决条件和灾害的直接承担者。

人口、社会是自然灾害的承灾体，是指灾害侵袭发生损毁的直接对象。社会承灾体的个体数量多少及其损毁程度是影响灾害损失大小和成灾程度的决定因素，是在灾害评估的主要内容。尽管如此，长期以来对自然灾害社会属性易损性的研究较少。随着自然灾害研究的深入，人们逐渐认识到社会易损性对区域自然灾害损失有重要的影响，并不断关注社会易损性的评价。因此，对中国自然灾害社会易损性评价空间格局的研究，有助于了解社会抗灾能力、恢复能力的分布状况，有助于区域自然灾害综合防范体系的建立，对中国社会防灾减灾体系的完善有重要的意义。

一　中国自然灾害的基本特征

中国自然灾害具有灾害种类多、强度大、频率高、损失重、时空分布不均匀的特点。自然灾害的空间分布一方面取决于自然灾变的分布；另一方面也取决于人口、财产、资源等受灾体的分布。自然灾变和承灾体两者的分布都有明显的地带性，自然灾害的分布也有显著的地带性和区域性。自然灾害发生的时间分布取决于自然灾变的时间变化，一些自然灾变的发生具有明显的时间特征和季节特征，所以部分自然灾害的发生也具有一定的时间性和季节性。

（一）　自然灾害类型多样、强度大、频率高、损失严重

中国自然灾害类型复杂多样，主要有地质灾害、气象灾害、海洋灾害等。其中，地质灾害暴发强度大是破坏最严重的灾害类型；气象灾害发生频率高、影响范围广、损失严重是自然灾害中的主要的灾害类型；海洋灾害是影响我国东部沿海地区最重要的灾害类型之一，暴发强度大、破坏严重是对中国社会和经济的造成严重影响的灾害类型之一。不同的灾害发生在时间、空间上都有一定的规律性，在不同的地域之间存在一定的差异性，认识自然灾害暴发的规律，并相应提高灾害分布区的社会灾害的应对能力、管理能力，对社会防灾减灾有重要的意义。

1. 地质灾害

中国的地质灾害主要有地震、滑坡、泥石流、崩塌、水土流失、地面沉陷等，其中以地震、泥石流破坏最为严重，水土流失破坏的影响范围最广、持续时间最长。

地震灾害：由于中国处于亚欧板块、太平洋板块和印度洋板块之间，位于环太平洋地震带和喜马拉雅山—地中海地震带上，

地震活动频发、地震强度大。在中国地震活动带主要分布在台湾地区、南海地区、华南地区、华北地区、青藏地区、新疆地区等10个地震区，23个地震亚区和30个地震带。（邓起东，1980）强烈、频繁的地震灾害成为中国破坏性最强的自然灾害类型之一。

　　新中国成立以来，地震给人们的生命财产造成了巨大的损失。1966年3月发生的6.8级和7.2级邢台大地震，死亡8064人、受伤3.8万多人、房屋倒塌500多万间、经济损失达10亿多元；1976年7月28日发生的7.8级唐山大地震，地震死亡人口达24.2万人，受伤16.4万人重伤，直接经济损失超过100亿元；2008年5月12日发生的8.0级汶川特大地震造成共遇难69225人，受伤374640人，失踪17939人，直接经济损失达8451亿元[①]；2010年4月14日玉树7.1级地震造成2698人遇难，失踪270人[②]。地震灾害强度大、破坏严重，影响深远，对社会经济发展、人类心灵都造成难以恢复的伤害。

　　地震灾害的发生与板块之间的相互运动、自然活动断裂带的分布、断裂带之间能量的积聚以及其承受能力有密切的关系。但是对何时何地发生多大规模的地震灾害的预测、预报还有相当大的困难。从自然灾害发生的要素去考虑，人口和人类社会是地震灾害的直接作用者。因此，建立相应的地震灾害防御机制、应急机制、增强建筑的抗震能力、做好地震灾害的灾前准备工作是提高社会对地震灾害的防御能力和减小社会的易损性的必要途径。

　　滑坡、泥石流：中国山地面积占国土面积的三分之二，在地

---

　　①　温玉婷、李宁等：《汶川地震与唐山地震损失与救助之对比》，《灾害学》2010年第2期。

　　②　邵叶、申旭辉等：《基于D－InSAR技术的玉树ms7.1地震同震形变场提取与分析》，《地震》2011年第3期。

形地貌上呈现出"南北分区，东西分带，交叉成网"的特点。由于自然和社会的双重作用导致山地环境不断恶化、水土流失现象严重，滑坡、泥石流自然灾害有增无减。滑坡、泥石流整体上呈现出分布广泛、类型多样、暴发频繁、规模巨大、危害严重的特点。在空间分布上与中国的地势分布有密切的关系，滑坡主要分布在基地松散的碎屑岩堆积的山地和丘陵；泥石流多分布在降水较多、强度较大、暴雨频发的山地或丘陵地区与滑坡分布有一定的相关性。

（1）根据滑坡的发生频率和严重程度，可以将滑坡分成最严重、严重、中等、较轻、微弱等五个等级。其中，严重区域主要分布在中国自然地势的第二阶梯中后部，大致以秦岭为界，其南部为川滇高原山地，北部为黄土高原地区。主要是由于夏季降雨集中，多暴雨、土地利用程度较高、人类活动强烈植被破坏现象严重。[①]

（2）泥石流的发生虽然与滑坡相类似，但是受降水强度、降雨量大小以及降水年际变化有密切的关系。中国泥石流主要分布在西南印度洋流域泥石流最严重地区；东南太平洋流域泥石流严重地区；东北太平洋泥石流较严重地区。

水土流失：水土流失已经成为一个全球性的环境问题，给人类的生存和发展造成极大的危害。由于人口的持续增长、社会经济生产规模的不断扩大、植被不断被砍伐，造成土地资源不断破坏，河道淤积、干旱、洪涝灾害相继发生，引起生态环境不断恶化，对国家社会、经济、环境的可持续发展构成了严重威胁。

中国现在遭受水土流失的面积可达 492.6 万平方公里，占国土面积的 51%。在中国大部分的地区都受到水土流失灾害的危害，其中以黄土高原、黄河流域、海河流域、南方的低山丘陵地

---

① 高华嘉：《滑坡灾害风险区别与预测研究综述》，《灾害学》2010 年第 2 期。

区破坏尤为严重。造成水土流失增大的主要原因有：第一，工业发展、工程建设，如矿产开采、选矿期，公路、铁路建设期等；第二，不合理的农业发展方式，毁林开荒、陡坡耕种、过度放牧等；第三，淡薄的环境保护意识，一些人只管眼前的经济利益而不管对未来生态环境的破坏，出现先破坏在治理或之破坏不治理的现象。在经济利益的驱使下，大面积地开挖原生地表，破坏植被，造成地面裸露，地层结构受到扰动以及大量堆放弃土弃石，使水土流失，沙化问题更为突出。

　　水土流失成为世界最为关注的环境灾害问题之一，其造成的后果是非常严重的。地面表层土被雨水冲刷、风力侵蚀、冻融作用等方式不断的搬运，在河道、湖泊淤积。造成地表土壤肥力的下降、生产能力减弱地表形态被改变，尤其在南方的喀斯特地貌区一旦植被破坏水土流失，生态环境将很难恢复甚至出现石漠化现象。水土流失造成河道泥沙淤积、水库库容减小、湖泊面积减小，减小了河湖对洪水的调节能力。如湖北省的湖泊面积80年代比50年代减少61%。50年代初期湖北有332个面积在333公顷以上的湖泊，现仅剩125个，面积2520平方公里，占新中国成立初期的三分之一[①]。

　　2. 气象灾害

　　我国气象灾害频繁，干旱、暴雨、洪涝、雷暴、沙尘暴、高温、冻害、冻雨、雪灾、浓雾、冰雹等多种灾害类型。其中干旱、暴雨洪涝灾害暴发频率高、影响范围广、强度大，对人们的生命财产和社会经济发展影响尤为严重。

　　旱灾：旱灾是影响范围最广、持续时间最长的灾害类型之一。中国旱灾在空间格局上呈现出西部旱灾少、东部旱灾多、中

---

　　①　王占礼：《中国水土流失的基本概况及其综合治理》，《灾害学》，2000年第3期。

部旱灾严重、北方旱灾重于南方的空间格局。中国旱灾频次最高出现在东北中西部地区、黄土高原及内蒙古中部地区、湖南、湖北及周边地区。主要是由于旱灾的分布与耕地的分布有密切的关系。中东部地区的农业生产面积大于西部地区的农业生产面积；北方是旱作农业生产的主要分布区域，受旱灾的影响较大。旱灾的分布与降水有明显的关系，降水带的摆动以及生态环境的抗灾能力、社会承灾体的承受能力都是旱灾影响大小的重要因素。在旱灾影响的空间变化上，呈现出旱灾区域向西扩散，重旱灾区向西南、东北扩展的趋势，这也体现了人类活动，特别是旱地开垦向西南、东北及农牧交错带方向的扩展。

旱灾出现的时间及其分布都与夏季风进退有一定关系。每年3—4月份华北地区易出现大规模的春旱现象，给农业生产的播种和农作物返青造成影响。7—8月份出现在长江中下游地区的伏旱现象，给当地的农业生产造成不利的影响。另外，极端的干旱天气事件不断出现，2010年云南出现百年一遇的大旱，人畜饮水困难、人们的生产生活遭受严重的损害。

洪涝灾害：我国是典型的东亚季风气候类型，降水集中在夏季、降水强度大、持续时间长，沟谷、河流地貌发育，易造成严重的洪涝灾害。在时间分布上与中国夏季风的进退有一定的相关性。洪涝灾害集中出现在每年的5—9月份；最早从4月份开始出现在南岭以南地区，这时候也是华南前汛期暴雨时期；5—6月份左右，随着夏季风的加强与北推，洪涝灾害区域移至长江流域、淮河流域；到了7—8月份，洪涝灾害移至黄河流域、海河流域、松花江流域等地区，此时中国受洪涝灾害的风险最大。受夏季风的影响中国洪涝灾害的时间分布具有明显的季节性。

在空间分布上，洪涝灾害发生频率和受影响严重地区主要集中分布在胡焕庸线以东地区。从河流分布来看，主要分布在珠江流域、长江流域、淮河流域、黄河流域、海河流域、辽河流域、

松花江中下游平原以及四川、关中盆地等地区。建国后，洪涝灾
害严重地区从华北平原特别是河南为中心的区域向南、向北、向
西南过渡，长江流域、松花江流域、四川、关中盆地逐渐成为水
灾的严重地区。这主要是与区域土地利用变化有密切的关系，一
方面平原地区人类活动为扩展耕地，不断地围湖造田、开垦荒
地，特别是东北地区的沼泽地开垦和长江中下游地区的围湖造田
建垸；另一方面大力开垦丘陵、坡耕地，毁林开荒造成生态环境
恶化、水土流失加剧，尤其是大兴安岭—青藏高原东缘的水源地
植被破坏，加剧了洪涝灾害的发生和影响范围。

　　中国城市洪涝灾害呈持续上升的趋势，洪涝灾害对城市的发
展构成了严重的威胁，造成的经济损失也在不断地升高。其主要
原因与城市化的不断提升、人口财富的不断集中；城市地面硬化
面积的扩张；城市规划以及排水体系等基础社会的建设滞后有密
切的关系。人类活动是造成洪涝灾害发生并造成损失不断增加、
灾害趋于严重、风险持续增长的主要原因。

　　3. 海洋灾害

　　我国有 1.8 万公里的海岸线，6500 多个岛屿，近 300 万平
方公里的海洋管辖区域，有着丰富的海洋资源和便利的海上交通
条件。同时，中国也是深受海洋灾害影响的国家之一，长期以
来，海洋灾害一直是困扰着海域及海岸带社会经济发展的主要因
素。海洋灾害的类型主要有台风、风暴潮、海浪（海啸）、赤
潮、海冰、海岸侵蚀等，对我国沿海地区造成严重的经济损失和
人员伤亡。其中，台风灾害、风暴潮等海洋灾害对人们造成的损
失尤为突出[①]。

　　台风灾害：台风灾害是对中国社会和经济造成严重影响的灾

---

　　①　叶涛、郭卫平、史培军：《1990 年以来中国海洋灾害系统风险特征分析及其综合风险管理》，《自然灾害学报》2005 年第 6 期，第 65—70 页。

害类型之一。从台风登陆的地区来看，几乎遍及中国的沿海地区，但主要集中在浙江省以南的沿海一带。在浙江省以北沿海登陆的台风次数约占 11%；在广东、广西、福建、海南、台湾沿海登陆的约占登陆总数的 89%，其中又以广东、台湾、海南最多。台风登陆后造成的大风、暴雨、洪涝灾害，对江苏、湖北、湖南、广东、福建、浙江、海南台湾等地区造成严重的影响。

我国台风灾害时间分布上呈现出夏秋季节多、冬春季节少的特点。5—6 月份台风灾害主要分布在华南地区；7—8 月份的登陆范围不断扩大，南起广西、广东、海南，北到辽宁的广大沿海地区都有可能受到台风的影响；9—10 月份登陆点在长江口以南的沿海一带；11 月份范围不断缩小，仅广东、海南、台湾有台风的登陆。从发生频率上来看，7—10 月份是台风灾害的多发期，约占总数的 68.6%。台风的发生与季节变化和海面温度高低变化有密切的关系，西北太平热带低压气旋的形成是影响我国台风的源地。

台风登陆常伴有狂风、暴雨等恶劣的灾害天气，容易导致暴雨洪涝、风暴潮、山体滑坡、泥石流等自然灾害。台风灾害危险性较大地区主要集中在珠江三角洲和长江三角洲地区。这两个区域台风暴发的频率高、社会经济发达、人口稠密。即使由于社会经济水平提高，防灾能力有一定的增强，但大量人口、财产、资源高度集中，社会承灾体暴露于台风及其次生灾害之下，造成较大的灾害风险、增大了社会的易损性。

除地震、滑坡、泥石流、旱灾、洪涝灾害、台风灾害之外，沙尘暴、冰冻灾害、冰雹灾害、浓雾灾害、海浪、海啸、海冰、赤潮等自然灾害的发生，使中国成为世界上少数受自然灾害影响严重的国家之一，灾害类型多样、区域差异大、季节性明显、频率高、强度大、损失严重。总的来看，中国的自然灾害在空间分布上呈现出东北、长江中游、西南地区、青藏高原和新疆地区受自然灾害的影响较为严重的特点。面对日趋严重的自然灾害，除了研究自然变异、自然灾害产生规律之外，还应该注重人类活动对自然灾害的影响及应对。从某种意义上说是过度的人类活动加剧了自然灾害发生的频率和造成的损失。因此，需要对人类和社会结构状况进行灾害易损性分析，以期减小自然灾害对人类造成的损失。

（二）自然灾害灾害链、灾害群多发

自然灾害之间存在着密切的联系和相互作用，一种自然灾害可能会导致另一种灾害，形成灾害链、灾害群。灾害链是自然灾害物理化学过程平衡—失衡—平衡过程的产物，是自然灾害发生及演化过程中普遍存在的现象。中国的自然灾害之间在发生、发展演化中也存在着广泛的联系，灾害链、灾害群现象不断出现。

地震—崩塌—滑坡—泥石流灾害链：中国西南地区基本位于地势的第一、第二阶梯之间，地势起伏较大、高山、深谷、陡坡地貌发育，降水比较丰富，地质构造活动比较活跃是地震灾害发生较严重的地区。地震灾害发生后巨大的地壳运动能量使得地表发生错动、褶皱等现象导致地层岩土的迅速崩塌，形成地震—崩塌灾害链。大规模的地震灾害不仅导致岩土的崩塌还造成山体的整体垮塌和移动形成滑坡自然灾害。如果，地震伴有强降水或暴雨出现将会导致严重的泥石流灾害，容易形成地震—崩塌—滑坡—泥石流灾害链。尽管地震灾害是难以监测、预测的灾害类型之一，但是地震带在中国的分布仍具有一定的规律性。因此，人们的居住环境应尽量避开断裂构造活动带或者提高建筑的抗震等级，避开陡峭狭窄的沟谷、山体坡脚，防止地震引起的滑坡、泥石流等灾害的再次破坏。

干旱—沙尘暴灾害链：中国华北、西北是受干旱灾害影响最为严重的地区。每年的冬季、春季都是旱灾发生频繁的季节。由

于长期得不到沿海湿润气流的影响降水稀少，来自西北的西伯利亚高压气流加重了西北地区的干旱灾害，特别是新疆、甘肃、陕西、山西、内蒙古自治区等地区。由于长期的干旱在西北地区形成广阔的沙漠，如塔克拉玛干沙漠、古尔班通古特沙漠等。当干旱、大风等条件具备便形成沙尘暴。中国北方大部分地区几乎都会受到沙尘暴的侵袭，而且其影响范围有不断扩张的趋势。主要是由于人类活动加剧了植被的破坏、不合理的用水方式加剧了北方地区的干旱状况，增大了旱灾、沙尘暴灾害的发生频率和影响范围。

台风—暴雨、洪涝灾害—滑坡、泥石流灾害链：中国东部地区，广东、广西、福建、海南、台湾等地，几乎每年都会受到台风灾害的影响。台风伴有狂风暴雨，所到之处一片狼藉，大风吹翻船只、吹倒树木、损坏建筑。台风携带大量的水汽，一场小型的台风也能携带 30 万吨的降水，台风引发的强降水容易导致暴雨灾害的发生，暴雨又引发洪涝灾害，形成台风—暴雨、洪涝灾害链。在受暴雨、洪涝灾害影响严重的山区地区。福建西部武夷山山区、江西山地丘陵地区、广东西北部山区等地区受暴雨洪涝灾害的影响，易造成严重的滑坡、泥石流自然灾害，形成台风—暴雨、洪涝灾害—滑坡、泥石流灾害链。

中国地形多山地、丘陵，受季风气候的影响，降水集中出现在夏季，降水强度大，易出现暴雨—洪涝灾害链。在受暴雨、洪涝灾害严重的大部分山区地区，易导致滑坡、泥石流自然灾害。形成暴雨—洪涝—滑坡、泥石流自然灾害链。暴雨—洪涝—滑坡、泥石流自然灾害链在中国是一种常见的灾害相互作用类型，但是这种灾害链也有不断延长的趋势。由于人类活动对自然环境影响的深入，人类过度砍伐树木、开垦荒地、开矿等生产活动增大了发生洪涝灾害和滑坡、泥石流灾害的风险程度。在灾害暴发原因上，很大程度是由于人类的不合理经济活动造成的。

自然灾害链特征反映了地区灾害之间的相互联系。由于人类活动对自然环境的干扰作用不断加强，使得自然灾害链出现了许多新的变化，人为因素在自然灾害发生中的影响在不断增加，自然灾害链的长度和影响深度都有不同程度的增加。在一定程度上，人类对自然环境的破坏加重了人类社会自身的易损程度。

二　中国自然灾害发生的自然背景

自然环境因素是成灾机制的首要条件，也是人类生存依托的物质资源基础。自然因子在自然灾害发生、发展中有其自己的变化规律，一种自然灾害都要发生在特定的自然环境背景中。认识自然灾害发生的自然规律及其自然成灾机制是预测、防范自然灾害的重要途径。总的来说，自然成灾机制中涉及地壳、地幔及地表的地质、地貌环境、气象气候环境、水文环境、生物环境等成灾因子。

（一）地质地貌环境成灾因子

地质、地貌环境是造成地质灾害的主要物质基础。如，在活动断裂构造带上容易出现地震灾害；在高大山脉、河谷发育地区容易出现滑坡、泥石流地质灾害；在黄土地貌、喀斯特地貌、南方低山丘陵地貌区容易出现水土流失灾害；在华北、环渤海区过度开采地下水容易出现地面沉降等地质灾害。

活动断裂构造地质环境：活动断裂地质构造层之间在地质运动力的作用下相互摩擦，当其产生的摩擦力大于活动断裂层之间所能承受的力之后便会发生断层的错动、回弹从而产生断裂构造地震。中国地震灾害绝大多数为构造地震，基本上是与活动性断裂带分布一致，有一定的方向性，呈现出条带状分布。主要分布在台湾地区、华北地区、西南地区、西北地区。

　　台湾地震构造区包括台湾省及周边临近海域，是中国地震活动最为频繁的地区。该地区地震的发生与台湾岛及周边岛弧的活动构造运动有关。华北地震构造区主要分布在太行山两侧、汾渭河谷、阴山—燕山一带，山东中部和渤海湾等地区。华北地震带新第三纪以来构造活动非常强烈，其主要分布在断裂活动带的边缘和拐点、拗点，变现为地壳内部的低速运动和地堑、裂谷的断裂活动。西南构造区主要包括青藏高原、云贵川的西部地区，位于喜马拉雅地中海地震带上，是中国地震活动最为强烈的地区之一。新生代以来强烈的地壳隆起，造就了世界上最高的高原。西北地震构造带主要分布在甘肃河西走廊、青海部分地区、宁夏、天山南北麓。西北地区的地震与巨大的造山运动有关，在准格尔盆地、塔里木盆地的内部地质条件相对比较稳定。在天山、阿尔泰山、昆仑山与平原、盆地的交界处，易发生强烈地震。

　　山地、河谷地貌环境：中国地貌结构总体呈现出西高东低的态势，其中第一阶梯、第二阶梯占全国国土面积的三分之二以上，主要以山地、盆地、高原、河谷等地貌单元构成。山地、河谷地貌为滑坡、泥石流灾害发育提供了必要自然环境条件。松散的土层或松散的土层和基岩接触面而滑动，在暴雨、地震作用下会加剧其发展的速度。如，1955 年 8 月 18 日晨，宝鸡附近倾盆大雨，陇海线发生大型滑坡，半个小时将铁路推移了 110 米。[①]泥石流的形成和地质、地形、气象、水文等因素有密切的关系，充足的固体物质补给、泥石流的水体补给和泥石流形成的沟谷条件都是泥石流发育的必要条件。如，2010 年 8 月 7 日 23：00 左右，舟曲县城东北部山区突降特大暴雨，降雨量达 97 毫米，持续超过 40 min，引发三眼峪、罗家峪等四条沟系特大山洪地质灾

---

① 　杨景春、李有利：《地貌学原理》，北京大学出版社 2006 年版，第 53 页。

害，泥石流长约 5 公里，平均宽度 300 米，平均厚度 5 米，总体积 750 万立方米，流经区域被夷为平地。[①]

（二）气象气候环境成灾因子

气象、气候环境条件是形成自然灾害的重要驱动因子之一。气温、降水是气象、气候条件的两个重要因子，当气温、降水出现异常就会出现气象、气候灾害。导致气温、降水异常的直接原因是大气环流的异常。大气环流的异常与全球环境变化有一定的关系。

影响中国气象、气候的主要气团有：蒙古—西伯利亚高压气团、印度低压气团、夏威夷高压气团，当这些气团活动出现异常就会造成中国气温、降水异常，出现气象、气候灾害。

1. 气温异常：中国气温分布时间上呈现出冬季南北温差大，夏季普遍高温的特点。受全球气候变化的影响，极端的天气事件也越来越多。高温热浪、极端低温严寒气象灾害已经成为严重的自然灾害事件。

（1）副热带高压带长时间停留在在长江中下游地区易出现极端的干旱灾害和高温热浪天气。如，2003 年中国南方地区出现了大规模的高温热浪天气，其中黄淮南部、长江中下游地区、华南北部及四川东部、重庆等地夏季极端最高气温达到 38℃—40℃；浙江中部和西南部、福建北部、江西中部等地达 40℃—43℃，浙江丽水高达 43.2℃。持续高温还严重影响了人体健康，中暑和患"空调病"、肠道病、心脑血管病的人数骤然增多，并有老人、病患因暑热而死亡。高温还导致光化学烟雾污染加剧，影响人体健康。仅 7 月 29 日一天，长沙湘雅医院的门诊量就接

---

① 温玉婷、李宁等：《汶川地震与唐山地震损失与救助之对比》，《灾害学》，2010 年第 2 期。

近 5000 人。[①]

　　（2）大尺度的极涡变化异常加强和变形，同时在中低纬地区平流层的环流也发生明显的变化。这种变化从平流层向下传，进而影响对流层，造成了 2008 年 1 月 11 日至 2 月 2 日中国南方连续经历了 4 次极端的低温雨雪冰冻天气过程。雨雪冰冻灾害造成长江中下游地区、云贵川等地区严重的冰冻灾害，对交通、电力、通信、建筑等造成严重的灾害损失，对社会安全造成严重的威胁。

　　2. 降水异常：中国是典型的季风气候，受季风气候的影响，降水出现时间、空间分布不均匀的状况。夏季风影响不到的地区、降水稀少易出现旱灾；降水集中、持续时间长时易出现洪涝灾害。

　　（1）季风环流异常。经研究资料表明，降水异常与季风环流异常之间有高度的相关性。受西太平洋副热带高压、印度低压、西风急流等气压带、气团的影响，以及青藏高原对气流的影响，在中国形成独特的季风环流和局地环流。季风环流时间、空间分布的差异，造成了中国降水量的时空分布差异，季风环流异常也导致了中国降水的异常。

　　（2）西太平洋副热带高压脊异常。西太平洋副热带高压脊对中国降水有着特殊的影响，其范围大小、时间长短都是影响我国夏季降水的主要因素。一般情况下，当副热带高压位于 20°N 以南时，雨带位于华南，称为华南雨季或华南前汛期雨季；当脊线徘徊于 20°—25°N 时，雨带位于江淮流域，即所谓江淮梅雨季节；当脊线越过 25°N 稳定于 30°N 以南时，雨带北推至黄淮流域，称为黄淮雨季；当脊线越过 30°N 时，华北雨季开始。9 月，

---

　　① 马占山、张强：《2003 年我国的气象灾害特点及影响》，《灾害学》2004 年第 4 期。

副热带高压开始南撤，雨带也随之向南推移。如果，副热带高压
在长江中下游地区持续时间长，就会造成该地区严重的伏旱天
气；副热带高压偏北、面积偏大、强度偏强，就可能造成中国西
北地区降水的异常。如，2003 年西太平洋副热带高压面积偏大、
强度异常偏强、位置明显偏西，8 月后明显偏北，致使北方雨带
主要出现在 8 月以后。[①]

（3）全球性大气环流变化导致降水异常：厄尔尼诺现象、
拉尼娜现象、南方涛动、北极涛动等影响全球的大气环流现象导
致中国降水的异常变化。经检测表明：1951 年—2008 年期间共
有 20 个厄尔尼诺年概率为 34%，有 16 个拉尼娜年，发生概率
为 28%[②]，厄尔尼诺现象、拉尼娜现象出现有较高的概率分布，
同时对中国的气象、气候影响比较复杂。一般情况下，厄尔尼诺
使气温会升高，在不同年份对我国降水出现不同的影响，在一定
程度上导致我国降水异常有一定的影响。

（三）水文环境成灾因子

受地质、地形，气象、气候等自然条件的影响，河流的水流
在运动过程中不断受侵蚀、搬运、堆积等作用形成各种河谷地
貌，河漫滩、冲积扇、三角洲等。河流的形态、水系特征、水文
特征与自然灾害之间有密切的关系。

（1）降水异常导致河流水位的急剧上升与下降，地区降水
变率较大时容易造成枯水和干旱，暴雨和洪涝灾害。降水因子是
决定河流灾害的一个重要方面。

---

① 林纾等：《2003 年夏秋大气环流异常对西北地区降水的影响》，《灾害学》
2004 年第 3 期。
② 张鹏飞、赵景波：《50 余年来厄尔尼诺—拉尼娜事件对山西省气候影响分
析》，《干旱区资源与环境》2012 年第 2 期。

（2）河流的流域面积、形状对自然灾害的形成有着不同的影响。流域面积较大的扇状水系、羽状水系等集中在出现降水时，各支流河水汇聚河流干流造成干流水位急剧上升已形成洪涝灾害。如海河是典型的扇状水系，在遇到强降水、并持续时间较长时容易出现洪涝灾害。

（3）河流所处的河段的位置、流向及纬度等因素。纬度较高、冬季会出现结冰情况时，当河流从低纬度流向高纬度，在深秋和初春季节上游河流已经解冻、下游河流依然封冻的时候，易出现凌汛灾害河道堵塞、河水泛滥造成沿岸地区的灾害损失。

（4）对于河流的泥沙淤积和河道采砂同样也是造成河流灾害的重要原因之一。泥沙淤积河道导致河流的泄洪能力下降，洪水冲垮堤坝淹没沿岸地区。过度河道采砂使得河流对河床的侵蚀下切能力加强，干流水位下降，沿河湖泊水位下降，严重破坏了流域的生态环境安全。

三　中国自然灾害发生的社会背景

中国有着悠久的历史文化，自古就有人与自然和谐相处的人地观。老子在《道德经》的第二十五章中讲"人法地，地法天，天法道，道法自然"；之后庄子又提出了"天人合一"的思想，从而建立了中国几千年的人地和谐发展的自然观。然而，随着科学技术的进步、社会经济的发展，对自然资源需求的激增，人地关系一度失衡，人地关系矛盾不断激化，各种自然灾害、人为灾害给人类的生命安全和社会发展造成了严重的威胁。

人地关系和谐发展、尊重自然演变规律、科学合理、适度的利用自然资源，才能减小自然灾害对人类社会造成的损失。在自然灾害形成的三个要素中，社会因素是灾害产生损失的先决条件和作用对象。在社会构成中人口、社会形态、经济结构、人类的灾害文化观念等都是影响自然灾害重要的社会驱动因子。

(一) 人口驱动因子

人口的自身属性也是重要的致灾、承灾因子。其自身属性包括：人口的性别、年龄、职业、家庭构成、健康状况、分布密度、人口流动等方面。一般情况下，老年人口比重越高、易损职业从业人口比重越高、家庭人口数越少、人口流动程度越高则社会易损性水平就越高。

人口性别构成：根据第六次人口数据调查表明[1]，2010年女性人口占48.73%，男性人口占51.27%，性别比为100:105.20（100为女性人口数量）。在新出生的婴儿中，男婴的比例高于女婴的比例。主要原因在于，受中国几千年"养儿为防老"的传统思想影响，以及人为的非法胎儿性别鉴定等造成婴儿性别比居高不下。另外，对于经济发展相对落后的农村地区、少数民族地区家庭的平均出生率较高，人均财富占有量相对较低，反而形成超生致贫的恶性循环，在社会结构中处于弱势地位。

人口年龄构成：通过2010年人口普查结果显示：0—14岁人口占16.60%，比2000年人口普查下降6.29个百分点；60岁及以上人口占13.26%，比2000年人口普查上升2.93个百分点，其中65岁及以上人口占8.87%，比2000年人口普查上升1.91个百分点。我国人口年龄结构的变化，说明随着我国经济社会快速发展，人民生活水平和医疗卫生保健事业的巨大改善，生育率持续保持较低水平，老龄化进程逐步加快。人口老龄化的持续发展为中国社会养老事业和经济持续发展提出了挑战，老年人口比重的升高增加了社会易损性的风险。

人口家庭构成：第六次人口普查表明，31个省、自治区、

---

[1]　马建堂：《第六次全国人口普查数据》，中国统计出版社2011年版。

直辖市共有家庭户 40152 万户，家庭户人口 124461 万人，平均每个家庭户的人口为 3.10 人，比 2000 年人口普查的 3.44 人减少 0.34 人。家庭户规模继续缩小，基本上实现了独生子女的三口之家，这与我国的生育水平持续下降、迁移流动人口增加、年轻人婚后独立居住等因素有一定的关系。

人口职业构成：中国现在仍处在经济的发展阶段，总体社会生产力有待进一步提高。从就业的产业结构来看，2010 年中国从事第一产业的人口占 36.7%，仍保持较高的水平。在行业分类指标来看，农业从业人员约占 2.88%，采矿业从业人员约占 4.2%，建筑业从业人员约占 9.5%，交通运输从业人员约占 4.8%；总体易损职业人口在社会从业人口中占有较大的比重。①

人口密度：中国人口分布依然呈现出东部多、西部少的空间特征。东部地区人口占 31 个省（区、市）常住人口的 37.98%，中部地区占 26.76%，西部地区占 27.04%，东北地区占 8.22%。人口总量分布中广东省、山东省、河南省、四川省和江苏省人口数量较大。人口密度在地区分布中，华北地区、长江三角洲地区、珠江三角洲等东部沿海地区，四川盆地、陇海线沿线等地区的人口分布密度较大。一般情况下，人口密度分布越集中遭遇灾害后的损失就越严重。

人口流动：中国流动人口持续增长，居住地与户口登记地所在的乡镇街道不一致且离开户口登记地半年以上的人口为 26139 万人，其中市辖区内人户分离的人口为 3996 万人，不包括市辖区内人户分离的人口为 22143 万人。同 2000 年人口普查相比，居住地与户口登记地所在的乡镇街道不一致且离开户口登记地半年以上的人口增加 11700 万人，增长 81.03%；其中不包括市辖区内人户分离的人口增加 10036 万人，增长 82.89%。这主要是

---

① 数据源于《中国统计年鉴 2011》整理。

多年来我国农村劳动力加速转移和经济快速发展促进了流动人口大量增加。流动人口的大量增加虽然促进了部分地区的劳务输出，增加了居民的经济收入，但是也造成了许多的社会问题，如空巢老人、留守儿童以及单亲家庭、子女教育等问题，使得社会不安定因素在上升，降低了社会安全指数，抵御灾害的能力在下降不利于防灾减灾体系的建设。

（二）社会结构与经济发展驱动因子

社会安全及自然灾害防范与社会结构、经济发展有密切的关系。其中包括，人口及家庭结构、社会组织结构、就业结构、收入分配及消费结构、区域及城乡结构、社会阶层结构与经济发展速度、经济发展水平等众多方面，是一个复杂的开放性的系统构成。

经济发展结构：中国现在正处于社会经济快速发展的阶段，从经济发展总量、经济发展结构的优化与改善、经济发展环境等方面来看都有了较快、较好的发展。社会经济发展为社会建设提供了经济基础，同时也是社会提高防灾减灾能力的必要条件。

从自然灾害造成的损失角度来看，社会经济活动越强烈的地区，由于社会财富相对集中，暴露在灾害下的社会资产相对较多，一旦遭受自然灾害的破坏将会造成巨大的经济损失。相反，社会经济活动强度越小的地区，自然灾害造成的损失就越小。社会经济活动与自然灾害损失之间存在正向耦合关系，呈现出较强的正相关作用。从社会遭受自然灾害后的恢复能力来看，社会经济越发达的地区社会的应灾能力就越完善，灾后的恢复能力相对较强。经济发展是灾害防御、救灾以及灾后恢复等灾害防范方面的基础条件。

改革开放以来，中国经济发展迎来了新的发展机遇。国内生产总值从 1978 年的 3645 亿元增长到 2010 年的 39.8 万亿元，在经济总量上实现了巨大的发展。在经济发展速度上平均以每年9%以上的速度在增长。城镇居民人均收入持续增加，由1978年的343元提高到2010年的19109元，增长了55.7倍。城市化水平由1978年的17.92%增长到2010年的49.95%，城市化现象明显发展，人口急剧向城市集中分布。粮食产量也有了较快的增长，2010年人均粮食产量达到了407.5公斤（数据源于：中国统计年鉴相关资料整理）。总体上来看，近30年中国经济出现了飞速的发展，社会资本得到了一定的积累，为中国社会建设和自然灾害防范体系的建设提供了物质基础。

社会组织结构：社会组织灾害防范和灾害应急中具有特殊的作用。除公共组织参与防灾减灾宣传与管理之外，非政府组织、民间组织都是减轻自然灾害损失的有效管理者和参与者。其中，政府、企业、学校、医院、社会团体等都是重要的灾害防范宣传者和参与者。

2010年中国公共管理与社会组织从业人数达1428.5万人，占全部登记从业人口数量的10.95%，在我国已经建立起了相对比较完善的社会公共管理体制。另外，我国正式登记的社会组织达45万个，备案的社区组织24.5万个；城镇社区服务设施数量达15.3万个。各种形式的社会组织、社会团体走进社会、走进社区为防灾减灾体系建设提供了重要的管理资源。

社会就业结构：失业率是指失业人口占劳动力人口的比例，用于在衡量闲置中的劳动产能。失业率是反映一个国家或地区失业状况的指标，一直被认为是经济发展潜力和经济整体状况的主要指标。失业率越小社会结构及经济发展就越稳定社会发展越良好，增强了社会对自然灾害的抵御能力和恢复能力。

2010年中国的失业率为4.1%，最近几年失业率保持在4%左右，基本保持平稳的状态。较低的社会失业率，同时也反映了中国在改革开放三十年中经济水平得到了迅速提升、发展速度不断提高，良好的社会经济发展态势有助于社会应对自然灾害造成的经济损失。

收入分配及消费结构：收入分配及社会消费结构是影响地区经济可持续发展的重要因素。如，贫富差距（基尼系数）、城乡差距、行业差距不断扩大、恩格尔系数居高不下等相关的社会经济问题，直接影响到居民的生活水平，间接的会增加社会矛盾，影响社会对自然灾害防御能力的提高。

区域差异、城乡差异也是导致中国灾害防御区域差异的重要因素。从区域经济差异来看，自改革开放以来，我国区域发展出现明显分化。在发展水平上东部最高、中部次之、西部最低，三大地区之间的经济发展差距明显。从城乡结构差异来看，同样也出现较大的差异。如 1990 年平均城镇居民收入约为 1510.2 元，农村居民收入约为 686.3 元，城乡收入差距为 823.9 元；2010年平均城镇居民收入约为 19109 元，农村居民人均收入约为 5919 元，城乡收入差距为 13190 元。20 年间中国城乡收入差距出现较大的差异。其主要是由于经济的快速发展、城市化进程的迅速发展，大量有能力、有发展优势的社会人员向城市集中；城市中具有有利的政策优势、丰富的人力资源、便利的交通、优厚的社会资源等条件，造成社会城乡差距的不断扩大。

城市的布局形式和建筑结构差异：从中观尺度来看，城市的布局形式也是影响自然灾害的重要因素。目前，我国城市化水平和城市化发展速度都达到了前所未有的水平和发展速度。城市灾害将会成为以后灾害损失的主要场所，城市要求有更高的灾害防范能力和灾后的恢复能力，对自然灾害管理提出了更高的要求。

从城市的布局形态角度来看，受地形、河流、气候等自然条件的影响，城市的形态出现集中式、组团式、条带式等多种形式。从交通、土地资源、自然环境的危险状况来看，在中国西部、西南地区受自然条件的影响出现类似两侧高山、中间河流穿过、城市布局在河道两侧、用地资源非常有限形成狭长的城市布局形态。如，四川的汶川、宝兴县等（见图11—1）。这种布局的城市形态，一旦出现地震、滑坡、泥石流等地质灾害，交通运输线路中断将会对灾害救援带来极大的困难，耽误救灾的最佳时机。如果河道的上游被泥石流堵塞将会形成堰塞湖，增加暴发洪水的危险性；下游如果被堵塞有可能会出现城市被淹没的状态。因此，此类的城市布局形态会增加社会受自然灾害的危险程度。

图11—1　汶川县城的城市布局形态

从房屋建筑的角度来看，不同的建筑结构对自然灾害的防御能力有较大的差异。比如地震，较强的抗震强度的建筑会减小地震灾害造成的损失，所以对于城市分布在地震活动断裂带上的建筑就要求具有较高的抗震强度。但是即使是在较强的活动断裂带上，也有人们报以侥幸心理在建筑质量上出现千差万别。如，在建筑中采用砖木结构、砖石结构以及在建筑中使用空心砖、预制板等减小了建筑物的抗震强度。另外，房屋建筑在陡坡、河道悬空建筑等都增大了建筑物的易损程度。

（三）灾害文化驱动因子

灾害文化是人类社会与自然灾害长期斗争，并形成的稳定的社会意识形态。其中包括，人的自然灾害观、忧患意识、心理反应、灾害伦理、社会行为、灾害感知、防灾减灾教育、民族文化等多个方面。社会灾害文化的健康及发展程度对社会灾前防范、灾中应急、灾后恢复具有重要的作用。

灾害观及忧患意识：灾害观是灾害文化的核心文化是人们应对自然灾害的整体认识。不同的灾害观对灾害结果有不同的影响，是积极应对还是被动接受，是未雨绸缪、时刻准备着还是忘记灾害的教训、临时抱佛脚，都会对灾害造成不同的结果。中国自古就有"安而不忘危，治而不忘乱，存而不忘亡"；"生于忧患，死于安乐"的优秀传统文化。社会、民族的危机意识、忧患意识也是灾害防范的重要因素。牢记历史不忘灾害的教训，才能提高社会对灾害的感知能力和防范能力。

社会受教育水平：社会受教育水平反映了社会对灾害防范的知识水平和社会的进步状态。一般情况下，社会的受教育水平与社会公众社会心理素质也有一定的相关关系，受教育水平愈高，社会心理素质愈强；反之，所受教育水平越低，社会心理素质越弱。社会的受教育水平越高人们对灾害防范的知识水平就越高、心理素质就越好；相反社会愚昧、对灾害的无知与盲从会加重社会灾害的损失。

中国改革开放以来，国民教育水平有了大跨越式的发展。目前，国家基本上实现了普及九年义务教育，大学文化水平以上的人员占受教育人群的比重由 1990 年的 1.97% 增加到 2010 年的

8.73%；文盲人口比重由 1990 年的 22.27% 下降到 2010 年的 4.08%，全社会的受教育程度和以前相比有了较高的、快速的发展。

民族文化：民族文化特征对自然灾害的发生及灾害防御有重要的影响。尤其是少数民族积聚地区的文化传统、宗教信仰、风俗习惯等诸多方面不利于自然灾害的防范。在经济、生产方式、受教育水平、对外开放程度等方面相对落后，某些生产生活方式易于加重灾害造成的损失，在社会群体中处于弱势地位，在自然灾害防御中往往处于被动地位。

少数民族一般都保留自己民族的文化特征、风俗习惯，如宗族制、部族制等。虽然在法治体系已经完善的今天，仍不能消除本民族文化传统带来的思想束缚。如在四川省大凉山地区的少数民族文化传统中，如果某家孩子的父亲去世，母亲改嫁后就不得再继续照顾原来自己的孩子，即使是在一个村寨。结果造成许多孩子饱尝与母亲相见不能相认之苦，在生活中失去依靠被称为"失依儿童"，这些传统文化加重了地区的自然灾害社会易损性。

在中国一些少数民族分布在西南边陲的山地地区，交通不便、对外交往较少，受宗教信仰、文化传统等因素的影响，使得本民族对自然灾害持有不同的灾害观。他们认为：自然灾害是上天对人类所犯错误的惩罚。虽然在教义上有益于教导人们多做善事，但从思想上禁锢了人们对灾害的认识，只有被动地去接受自然灾害带来的破坏，加重了自然灾害对社会带来的损失。

四　中国自然灾害社会易损性评价指标体系

中国地域辽阔，自然灾害和社会经济状况的地域差异都十分明显，为揭示和刻画我国灾害易损性的状况，借助本书第九章建立的区域自然灾害社会易损性评价指标体系和易损性评价方法，尝试中国自然灾害的社会易损性评价。

（一） 中国自然灾害社会易损性评价指标的筛选

鉴于"区域自然灾害社会易损性评价指标体系"中的指标数量太多和数据的可得性，对指标进行筛选。指标筛选的主要步骤如下。

（1）进行关联度分析，进一步筛选与自然灾害关联度系数较强的指标。根据 1990 年—2010 年中国民政统计年鉴、中国统计年鉴、国家减灾网、自然灾害数据库和 EM—DAT 全球灾害数据库等相关的灾害分析机构发布的灾害信息统计资料，对自然灾害损失和已选取的社会易损性指标进行数据的收集整理。采用"灰色系统分析法"，对人口社会指标要素和自然灾害损失进行关联分析。为保证选取指标对自然灾害损失有较强的相关性，对关联度系数临界值进行区间估计。设关联度为近似服从正态分布总体，则计算总体均值 μ 置信水平为 95% 的置信区间。在总体样本方差未知的情况下，已知样本值求数学期望值 μ 的置信区间，采用估计函数：

$$\frac{\overline{X} - \mu}{S/\sqrt{n}} \sim t\ (n-1) \qquad\qquad （式 11—1）$$

其中：$\overline{X}$ 是样本值的平均值，S 是样本方差，n 是样本数

又有 $n = 31$，$\alpha = 0.05$，查表得 $t_{\frac{\alpha}{2}}\ (31) = 2.0423$，

$\overline{X} = 0.8140$，$S = 0.04736$

根据公式 11—1 计算 μ 的置信区间为 （0.7967 0.8314）

为选取较多的指标，在已选取的指标体系中筛选关联度系数 ≥0.7967 的指标值建立筛选后的指标体系，以确定选取的指标体系与自然灾害损失之间有较强的相关性。

（2）为保证指标体系的系统性、完整性、独立性和数据的可获得性，对已选指标进行层次划分时，确定每一个状态层都有

指标。同时考虑到生命线系统对自然灾害应急救援有重要的影响，因此将公路网密度纳入到中国自然灾害社会易损性评价指标体系中。

（3）根据指标选取具有一定的区域尺度代表性原则，在此基于地级市及以上行政单位为研究区域，是属于中级及较大尺度上的数据分析。因此将粮食产量、社会失业率、社会保障和福利业从业人数、公共管理和社会组织人数等纳入到了评价指标体系中。

（4）由于少数民族具有独特的宗教信仰、风俗习惯、生活方式，在一些方面具有较强的社会易损性。尤其是在中国西部地区少数民族集中分布的地区，其整体的社会易损性相对要高于东部地区，以此将少数民族人口比重也纳入到评价的指标体系中。

按照以上指标筛选要求和程序，在社会人口易损性系统中选取：女性人员比重、65 岁以上人口比重、14 岁以下人口比重、人口自然增长率、人口密度、采矿业从业人员数、交通运输业从业人员数、建筑业从业人员数、农业从业人员数。在社会结构易损性系统中选取：人口城镇化率、第三产业占 GDP 比重、公路网密度、农村居民人均纯收入、粮食产量、社会保障和福利业从业人数、公共管理和社会组织人数、医疗卫生机构个数、卫生技术人员、失业率。在社会文化易损性系统中选取：大学文化程度人数比重、文盲人数比重、广播电视覆盖率、城镇经济单位职工人数、少数民族人口比重。自然灾害社会易损性的三个系统中共计选择 24 个指标。

（二）数据基础与处理

1. 数据的收集

根据建立指标体系的要求，进行相关数据收集。

中国社会易损性评价数据库的建立，包括以上筛选的 24 个评价指标和 345 个评价单元。其中行政单元包括：（1）全国 283 个地级市；51 个地区（州、盟）。（2）对于直辖市进行了区别处理，由于北京、天津、上海直辖市设立较早，而且市区与周边辖区的差别有限，所以将其按合并的独立单元进行处理。对于重庆市，由于设立直辖市的时间较晚，而且市区与周边地区的经济发展程度差异较大，所以进行了以经济区为基础的分区区划，将重庆市划分为"都市经济发达区"，即主城九区（渝中区、大渡口区、江北区、沙坪坝区、九龙坡区、南岸区、北碚区、渝北区、巴南区）；"除都市经济发达区以外的一小时经济圈"、"渝东北翼经济区"、"渝东南翼经济区"。（3）海南省地级市以上单位有：海口市、三亚市，其他县市合并为海南台地区。（4）湖北省省管县：神农架林区、仙桃、潜江、天门由于分割较远没有进行统一合并。（5）香港、澳门、南沙群岛、台湾暂无详细数据，没有进行处理。

各指标的统计数据来源于：中国民政统计年鉴，中国统计年鉴，31 个省（自治区、直辖市）和部分地级市 2010 年统计年鉴，2010 年中国区域经济统计年鉴，2010 年中国城市统计年鉴，2010 中国县（市）社会经济统计年鉴，第六次全国地市人口普查公报，各地市政府经济统计公报和政府工作报告等统计信息。

地理地图数据源于：国家基础地理信息数据，1∶400 万的国界、省、地市、县界限；省、地市、县居民点的 e00 文件数据和现有的政府行政区单元进行核实处理。

2. 数据的处理

根据指标与自然灾害的关系将其分为，正向指标（指标值越高社会易损性越大）和负向指标或逆向指标（指标值越高社会易损性越小）。

正向指标：女性人口数量、65 岁以上人口数量、14 岁以下人口数量、人口自然增长率、人口密度、采矿业单位从业人员、交通运输业从业人数、建筑业从业人数、农业人口、失业率、文盲人数比重、少数民族人口比重；

逆向指标：公路网密度、人口城镇化率、第三产业占 GDP 比重、农村居民人均收入、粮食产量、卫生、社会保障和社会福利业从业人数、公共管理和社会组织从业人数、医疗卫生机构数、卫生技术人员、大学文化程度人数比重、电视覆盖率、城镇经济单位在岗职工人数。

在数据处理中需要对数据进行消除量纲的影响，本书采用极值化方法处理，使每个评价指标值在 0—1 之间。对所有指标按照正向，负向指标分别进行标准化处理。采用的处理方法按照下面的公式进行：

X（正指标）=（Xi. Xmin）／（Xmax. Xmin）

X（负指标）=（Xmax. Xi）／（Xmax. Xmin）　　　　（式11—2）

式中：X 为归一化后的数据；Xi 为各指标的原始数据；

Xmin 为原始数据中最小值；Xmax 为原始数据中最大值。

对数值进行无量纲化处理

对获得的国家 1：400 万基础地理底图数据进行数据格式的转化和地理投影的转化。采用 Arcgis9 软件将原始地理地图的 e00 文件格式转化为软件支持的 shap 格式；并将地理坐标图转化为高斯克吕格投影地图。

（三）指标权重的确定

采用层次分析法（AHP），对 24 个指标进行权重的设置。在权重确定时参照各指标与自然灾害损失之间的关联度大小和专家问卷调查结果，进行相对重要性判断。根据多层次权重相叠加，以确定单一指标的权重值，结果见表11—1。

表 11—1 **自然灾害社会易损性评价指标及其权重**

	指标层	权重值
社会人口易损性	女性人员比重	0.047612
	65 岁以上人口比重	0.031738
	14 以下人口比重	0.015874
	人口自然增长率	0.015875
	人口密度	0.031754
	采矿人员数比重	0.076179
	交通运输业人员数比重	0.057134
	建筑业从业人员数比重	0.038090
	农业从业人数比重	0.019045
社会结构易损性	第三产业占 GDP 比重	0.053336
	公路网密度	0.026664
	农村居民人均收入	0.008892
	人均粮食产量	0.017788
	社会保障、福利从业人数比重	0.017772
	公共管理和社会组织人数比重	0.035548
	每万人医疗卫生机构个数	0.044436
	卫生技术人员比重	0.088884
	失业率	0.106680
社会文化易损性	大学文化程度人数比重	0.059264
	文盲人数比重	0.029641
	广播电视覆盖率	0.088904
	城镇经济单位职工人数比重	0.059264
	少数民族人口比重	0.029627

（四）社会易损度的计算及等级划分

根据社会易损性计算公式（如下所示），对经过无量纲化处理的各地市（区）自然灾害社会易损性指标和确定的各指标的权重值，进行计算，即可得出相应的易损性值。

$$R = \sum_{i=1}^{n} Fi * Wi \qquad \text{（式 11—3）}$$

R 表示区域自然灾害社会易损性综合指数；Fi 表示某地区第 i 指标的标准值；Wi 表示第 i 种指标的权重

根据各指标的权重叠加得出中国自然灾害社会人口易损度、社会结构易损度、社会文化易损度和综合自然灾害社会易损度。

自然灾害社会易损性评价是相对指标评价方法，现在还没有统一的标准值。目前大多采用等级划分来表达易损性相对强度大小的差别。本书采用自然分割法（在分级数确定的情况下，通过聚类分析将相似性最大的数据分在同一级，差异性最大的数据分在不同级，这种方法可以较好保持数据的统计特性）对社会易损度进行等级划分。从区域灾害管理角度出发，一般将社会易损度划分为 5 个等级：低度易损、较低易损、中度易损、较高易损、高度易损。

五　中国自然灾害社会易损性评价

通过以上计算得出中国自然灾害社会易损性，社会人口易损度、社会结构易损度、灾害文化易损度、综合易损度。经过 Arc-gis9.3 软件处理，进行灾害易损性的空间信息表达（详见图 11—2、图 11—3、图 11—4、图 11—5）。

（一）中国社会人口易损性评价

人既作为致灾因子又作为承灾体，是自然灾害系统的主体部分。在此将人口作为重要的受灾体进行考虑，老、弱、病、残、幼、女性等人口，在社会中处于脆弱和易损状态，属于社会人口易损群体；在从事职业方面，采矿业、交通运输业、建筑业风险指数较高，属于职业易损群体；农业生产虽然职业本身风险指数并不高，但是农田水利、粮食生产、经济作物生产过程中容易受到各种自然灾害的威胁，农业生产也具有了一定的风险；在人口压力方面，迅速增加的人口自然增长率和较高的人口密度都增加了潜在的社会人口易损性。

从中国自然灾害社会人口易损性空间分布图（图11—2）可见：

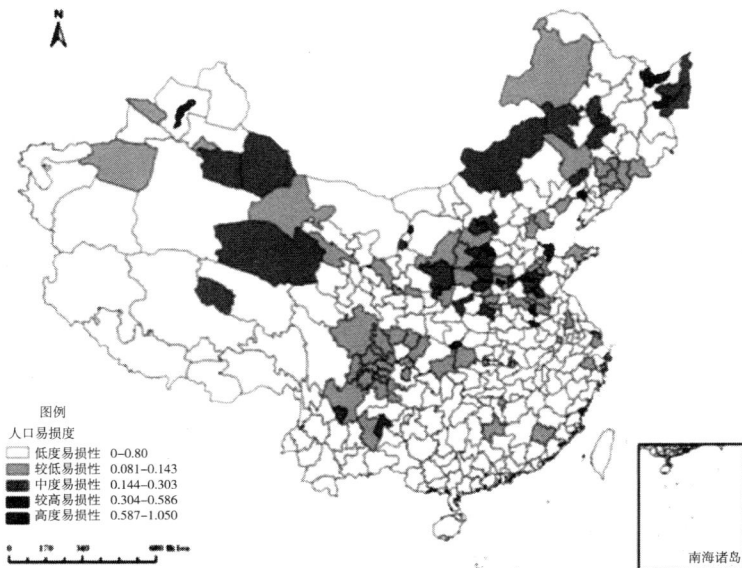

图 11—2　中国自然灾害社会人口易损性

（1）在中国，灾害人口易损性严重的地区空间分布零星，地域面积较小，大部分区域的灾害人口易损性较轻。

（2）人口易损度高值出现在，新疆的克拉玛依；内蒙古自治区的乌海；黑龙江省的七台河、鹤岗、双鸭山、大庆；山西的大同、阳泉、晋城；河南的平顶山；辽宁的盘锦；山东的东营、泰安、济宁、枣庄；湖北的神农架林区；安徽的淮北、淮南等地区。

（3）较高易损度值出现在，新疆的吐鲁番地区、哈密地区；辽宁的松原、阜新；内蒙古的锡林郭勒盟、兴安盟、通辽；山西的吕梁、晋中、长治、朔州；河北的唐山、邯郸；河南的焦作、三门峡、商丘；江苏的徐州；贵州的六盘水；云南的曲靖；四川的攀枝花、凉山州等地区。

（4）中度易损性值出现在新疆的阿克苏地区、博尔塔拉地区；甘肃的酒泉市、白银；青海的海西州、海北州；内蒙古的呼伦贝尔、锡林郭勒、赤峰；山西的临汾；河南的南阳；湖北的宜昌、恩施；四川的达州、宜宾、乐山、内江；湖南的邵阳、衡阳、郴州；江西的萍乡；福建的龙岩等地区。

从以上灾害人口易损性的空间分布格局中，我们可以发现人口易损度较高值出现有以下特点：

（1）矿业为主导产业的城市，易损职业中采矿业从业人数比重较高的地区人口社会易损度相对较高。如，大同、阳泉、唐山、平顶山、枣庄、大庆、六盘水、攀枝花、克拉玛依等城市。

（2）新疆东南部、甘肃西部、青海西北部、四川南部、云南、贵州部分地区由于少数民族集中分布，使得该地区的社会人口易损度水平相对较高。

（3）内蒙古东部、华北北部、东北西南部农牧交错带地区人口易损度较高，主要与当地脆弱的生态环境和粗放的农业生产活动有密切的关系。

（二）　中国社会结构易损性评价

社会结构包括社会经济系统、社会保障系统、社会公共安全管理系统、灾害管理系统。社会结构反映了一个地区对自然灾害的应对能力和社会遭遇自然灾害后的恢复能力。一般情况下，社会结构越差则社会易损度越高，应对灾害的能力较弱。在此将城镇化率、第三产业占 GDP 的比重作为城镇经济水平的衡量指标；公路网密度作为生命线救灾保障指标；将农村农民纯收入、粮食产量作为区域农村经济和社会资本的指标；将社会保障、福利从业人员数、公共和社会管理人员数、医疗卫生水平作为社会组织和社会保障的指标；将失业率作为社会稳定与安全指标。

从中国自然灾害社会结构易损性空间分布图（图11—3）可见：

（1）中国灾害社会结构易损性整体较为严重，中度易损以上的地区占了国土面积的一半以上，高度易损的地区集中连片分布。

（2）高度易损分布区有：内蒙古自治区的乌兰察布盟；宁夏的石嘴山市、固原市；甘肃的武威市；青海的海北州、海南藏族自治州、海东地区；西藏的昌都地区；云南的大理白族自治州、怒江州、楚雄州、曲靖、昭通、临沧、丽江等地区；贵州的安顺、黔南州、毕节地区、铜仁地区；重庆的渝东北翼、渝东南翼；广西的百色、梧州、来宾、桂林、北海等地区；湖南的益阳、邵阳、张家界等地区；湖北的咸宁、孝感、荆州、神农架等地区；山东的临沂、济宁、枣庄等地区。

（3）较高易损区分布在黑龙江的鸡西、鹤岗、佳木斯、七台河、双鸭山、伊春、齐齐哈尔、大庆等地区；吉林松原、白城、松原、丹东、铁岭等地区；辽宁盘锦、锦州、朝阳、阜新等

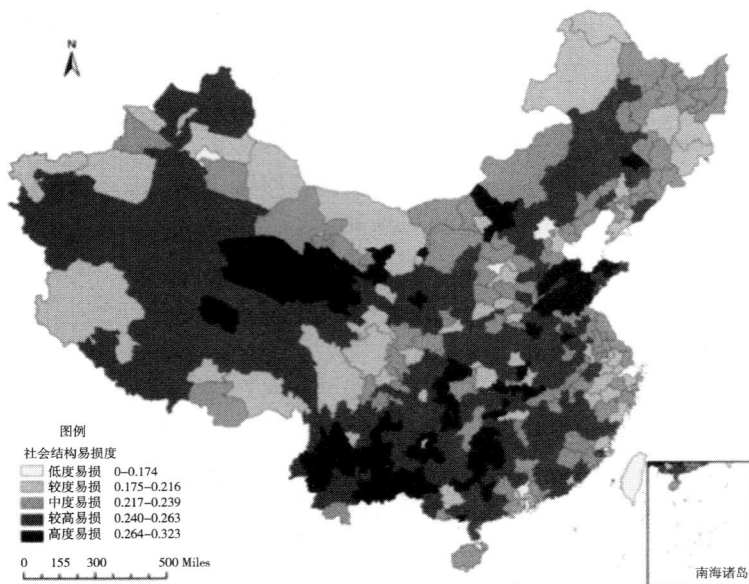

图 11—3　中国自然灾害社会结构易损性

地区；内蒙古阿拉善盟、乌海、赤峰，锡林郭勒盟等地区；河北
张家口、承德、衡水；山西大同、忻州；山东滨州、东营、德
州、聊城、济宁、泰安、枣庄、菏泽等地区；河南鹤壁、焦作、
济源、三门峡、开封、平顶山、漯河等地区；安徽宿州、淮北、
淮南、阜阳、滁州、马鞍山、安庆、池州等地区；湖北黄冈、随
州、天门、荆门、恩施等地区；江西上饶、鹰潭、景德镇、新
余、吉安、抚州等地区；福建的龙岩、三明、南平等地区；广西
的崇左、河池、贵港等地区；湖南的郴州、邵阳、永州、怀化、
常德等地区；贵州的黔西南、毕节、遵义、黔东南等地区；云南
的普洱、玉溪等地区；四川的甘孜州、阿坝州、广元、巴中等地
区；甘肃的甘南藏族自治州、临夏、定西、天水、酒泉等地区；

陕西的榆林、宝鸡等地区；新疆哈密、阿勒泰、阿克苏、塔城、巴音郭楞州等地区。

从以上可以发现中国社会结构易损性空间格局呈现以下特点：

（1）社会结构及经济发展易损性高低与经济发展水平有密切关系。新疆、西藏、青海、甘肃、云南、贵州、内蒙古、宁夏、广西等经济水平较低的地区以及部分少数民族积聚地区的社会结构易损性相对较高。

（2）社会结构及经济发展易损性较低值，主要集中分布在东部沿海经济发达地区，上海、浙江、广东等沿海经济区，其社会经济发展程度相对较好，社会基础设施、社会保障、救助制度和防灾减灾机制建设相对比较完善，社会整体防范自然灾害和灾后的恢复能力相对较高。

（3）人口城镇化率越高、第三产业的比重越大、社会保障及卫生医疗机构相对完善的大城市、省会城市的社会易损性程度相对较低。主要是由于这些地区经济发展水平较好，拥有较好的社会资源、社会保障体系使得自然灾害是社会易损性相对较低。

（三）中国灾害社会文化易损性评价

社会文化易损性的影响因素较多，但大多难以直接量化表示，比如人们的灾害意识、社会道德水平、开放程度等。在此考虑到指标选取的可操作性和代表性，将大学文化程度人口比重、文盲人口比重作为居民的受教育水平和社会文明程度的表达；将城镇经济单位职工人数作为社会组织能力的代表。通过计算和加权叠加，将我国社会灾害文化易损度划分为 5 个等级，

通过对中国自然灾害社会灾害文化易损度空间格局分布分析（图 11—4）。我们可以发现：

（1）灾害文化易损度最高值出现在新疆的塔城地区、伊犁

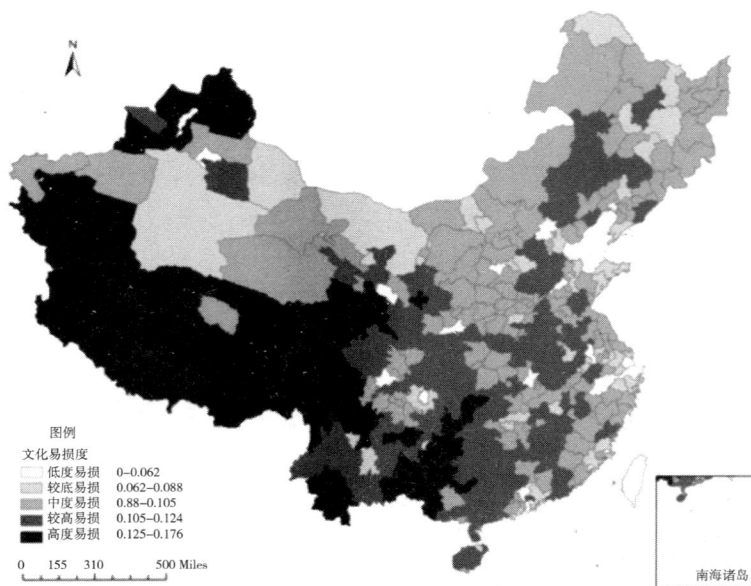

图 11—4   中国自然灾害社会灾害文化易损性

州等地区；西藏的阿里地区、那曲地区、日喀则地区、山南地
区、昌都地区、林芝地区；青海的玉树藏族自治州、海东地区；
四川的凉山州、甘孜州等地区；甘肃的陇南地区、定西、临夏州
等地区；安徽、河南的部分地区；云南、贵州的大部分地区。整
体来看中国西北地区、西南地区的灾害文化易损性值较高。

（2）较高值出现在，新疆西部、青海的部分地区、四川、
甘肃、宁夏、云南、贵州的部分地区；湖南西部、广西西南部、
江西北部、福建西部、河南南部、安徽南部、山东西部、河北东
南部等地区的文化易损性程度较高；内蒙古的通辽、兴安盟、吉
林的辽源、黑龙江的黑河、佳木斯、绥化等地区的灾害文化易损
性水平较高。

从以上可以发现社会灾害文化易损性高值和较高值呈现以下特点：

（1）中国社会灾害文化易损性呈现出较高的水平。中部、西部地区的灾害文化易损性要大于东部地区的社会易损性。特别是受教育程度相对较低、文盲人口占社会人口比重较大的地区的社会灾害文化易损性相对较高。

（2）灾害文化易损性较高区与少数民族的分布一定的相关关系。整体来看，少数民族积聚地区，如西北、西南地区的灾害文化易损度较高。主要是由于少数民族积聚地区的受教育水平相对较低，而且受少数民族的文化传统、风俗习惯、自然灾害观念等因素的影响。

（四）中国灾害社会易损性的综合评价

社会易损性是一个地区应对自然灾害能力的综合体现。社会易损性包括，社会人口易损性、社会结构易损性、社会文化易损性。通过加权叠加计算，将我国社会灾害易损度划分为 5 个等级，经过 Arcgis9.3 软件空间信息的表达见图 11—5。

通过中国自然灾害社会易损性空间格局分布（图 11—5），我们可以发现：

（1）灾害社会易损度最高值出现在黑龙江的鹤岗、七台河；辽宁的盘锦；山西的阳泉；新疆的克拉玛依市；湖北的神农架地区等

（2）灾害社会易损度较高值出现在黑龙江的鸡西、双鸭山、大庆；吉林的松原、辽源；辽宁的阜新；内蒙古的通辽、兴安盟、锡林郭勒盟、乌海；山东的东营、泰安、济宁、枣庄；山西的大同、晋城等；河南的濮阳、鹤壁、平顶山、三门峡；安徽的淮北、淮南；陕西的铜川、延安；宁夏的固原；新疆的吐鲁番地区；青海的海西地区；云南的曲靖、昭通地区；贵州的六盘水、

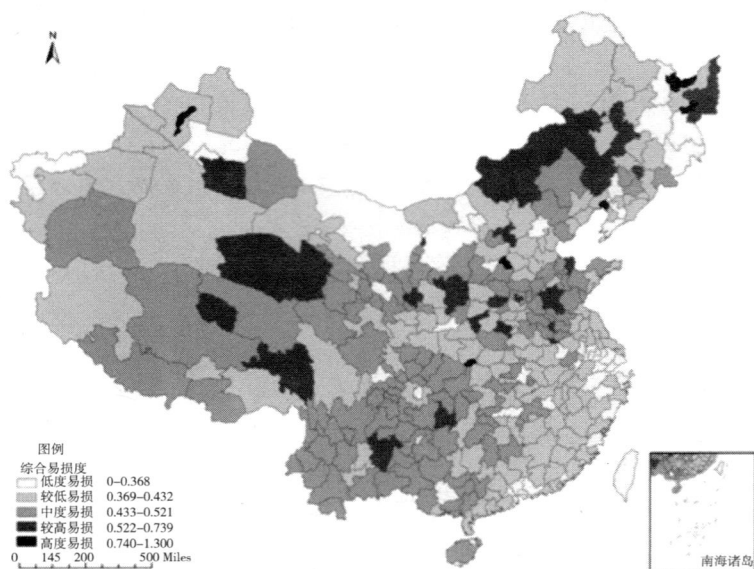

图 11—5　中国自然灾害社会易损性

同仁地区。

（3）灾害社会易损度中度值出现在：内蒙古的呼伦贝尔、赤峰；吉林的白山、通化、辽源；辽宁的抚顺、本溪、朝阳、葫芦岛；河北的唐山、张家口、承德、邢台、沧州；山西的忻州；河南的安阳、南阳、洛阳、许昌、商丘、山东的临沂、莱芜等；安徽的宿州、马鞍山；湖北的恩施、宜昌；四川的广安、达州、广元、攀枝花、乐山、宜宾、自贡、内江；江西的宜春、萍乡、赣州；福建的龙岩；广西的河池、百色；云南的文山州、红河州、楚雄州、大理、昭通；贵州的黔西南、安顺等地区；西藏的昌都地区、那曲地区；青海的海西州；新疆的吐鲁番地区、伊犁州；宁夏的白银市、石嘴山等地区；甘肃的固原、平凉地区；陕西的咸阳、铜川等地区。

通过以上分析，我们可以发现灾害社会易损度较高值出现以下特点：

（1）社会易损性最高值出现在矿产资源开采型城市。如：鸡西、大庆、枣庄、淮北、淮南、阳泉、晋城、平顶山市等城市。采矿业在从业的职业中是属于高危险性行业，尤其是以煤炭开采为主的北方地区的矿业城市更为明显。煤矿的瓦斯爆炸、塌方、透水等严重的责任事故造成大量人员的伤亡，一次次的矿难让人触目惊心。

（2）北方农牧交错带从大兴安岭西侧的呼伦贝尔盟，向西南经内蒙古东南部锡林郭勒盟、兴安盟、赤峰、通辽；河北北部张家口、承德；山西北部大同、朔州、吕梁等地区；陕北榆林、延安、石嘴山、吴忠等地市，向西延伸到西北地区是从半干旱区向干旱区过渡的地带。受降水的影响，这一地带在土地利用方式上呈农牧交错或农牧交替态势。该地区自然灾害频发、生态环境脆弱、社会经济水平相对较低、社会综合易损性较高。

（3）黑龙江、松花江、乌苏里江流域、三江平原地区。鸡西、鹤岗、双鸭山、七台河；松花江流域的白山、通化、本溪、抚顺、铁岭等地区的灾害综合易损度较高。该区域除了有部分是属于矿业开采为主导产业的地区之外，与当地的洪涝灾害、冰冻灾害多发和沼泽地破坏、生态环境恶化有一定的关系。

（4）环渤海经济开发区。辽宁的盘锦、营口、葫芦岛；河北的唐山、沧州；天津；山东的淄博、烟台、东营等环渤海经济地带。该区域人口分布集中，经济发展主要以重工业为主，矿业开采与冶炼、机械加工与制造、经济发展中造成环境污染严重。另外，在此区域内旱涝灾害变化频繁、地面沉降、盐渍化严重、受寒潮冰冻灾害影响，并且位于地震断裂带上，其社会综合易损度较高。

（5）山东半岛丘陵地区。包括山东半岛西南部、安徽北部、河南东部地区。山东的泰安、济宁、枣庄、临沂、莱芜等地区；江苏北部徐州；安徽北部宿州、淮北、淮南；河南东部商丘等地区。该地区是中国传统的农业生产地区，人口密度大、分布集中，而且多旱涝灾害、社会经济水平相对较低导致社会综合易损性水平相对较高。

（6）黄土高原、华北西部、北部地区。包括山西、陕西、宁夏黄土高原地区；河北西部、北部；河南西部、北部地区。其中黄土高原的大同、朔州、阳泉、晋中、长治、吕梁、临汾、榆林、延安、渭南、铜川、咸阳、平凉、固原、白银；河北、河南西部、北部的华北平原地区的邢台、邯郸、安阳、濮阳、鹤壁、焦作、洛阳、三门峡、南阳、平顶山等地区自然灾害社会易损度相对较高。主要是由于该地区分布着丰富的煤矿资源、铁矿石资源，在从业人口比重中采矿业人口占有较高的比重。另外，该地区是中国传统的农业生产地区，但是受降水条件的制约，多干旱、风沙、寒潮、霜冻等气象灾害的影响。

（7）南方低山丘陵地区。包括福建的龙岩；江西的赣州、萍乡、宜春；湖南的郴州、衡阳、娄底、邵阳等地区的自然灾害社会易损度水平较高。主要与该地山区地区受交通条件的制约经济发展相对较慢；另外有严重的滑坡、泥石流自然灾害、洪涝灾害的影响，经济水平相对较低、交通通达度相对较差导致其社会易损性水平相对较高。

（8）西南高原、山地、盆地地区。包括云贵高原、四川盆地部分地区、武陵山区等地区。贵州的六盘水、铜仁、安顺、黔西南；云南的大理州、楚雄州、文山州、红河州等地区以及相邻的广西百色、河池等地区；四川的自贡、宜宾、凉山州、攀枝花、广安、达州、广元、眉山、内江、乐山等地区；湖北的恩施等地区的自然灾害社会易损度水平较高。西南地区分布着广发的喀斯特地貌区，其土地承载能力低、人口压力大、交通不便、经济水平相对落后；文化素质水平不高和灾害防范意识较差。但是由于该地区山地分布广泛，旱涝灾害、滑坡、泥石流、地震等灾害严重，造成西南地区的自然灾害社会易损性水平相对较高。

（9）西北、西南少数民族积聚地区。包括新疆维吾尔族自治区、青海、西藏、云南、贵州等少数民族集中分布的地区。如新疆的克拉玛依市、伊犁州、吐鲁番地区；青海的海西州、海南藏族自治州；西藏的那曲地区、昌都等地区的自然灾害社会易损性水平相对较高。主要是由于该地区在社会方面该地区经济水平相对落后、教育程度水平较低、交通通达度相对较低，同时与少数民族的文化传统、风俗习惯、宗教信仰等因素的影响。另外，该地区具有严重的干旱、风沙、冻害等自然灾害；以及位于地震活动断裂带上，地震灾害的风险指数较高，使得该地区的自然灾害社会易损性整体水平相对较高。

（10）在新疆、西藏的部分地区，人口密度极低，甚至是无人分布的地区。如西藏的阿里地区，新疆的塔克拉玛干沙漠地区，分布着广阔的沙漠、戈壁、高原荒漠。由于人烟稀少或无人区、缺乏人口的分布，使得社会的自然灾害社会易损性相对要低。

从中国自然灾害社会易损性的空间格局来看，高度自然灾害社会易损性分布区、较高社会易损性分布区，呈现出从东北向西南延伸的趋势。从东北三江平原，向西经北方农牧交错带到黄土高原地区；从华北平原、环渤海经济地带，经山东半岛南部丘陵区向西南方向延伸；从武陵山区、四川盆地边缘山区到云贵高原区，在中国人口分布过渡带上，表现出相对较高的社会易损性。

在大区域单元上呈现出，在北方地区、西南地区的社会易损度相对较高，东部沿海地区，以及西北的沙漠、戈壁荒无人烟地区的社会易损度相对较低。主要是由于东部沿海地区的社会经济发展水平较高，基础设施建设相对比较完善，社会文化教育水平和人们的防灾减灾意识相对较高，社会抵御自然灾害的能力和社会遭受自然灾害之后的恢复能力相对较高。西北的沙漠、戈壁和高寒地区，如：塔克拉玛干沙漠、西藏的阿里地区，由于生存环境恶劣极少有人口分布，社会易损性自然相对较低。

六　中国自然灾害社会易损性区域分析

自然灾害最终作用于人类与人类社会环境。社会经济发展水平代表了一个地区人类改造自然环境、建立人为环境的能力的大小。以社会发展经济水平和人为环境的空间差异为基础，分析自然灾害社会易损性的空间分布，能够进一步揭示人类改造自然环境和自然灾害反作用于人类和人类社会的致灾效应，以及人类社会的应对灾害能力之间的博弈关系。同时也反映了不同地区之间人地关系失衡状况与自然灾害强度分布的区域差异性。

按照经济发展水平和发展速度，将中国从东向西划分为：东部、中部、西部三个经济地带。根据三个经济地带和区域灾害强度来分析区域自然灾害社会易损性的空间差异。

（一）东部经济地带自然灾害社会易损性区域分析

东部经济地带包括：辽宁、河北、北京、天津、山东、江苏、上海、浙江、福建、广东、广西、海南 12 个沿海的省、直辖市。面积占全国 16%，人口占全国 42%，GDP 约占 60.4%，是中国经济最发达的地区。中国主要的工业基地——辽宁中南部、京津唐、沪宁杭地区都集中于此，重要的农业基地——黄淮海平原的大部分、长江三角洲、珠江三角洲也分布在这一带。从全国看东部沿海地带经济和科学技术发展水平较高，工业、农业、交通运输业和通信设施的基础好，商品经济比较发达，与海外经济联系密切，信息灵通、交通便利、社会基础设施建设良好、区域经济发展水平较高。

东部经济地带位于地势的第三阶梯之上，地形大多位于河流的冲积平原和冲积三角洲地区，地势平坦、土壤肥沃、农业基础好；南方地区河流众多、降水丰沛、水资源丰富。气候上是属于温带季风和亚热带季风气候区，气候湿润、雨热同期、有利于农业生产。

在自然灾害分布方面，北部沿海地区与南部沿海地区有一定的差异性。北方环渤海经济地带的灾害类型主要有寒潮、沙尘暴、冰冻、旱灾、涝灾等气象灾害，地震、滑坡、泥石流等地质灾害，部分沿海地区较少受台风的影响。南部沿海经济地带主要是受到台风、旱涝灾害等气象灾害，山地丘陵地区有滑坡、泥石流、地面塌陷等地质灾害，台湾海峡两岸具有较高的地震灾害风险等级。在自然灾害风险分布中华北平原及京津唐地区、长江三角洲及长江下游沿江地区、淮河流域都是自然灾害风险较严重的地区。

通过东部沿海经济地带的社会易损度分布图（图11—6），我们可以发现：

（1）东部沿海经济地带的自然灾害社会易损性北方沿海区域大于南部沿海区域。以江苏省为界限，苏南、上海以南沿海地区的自然灾害社会易损性水平相对较低；江苏省苏中、苏北以北地区的自然灾害社会易损性水平相对较高。江苏省在南北灾害易损性分布区中既具有北方灾害区的特点，也具有南方灾害区易损性的特点，属于中间的过渡地带。

（2）南部沿海区域中，福建西部武夷山山区的龙岩市、海南岛中部台地地区和广西西部的河池、百色地区的自然灾害社会易损性水平相对较高。主要与这些地区特殊的山地地貌和相对落后的经济发展水平有一定的关系。

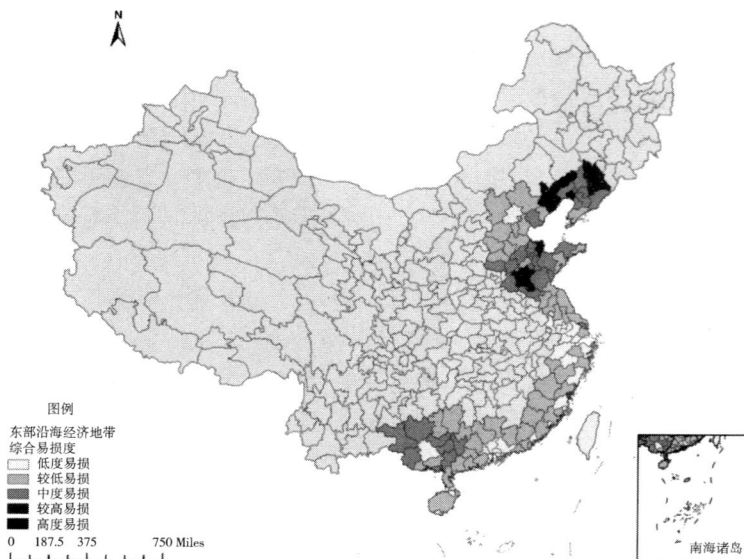

图 11—6　东部沿海经济地带的社会易损度分布

（3）在北部沿海经济地带中，山东中南部、环渤海地区以及典型的矿业城市的社会易损性水平相对较高。如徐州、枣庄、济宁、泰安、东营、唐山、盘锦等地区具有高度易损性。

东部经济地带自然灾害社会易损性水平总的来看，南北差异明显。

北方沿海地区的易损性水平相对较高，特别是环渤海地区。主要原因有：第一，环渤海地区（包括华北平原、山东半岛中南部山地丘陵区和京津唐地区）具有较高的灾害风险指数。第二，社会经济发展相对晚于南方的长三角和珠三角地区，社会结构及经济发展和基础设施建设有待进一步的完善。环渤海的京津唐地区是典型的重工业经济区，以资源开发为主的矿业城市分布较多，环境污染、生态环境破坏严重，增加了该区域的社会易损性指数。

在南方沿海经济地带中明显可以看出，长江三角洲和珠江三角洲的社会易损性水平相对较低。主要是由于该地区社会经济发展水平较高，而且主要从事于轻工业和加工工业，对资源环境的依赖程度相对较低。在灾害背景中，虽然长江中下游地区有较大的洪涝灾害风险；上海到海南沿海区域有较大的台风灾害风险，但是现在的洪水和台风监测技术基本成熟、人们在与自然灾害斗争中积累了丰富的经验，从整体来看其社会易损性水平相对较低。社会易损性水平相对较高值出现在福建西部的武夷山山区、广西西部山区和海南岛中部台地等地区，与该地区少数民族集中分布、交通不便、经济发展程度相对落后等因素有直接的关系。

（二）　中部经济地带自然灾害社会易损性区域分析

中部经济地带包括：吉林、黑龙江、内蒙古自治区、山西、河南、安徽、湖北、湖南、江西9个省、自治区。面积占全国27%，人口占全国35%，GDP约占26.4%，是中国经济发展中的过渡地区。在国家"中部崛起经济战略"政策的支持下中部地区逐步建立了，中原城市群、皖江城市带、武汉城市圈、长株潭城市群等经济发展区，发展潜力巨大。中部经济地带的自然资源丰富，主要有分布在山西、内蒙古、黑龙江丰富的煤炭资源，如山西省就是西电东送、北煤南运的主要省区。在南方自然资源主要分布在湖南、江西等地，有丰富的有色金属矿产。另外，中部经济地带的劳动力资源丰富，分布着全国三分之一以上的农村人口，河南、湖北、安徽都是较大的劳务输出省份。

地形以平原、高原和丘陵为主，大兴安岭、太行山、巫山、雪峰山为界的二三阶梯分界线从区域中通过。内蒙古高原、黄土高原以及南方的低山丘陵地区的生态环境比较脆弱，人地关系矛

盾比较突出、受自然灾害的影响相对比较严重。从大兴安岭西
麓、向西南经内蒙古东南部、张北高原、山西高原的农牧交错带
地区容易遭受严重的旱灾、沙尘暴、寒潮、冻害和水土流失、荒
漠化等自然灾害。在南方的低山丘陵地区受水土流失、暴雨洪涝
灾害、滑坡和泥石流等自然灾害的影响较大。在平原区主要有东
北平原、华北平原、长江中下游平原，其中东北的松花江流域和
南方的长江中下游地区的洪水灾害比较严重。如 1998 年长江流
域和松花江、嫩江流域地区遭受罕见的洪涝灾害，人民的生命财
产和社会经济发展遭到严重的打击。另外，黄河冲积平原区也具
有严重的旱涝灾害、土壤盐碱化等自然灾害，水资源缺乏现象成
为社会经济发展的重要问题之一。

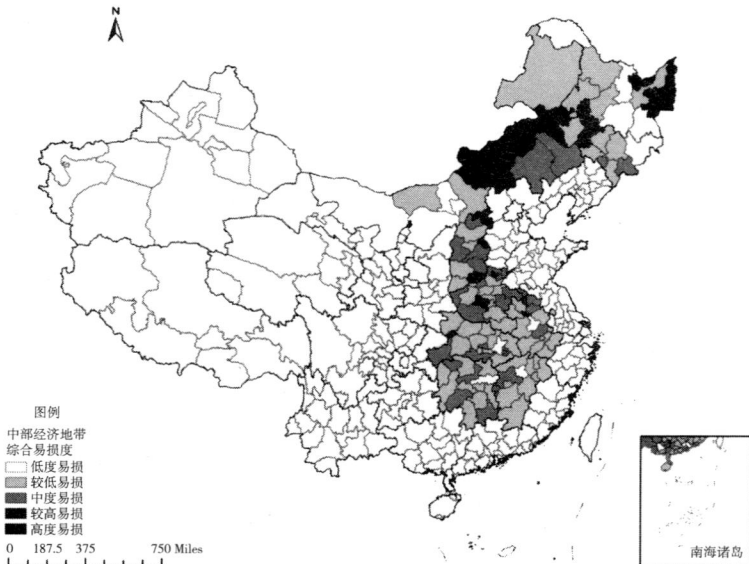

图 11—7　中部经济地带的社会易损度分布

从中部经济地带自然灾害社会易损性方面（图11—7），我们可以发现：

（1）中部经济地带的自然灾害社会易损性从南北格局来看，以河南省、安徽省为界，以北地区的灾害社会易损度要高于南方地区的灾害社会易损度。

（2）在北方区域中社会易损度较高的地区主要分布在：北方农牧交错带、山西高原、河南和安徽北部地区、辽河下游和三江平原地区。其中以山西省和内蒙古自治区东部的灾害社会易损性水平较高。主要是因为该地区在社会经济生产活动中主要是从事采掘业、种植业和放牧业。采掘业主要是以煤炭资源开采为主，从事采矿业的人员在社会人口中的比例较高，使得社会职业风险程度较高。山西、内蒙古等地的农业生产主要是旱作农业和放牧业，而这种靠天吃饭、粗放的农业生产方式对自然灾害的抵御能力较低。河南省和安徽省位于南部分区和北部分区的过渡地带，受自然灾害的类型复杂，旱涝灾害频繁给本地区的农业生产带来较大的风险。另外，此区域位于东部季风气候区和西北干旱半干旱气候区的过渡地带，生态环境的承载能力较小、生态脆弱，自然灾害的多发，自然环境受自然灾害的冲击较大。

（3）在南方区域中社会易损度较高的地区主要分布在：湖北的宜昌、恩施、黄石；江西的宜春、萍乡、赣州；湖南的郴州、衡阳、娄底、邵阳等地区。主要是由于这些地区分布在山地、丘陵地区受交通和地理环境的影响，社会经济水平相对较低，应对自然灾害的能力不高。尤其是位于江南丘陵的郴州、衡阳等地区的有色金属开采造成植被破坏、水土流失、环境污染对当地的生态环境造成严重的破坏。同时，该地区位于降水频繁和相对集中的山地、丘陵地区，洪涝灾害、滑坡、泥石流等诱发自然灾害分布广泛，特别是相对贫穷的山区地区，受自然灾害的影响是非常明显的。

中部经济地带的总体社会经济发展水平相对低于东部经济地

带的经济发展水平，同样在社会防灾减灾的能力建设、灾害防范意识、基础设施建设等方面低于东部经济地带的社会灾害防范能力建设。东西方向上相比，中部经济地带在社会灾害社会易损性方面要高于东部经济地带的灾害易损性水平，这与地区的人口结构、社会发展水平以及该地区的平均受教育程度和灾害防范意识有重要的联系。在中部经济地带中北方地区的灾害社会易损性要高于南方地区的灾害社会易损性水平，主要与北方地区广泛分布着煤炭、铁矿石等矿产资源。矿产资源的开采以及脆弱的生态环境和相对落后的社会经济发展水平造成该地区社会易损性水平相对较高。另外，中部经济地带位于中国东部和西部的过渡地带，无论是在经济水平上还是在自然环境上都存在相对脆弱性的方面，因此成为中国自然灾害易损性水平相对较高的地区。

（三）西部经济地带自然灾害社会易损性区域分析

西部经济地带包括新疆维吾尔自治区、西藏自治区、青海省、云南省、贵州省、四川省、重庆市、陕西省、甘肃省、宁夏回族自治区等 10 个省（直辖市、自治区）。西部经济地带占全国总面积的 57%，但人口只占到全国总人口的 23.2%，而大部分的人口分布区主要集中在重庆、四川、陕西等偏东省区，新疆、西藏、青海等地区人口主要集中在城市。同时该区域也分布着广阔的沙漠、戈壁和高寒高原、生存条件恶劣成为无人区。西部经济地带是中国经济发展最薄弱的地区，GDP 仅占全国的18.4%，总体消费水平低于中、东部地区。

在自然地理环境方面，西部地区地形主要是以高山、高原、盆地和沙漠为主，在山地和盆地的中间间歇分布着部分地势较平坦的平原、坝子和河谷地形，成为人口集中分布的地区。特别是分布在狭长河道两侧的居民区容易受到滑坡、泥石流和洪水灾害的危险，如汶川县城的分布。西部地区分布着较多的地震断裂带，如贺兰山（银川）地震断裂带、天山南北地震带、阿尔泰山地震带、康定—甘孜地震带、滇西金沙江、怒江地震带。西部地区的气候条件复杂，西北地区是典型的大陆性气候分布区，冬季寒冷干燥、夏季高温少雨，形成了西北地区草原、沙漠为主的自然景观；青藏高原高寒区，海拔高、寒冷干燥，形成广阔的草原、草甸区域，受干旱、冰雪冻害等自然灾害影响较大，生态环境极其脆弱。

　　通过西部经济地带自然灾害社会易损度分布（图 11—8），我们可以看到：自然灾害社会易损性较高值，主要集中在三个区域：陕西、宁夏、甘肃即北方农牧交错带的西部边缘地区；云南、贵州、四川的喀斯特地貌地区和少数民族聚集区；新疆、西藏、青海等少数民族集中分布区。

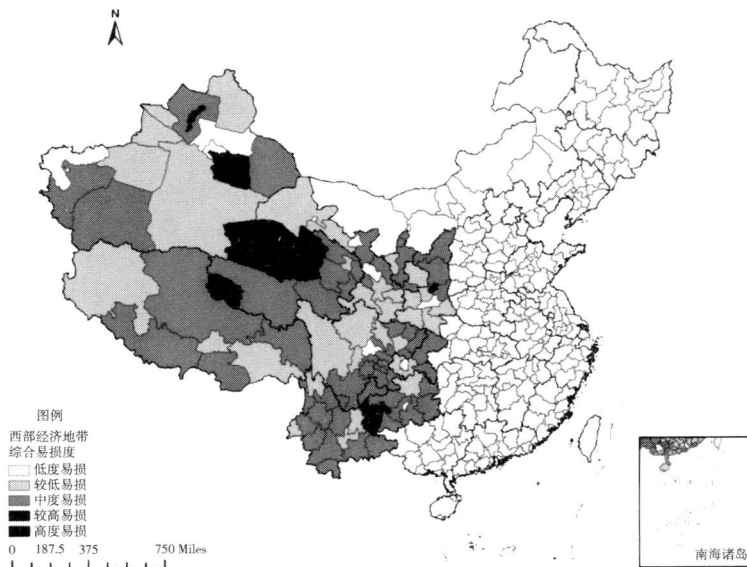

图 11—8　西部经济地带的社会易损度分布

（1）北方农牧交错带西部边缘和延伸区域。包括榆林、延安、渭南、吴忠市的自然灾害社会易损性的高度易损区和白银、固原、平凉、咸阳、铜川的自然灾害社会易损性较高值区域。其灾害社会易损性水平相对较高的主要原因有：第一，该地区社会经济发展水平相对较低、交通不便、教育水平相对较低，应对自然灾害的能力较低。第二，该区域为农牧交错带的西部边缘和延伸区域，生态环境脆弱，人地关系矛盾突出，自然灾害频发。

（2）云贵高原、四川盆地山地和少数民族积聚区。该地区自然灾害社会易损性水平较高地区主要集中在，凉山彝族自治州、曲靖、昭通、楚雄彝族自治州、大理白族自治州、文山壮族苗族自治州、六盘水、攀枝花、安顺、黔西南等地区。

该地区在社会民族构成中少数民族人口占的比重较大。很多少数民族分布在较偏僻、交通不便、与外界交流较少的少数民族聚集地。在自然灾害观念中深受传统文化、风俗习惯、宗教信仰和社会经济水平的影响，对自然灾害认识、自然灾害的防御以及基础设施的建设等方面受到很大制约，导致少数民族地区的社会易损性水平较高。

在矿业开采为主的西部城市中，如六盘水、攀枝花等，虽然社会经济水平、人均 GDP 等经济条件较好，但是相对的采矿业、交通运输业等易害职业从业人员的分布较多，导致其自然灾害社会易损性水平较高。

在自然条件中，该地区山地分布广泛、地质条件复杂，主要分布着滇西、滇东、六盘山地震活动断裂带，深受到地震、滑坡、泥石流等地质灾害的威胁。导致在某些地区遭受自然灾害（地震、滑坡、泥石流）时，其社会的易损性程度较高。

（3）从总体水平看，新疆、西藏、青海自然灾害的社会易损性水平并不高，其易损性水平较高值分布主要在：克拉玛依、伊犁州、吐鲁番地区、海西州、那曲和昌都地区。

　　青藏高原和新疆维吾尔自治区是受自然灾害影响较大、生态环境脆弱、经济发展水平相对较低、人们生活条件相对较差的地区。因此，该地区成为中国人口分布最为稀疏的地区，大面积的沙漠、戈壁和荒无人烟的高原高寒区。人和人类社会是自然灾害影响的最终对象，较低的人口密度和较少的人口聚集区，影响了该地区的整体易损性水平。

　　该区域位于西部少数民族的集中分布区，在西部大开发和国家优惠政策的支持条件下，这些地区的人们生活条件有了较大的改善，在灾害防范和基础设施的建设上有了较大的提高，减小了该地区的自然灾害社会易损性水平。

（四）　结果分析

　　（1）我国自然灾害社会易损性，在空间分区上存在明显的差异。通过中国自然灾害社会易损性评价图表明：在大的空间格局上显示出北方地区、西南地区和青藏高原地区具有较高的社会易损性，南方地区、东南沿海地区的灾害社会易损性水平相对较低。

　　（2）我国的自然灾害社会易损性在东、中、西三个经济地带上呈现出一定的差异性。经以上分析我国自然灾害社会易损度的数据得出：西部地区为0.4599、中部地区为0.4598、东部地区为0.4318（见图11—9）；即：西部和中部地区的社会易损性稍大，东部地区的社会易损性相对较小的总体格局。从总体水平看，我国的自然灾害社会易损度为0.4505，大部分是属于中度以上易损性地区，也说明了我国社会在自然灾害面前仍具有一定的脆弱性，我国的自然灾害防治工作中仍面临着较大的压力。社会潜在的易损性水平相对较高，因此，需要致力于提高全社会的防灾减灾意识和防灾减灾的实际行动。

　　（3）社会经济发展水平是影响自然灾害社会易损性非常重要

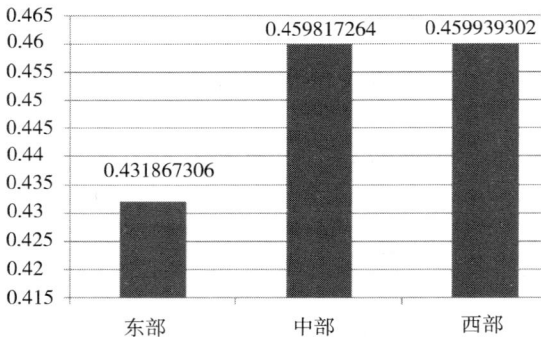

图 11—9　三个经济地带的自然灾害社会易损性值

的因素。社会经济发展水平与灾害社会易损性有较高的耦合关
系，即社会经济越发达则自然灾害社会易损性就越低。我国东部
经济地带虽然面临着较高的自然灾害风险，但是由于社会经济基
础较好，社会基础设施、社会医疗、公共安全、社会保障、保险
等社会救助机制相对比较完善，提高了社会应对自然灾害的能
力。比如，广东、江苏、浙江等省尽管受自然灾害的影响较大，
但是社会应对灾害的能力相对较高，社会易损性水平相对较低。

　　（4）自然灾害社会易损性高低取决于社会人口年龄、性别构
成、人口职业构成以及人口健康状况等诸多因素。其中易损职业
在全社会中占的比重是表现最为显著的方面。一般情况下，社会
易损职业的比重越高则社会易损性水平就越高，这一点在山东、
山西、内蒙古、黑龙江等省区得到了很好的体现。

　　（5）社会的受教育水平、少数民族比重、宗教以及社会开放
程度等都是影响社会易损性水平高低的重要因素。比如，云南、
新疆、西藏等省区，少数民族的比例相对较高、社会的受传统观
念和宗教信仰的影响，社会开放、开发的程度和进程较为迟缓，
社会抵御自然灾害的能力相对较差，易损性水平相对较高。

（6）社会生命线工程是影响社会易损性水平高低的重要因素之一。交通、广播、通信以及燃气、电力、热能管网等生命线工程是人们生存和外界沟通联系的必要通道，较好的生命线工程保障也是提高人们应对自然灾害的重要方面。比如，我国的西南地区的云南、贵州、西藏等地区受交通条件的制约社会经济发展相对较慢，生命线工程脆弱易受到自然灾害的破坏。

（7）城镇化水平和第三产业在国民经济中占的比重是自然灾害社会易损性的重要因素。一般情况下，第三产业比重和城镇化水平较高的地区社会易损性水平相对较低。比如，北京、上海、深圳、广州等经济较发达地区。

（8）在受自然灾害影响背景相同的情况下，人口密度较大的地区遭受的自然灾害损失较为严重，潜在的社会易损性相对较强；人口密度较小的地区，社会易损性相对较低。比如，在西部地区中的新疆、西藏等地区，分布着面积广阔的沙漠、戈壁无人区，其整个的社会易损性程度并不高。

（9）自然灾害背景是影响灾害社会易损性空间格局的重要因素。虽然我们并没有将致灾因子列入社会易损性评价的指标体系当中，但是最终的结果表明，社会易损性的空间格局与自然灾害背景有一定的关联关系。比如，在中国自然灾害社会易损性评价结果中具有较高易损性的地区与中国地震断裂带分布具有较大的相关性，都是自然灾害风险较大的分布地区，山东、山西、云南、新疆、黑龙江东部地区、环渤海等地区表现得尤为突出。

参考文献

陈月娟、周任等：《2008 年雪灾同平流层环流异常的关》，《中国科学技术大学学报》2009 年第 1 期。

河北省地震局：《河北省 40 年防震减灾工作回顾与展望》，《华北地震科学》2006 年第 2 期。

汤国安、杨昕:《地理信息系统空间分析实验教程》,科学出版社 2010年版。

王东海等:《2008 年 1 月中国南方低温雨雪冰冻天气特征及其天气动力学成因的初步分析》,《气象学报》2008 年第 3 期。

张雪刚、毛媛媛:《厄尔尼诺现象对我国夏季降水的影响》,《水资源保护》2004 年第 1 期。

赵振江、郭跃:《民间组织参与灾害管理的思考》,《邢台学院学报》2012 年第 1 期。

第十二章　重庆市自然灾害及其社会驱动因子分析

重庆市东邻湖北省、湖南省，南靠贵州省，西接四川省，北连陕西省，地处较为发达的东部地区和资源丰富的西部地区的结合部，是长江上游最大的经济中心、西南工业重镇和水陆交通枢纽。辖区范围介于东经 105°17′—110°11′，北纬 28°10′—32°13′之间，东西长 470 公里，南北宽 450 公里，总面积为 82403 平方公里；1997 年 3 月 14 日经第八届全国人大第五次会议批准成立的我国第四个直辖市。至 2008 年重庆全市共辖 40 个行政区县，其中 19 个区，21 个县（自治县）。

一　重庆市自然灾害概况

重庆市自然灾害较为严重，不仅灾害种类多、频度高、强度大，而且影响范围很广、承灾能力和抗灾能力均较低。

2000 多年以来的文字记载，描述了各种自然灾害发生的史实。如大足县志载："明崇祯十六年（1643）夜大雨如注，平地成河，冲后崩陷者以千计，漂流数万人。"潼南县志载："清顺治五年（1648）六月大饥，人相食。"合川志载："清光绪十五年（1889）七月（农历）淋雨至十月，在田者生芽，入仓者霉烂，冬草无之。"江津志载："清光绪二十四年（1898）四月十八日午后大风雹，城乡损坏民房无数。"綦江志载："清嘉庆十六年（1811）大旱，民食草根，连旱数载，加之疫症，死于疫者不可计。"巴县志载："民国二十六年（1937）巴县 80 余乡镇灾害区域达十之八九，田土收获平均仅及十之一二，塘堰尽枯，赤地千里，十室十空，草根树皮早已掘食殆尽，因争掘白泥以致倾伤者，日有数次，劫案频报，日必数闻。"更为严重的是据重庆警察局统计，"正月初二重庆街头冻死饿死灾民达二千八百七十人。三月大批灾民继续流入重庆，结队索食"，"二月到三月仅由当局掩埋饿倒之路尸即达三千八百余具"。由此可见，重庆灾害之严重。共和国建国后，各地政府和气象部门更有翔实的资料记载。

（一）灾害种类多，影响范围广，并以旱灾、暴雨洪灾和地质灾害为主

重庆市自然灾害的种类众多，有气象灾害、地质灾害、生物灾害等，其中，气象灾害以影响面广、发生频率高、损失严重而成为自然灾害中的主要灾害[①]；其次是地质灾害，三峡库区、长江及其支流的河谷地带为山地灾害多发区。

1. 气象气候灾害

气象灾害主要由大气圈变异活动引起的，包括干旱、连晴高温、暴雨冰雹、雷电、酸雨和浓雾。气象灾害是最常见的自然灾害，也是对人民生命财产和社会发展影响最大的自然灾害。重庆市由于受特定自然环境和大气环流的影响，天气复杂多变，气象灾害发生频繁。

干旱：发生频繁，而且危害严重。民间有"三年一大旱，年年有小旱"之说。干旱按季节划分有春旱、夏旱、伏旱、秋旱、

---

① 秦志英：《重庆市主要气象灾害分析》，《西南师范大学学报》2000 年第 1期。

冬旱。重庆各地累年发生春旱的频率一般在 10%—30% 之间，潼南、荣昌、大足、璧山和中东部的云阳、万州、开县、梁平、忠县，春旱频率较高，为 40%—50%。东南部的酉阳和秀山县，由于地处四川盆地外侧，是全市春雨最早的地区，所以春旱频率最低，一般不足 10%。春旱主要是造成秧田缺水，影响水稻、玉米播种出苗，使生长期的小春作物受旱以及人畜饮水困难。2006 年重庆发生遭受了有气象记录以来（1891）的最为严重的旱灾，旱灾从 5 月中旬开始，大部分地区持续 53 天以上，个别县区持续 99 天没有降雨，20 个区县日最高气温突破 42℃，受灾人数超过 2100 万，农作物受灾面积 133.3 万公顷，造成经济损失达 80.4 亿元。

　　由于青藏高原加热和高原季风的活动，形成重庆市 5 月下旬的一段多雨期，称为重庆早梅雨或迎梅雨。因此夏旱发生的频率不高，在 5% 以内，仅西北部的潼南、大足、荣昌、璧山在 15% 左右。影响最大的是伏旱。根据现有气象记录分析，伏旱发生的频率为 70%—80%，严重伏旱频率 30% 左右。主要发生在东部和长江沿岸各县。伏旱开始发生时间主要在 7 月下旬到 8 月下旬。由于大气环流异常，伏旱开始发生时间最早可在 7 月上旬甚至 6 月中旬（1964 年）。而且严重伏旱常可连续出现 2—3 年，如 1936—1937 年、1959—1961 年、1970—1972 年、1975—1976 年等。伏旱结束时间一般在 8 月下旬，最晚在 9 月中旬（1997 年）。

　　伏旱常伴有高温酷暑，不仅严重影响工农业生产，而且造成人畜饮水困难，甚至瘟疫流行。

　　连晴高温：指连续 5 天以上无雨，且最高气温≥35℃的天气现象。重庆市全市多年平均高温日数为 23.5 天，其中，平均重高温日数为 4.4 天，平均严重高温日数为 0.6 天。高温最早可出现在 3 月，最晚可出现于 10 月。日最高气温≥35℃的连续日最长达 25 天。2006 年 8 月 15 日出现的历史极端最高气温达到

44.5℃。连晴高温也是一种气象灾害，会造成植物高温灼伤，阻碍植物开花授粉而空壳，主要对中稻危害最大，还会对社会生产和人民生活带来很大影响，造成人员中暑，危及生命。

暴雨洪涝：暴雨在重庆是一种常见的自然极端气象事件，2007年7月17日遭受的115年来最强雷暴雨袭击入选2007年度全国"十大自然灾害事件"，排第二位。暴雨一般发生在4—10月，最早在3月中旬，最晚出现在11月中旬。最集中的时段在6月下旬到7月中旬。重庆市东北部的万州、开县、梁平、云阳一带，由于长江河谷穿谷流的作用，暴雨洪涝发生频率最高，全市各地日最大降水量大多在150—250毫米之间，黔江1982年7月28日日雨量达306.9毫米，为全市日降雨量之冠。酉阳1955年6月21—24日，过境雨量达400毫米。1991年6月29日—7月3日全市有31个区县出现暴雨，是重庆市范围最大的一次暴雨过程。产生暴雨的天气系统主要有高原低涡、西南低涡（含盆地低涡）、江淮切变线等，以西南低涡产生的暴雨最强，危害最大。洪涝灾害按其成因可分为过境洪水（上游暴雨产生的洪水）、本地洪水（本地暴雨产生的洪水）以及两种情况混合产生的洪水。大暴雨引发的洪水、泥石流造成的危害特别严重，常危及人民生命财产安全，一次暴雨洪涝损失可达十亿元以上。

1982年7月15—18日，受盆地低涡及江淮切变线结合地面冷空气的共同影响，万县市、万县、合川、涪陵、丰都、奉节、开县、云阳、梁平、忠县、巫山、巫溪、石柱、武隆共14个县（区）出现大暴雨到特大暴雨天气过程，其中12个县日雨量大于100毫米，5个县（区）日雨量大于200毫米。暴雨中心日最大降水量出现在万县市达243.3毫米。开县东阳水文站记录日降雨量为339毫米，一小时雨量96毫米。为万县地区百年一遇的特大暴雨。本次暴雨洪涝灾害受灾农作物100多万亩，冲垮水库7座，冲毁山平塘2000多口，公路100多处，100多个场镇被洪水淹没，死亡 127 人，伤 1879 人，被洪水围困的群众 6000 余人，造成直接经济损失 2.1378 亿元。忠县两河水文站记载，16、17 日两天暴雨洪水溪河最高水位 242.95 米（全年变幅 5.835 米），最大流量为 778 平方米每秒，是百年不遇的特大洪水。

冰雹大风：为小尺度天气系统造成，最常见的天气形势是冷锋前部由重力波激发生成的雹线和锋前冷涌。其分布山地多于平原，西部少于东部，据统计，綦江、奉节降雹次数较多，年平均三次，奉节最多年降雹可达九次。万州、巫溪、江津、开县等地年平均次数在 2—3 次，秀山、合川、永川 1—2 次，其余县年平均数在 1 次以内。全市冰雹大多出现在 2—10 月，以 4 月中旬到 5 月中旬、7 月中旬至 8 月上旬最多，占全年 6% 以上。冰雹最大直径达 15 厘米，（开县，4 月 22 日）。年降雹持续时间最长为 60 分钟（垫江，1978 年 4 月 15 日）。大风可分为寒潮大风和雷雨大风。寒潮大风多出现在春秋季，其中以 4 月最多，寒潮大风占总数的 66%，雷雨大风以夏季为主，约占大风日数的 61%，是大风的主要出现形式，多出现在夏季的午后到上半夜，持续时间较短，但风力很大，破坏力强。全市年平均大风日在 4 天以内，以山口河谷地带为多。1971 年 7 月 22 日，长寿、梁平、合川出现了一次雷雨大风冰雹天气过程。下午 3 点多钟，长寿县北部黄桷、兴隆、飞龙、云台、石堰等五个公社（今改为乡）及合川小沔区风光公社遭受大风、冰雹、雷电袭击，持续时间达 20 分钟，估计风力达 9—10 级，冰雹大者重达 100 克，造成 10 人死亡、87 人受伤，受灾农作物 15000 多亩，吹倒竹木 44 万多株。大风灾害最严重的 1986 年 5 月 20 日，荣昌、大足发生大风灾害，伴随冰雹、暴雨发生。风力超过每秒 40 米，冰雹大的如鸡蛋，小的如李子。荣昌古昌乡九村一 15 个月大的孩子被雹打死。一农民被狂风卷起一丈多高，在空中吹了一里多路才落下，雍溪乡一农民连人带床卷入水田。据荣昌县志记载，如此严重的大风、冰雹为近三百四十四年所没有。

雪灾：2008 年初，重庆市遭受了范围广、强度大、持续时间长的低温雨雪天气，20 个区县（自治县）遭受严重的雪灾和低温冷冻灾害，给全市工农业生产和群众生活造成严重影响，400 万人受其影响，受灾损失 5.68 亿元。

酸雨：是大气污染严重的产物，一般认为，酸雨是工业生产向大气中排放过量含硫和氮的氧化物地废气，在大气中转化为硫酸和硝酸引起的。酸雨对农作物、森林、地面建筑和人类健康都有严重影响。重庆市因大气污染较重，酸雨现象十分严重，酸雨的 ph 值在 2.85—5.0 之间，在全国属严重地区。

2. 地质地貌灾害

重庆市主要地质灾害有滑坡、崩塌、危岩、泥石流、水土流失、塌陷和地震，尤其以崩塌、滑坡、危岩灾害发生最为普遍。据初步统计，全市发生在居住地带的地质灾害共有 27896 处，总体积达 50 亿立方米，其中具有一定规模且危害程度较大的地质灾害共有 1927 处。不同区域灾害体发育类型是不同的，而且总量相差悬殊。其总的趋势是：西部丘陵区如大足、铜梁、荣昌县发育较少；丘陵区以东及低山区集中分布，这一地区主要包括主城区、涪陵区、万州区、长江三峡奉节至巫山段，尤其是綦江地区，较大灾害体多集中于此。

崩塌：主要发生于顶部为砂岩、灰岩，底部为泥页岩组成的陡坡、悬崖前地带。陡坡一般大于 40°，其岩体因风化、地表水冲刷、空隙水压力、爆破震动等因素的作用下，顶部岩层裂隙增大；底部泥页岩抗蚀力差，风化剥蚀或洪水冲刷，形成向内凹陷的弧形断面，致使顶部岩体失撑、倒转，发生突发性岩体崩塌。特别是暴雨季节，降水注入裂隙，静水压力剧增，常为崩塌发生的诱发因素。崩塌是重庆市突发性、偶然性最强的一种类型地质灾害。市内共发生崩塌 144 处，总体积达 18205 万立方米。崩塌可分为砂岩类地层崩塌和碳酸盐岩类地层崩塌。前者较典型的有北碚区北温泉后山鹞鹰崖崩塌、万州区太白岩崩塌带、江津市太和镇崩塌带等。后者主要分布于碳酸盐岩岩溶发育区，其中长江及其支流两岸相对较多发生，典型的有巫溪县南门湾崩塌、武隆县鸡冠岭崩塌等。

滑坡：是重庆市发育最广泛的地质灾害之一，重庆也是中国滑坡的多发区。据调查，全市共发生滑坡 1457 处，总体积299910 万立方米。按滑坡体组成物质，可分为堆积坡和基岩质滑坡。前者滑坡体由高积层、残积层、崩塌堆积层和人工弃土层组成，多发生在江河沿岸坡度大于 25℃ 的凹坡地带和陡崖底部，以及人类工程活动频繁地带，数量多、规模较小、频率高；基岩滑坡主要发生在硬软岩互层，地表水渗入至软弱结构面，导致软化、膨胀、抗剪力减小而沿着基岩层滑动，数量少、规模较大、频率低、危害大。主要分布于万州、涪陵、綦江、云阳、奉节、巫山、丰都、忠县等地。

泥石流：全市共发生 70 处，总体积达 2188 万立方米。泥石流可分为沟谷泥石流和坡面泥石流。前者多发生在坡度较大的沟谷之中，因岩石强烈风化，残积层较厚，或弃土堆积，暴雨诱发形成的。坡面泥石流主要发生在坡度较小，由松散层组成的缓坡地带，在水分的参与下产生顺坡流动。市内泥石流主要分布于大巴山、七曜山和北碚区观音峡背斜两翼，如奉节县的罗家沟泥石流、干沟子泥石流、巫溪县长沙大沟泥石流、北碚区醪糟坪泥石流和城口县箭竹乡五里村泥石流等。

塌陷：地面塌陷在市内地质灾害中相对不易发生，全市共有12 处。为数较多的为岩溶塌陷。该类型主要分布于大巴山、七曜山等地的高位岩溶槽谷区，如奉节县移民新区宝塔坪、江津市的碑槽镇、享堂镇的周家槽等。另外，不合理开采煤、铁等矿产资源所引起地面塌陷，如奉节县下村至小岩塌陷区，影响面积达

1.4万平方千米；仅有少数塌陷为洪水引起地基不均匀沉降，如1998年8月合川发生的合阳镇地面沉降。

地震：全市地震活动受华蓥山基底断裂带—七耀山—金佛山断裂带的影响以及三峡工程建成蓄水后的诱发作用，在未来10年存在发生5.5—6.5级破坏性地震的可能性。自1977年以来，重庆市已发生3.0—4.7级地震20次以上，5.0—5.3级地震4次。

水土流失：全市水土流失严重，重庆市水土流失面积约52039.53平方公里，占全市幅员63.15%；各区县水土流失的面积占幅员的比例差异较大，以万州区、荣昌县的为最多，达80%以上。全市范围内存在各种强度的水土流失，其中以轻度、中度和强度为主，分别占幅员的15.91%和30.68%和12.30%，三者之和占水土流失面积的90%。年土壤侵蚀量达1.85亿吨[①]。

3. 生物灾害

重庆市生物灾害主要有生物病虫灾害和森林火灾。农作物病虫鼠害每年发生面积9000多亩（其中2000年，全市农作物病虫害面积达408.2万公顷，草害面积99万公顷，鼠害面积11414万公顷），对农作物危害较大的有：稻飞虱、稻纵卷叶螟、螟虫、稻瘟病、马铃薯晚疫病、小麦蚜虫、赤霉病等，病虫害大面积的发生导致农药的大量使用（1999年，有机磷施放841吨，占当年农药总量的52.19%），农药中毒人数达320人，死亡41人[②]。每年发生森林病虫害200多万亩，主要有马

---

① 吴佩林、鲁奇、甘红：《重庆市水土流失的影响因素及防治政策》，《长江科学院院报》，2006年第5期。

② 刘颖、陈海堰、吴文娟：《重庆市主要生态环境问题及对策》，《四川环境》2004年第1期。

尾松毛虫、蜀柏毒蛾、竹蝗、鞭角华扁叶峰、松蛄壳虫、松茸毒蛾，危害范围覆盖重庆近郊区县及永川、大足、荣昌、云阳、开县、丰都、涪陵等地。森林火灾每年发生数十次，年受灾率平均 20% 左右，主要发生于干旱高温时段和春末清明期间。

（二）气象灾害出现频繁、呈明显的时空差异

重庆市伏旱频率高，绝大部分区域伏旱频率≥60%。由于受地势的影响，气温、降雨均随海拔高度的变化而变化：伏旱频率≥80% 的重伏旱区主要是长江沿江两岸、嘉陵江下游以及海拔高度低于 300m 的地区；伏旱频率在 60%—80% 之间的一般伏旱区主要分布在海拔 300—600m 的地带；而轻度或无伏旱区仅分布在盆周海拔较高的大巴山、七曜山等地。

重庆市伏旱一般发生在盛夏 7—8 月。7 月底以前各时段开始出现伏旱的频率基本接近，伏旱发生的频率都在 12% 左右，7 月 6—10 日发生频率最高，约为 15%；8 月伏旱发生的频率明显低，伏旱发生率在 5% 左右。全市平均伏旱开始期为 7 月 17 日，从伏旱开始期的地理分布来看，各地的平均开始期多在 7 月旬，东南部黔江、酉阳、彭水及江津、巴南、璧山、渝北、长寿开始期较早，平均开始期在 7 月 15 日以前，其中黔江最早，为 7 月 9 日。东北部梁平、云阳、巫溪、城口及万盛等地始期较晚，平均开始期在 7 月 20 日以后，其中巫溪最晚，为 7 月 29 日。

重庆的洪涝灾害以暴雨洪涝为主，东北部地区频率最高，开县频率高达 80%，梁平、云阳、城口为 60%；其次是西部的荣昌、北碚地区频率为 50% 以上；中部和东南部地区频率较低，多在 25% 以下，其中，酉阳、秀山稍高，可达 33%—45%；最低的是忠县、綦江、江津，均不到 20%；其余地区一般为 30%—40%。洪涝灾害的空间差异还表现在暴雨洪灾主要分布在

涪江、嘉陵江、渠江下游以及川江干流的河谷地带，而涝灾则主要出现在武陵山区及边缘山区的低洼地带。

重庆市洪涝灾害发生集中在 4 月下旬到 10 月上旬，此期间都有发生洪涝灾害的可能，而以 7 月上旬最为集中，全年近 1/4 的洪涝出现在此时，整个 7 月出现的洪涝可占到全年洪涝的 40%。

（三）地质灾害类型多、数量多，且常与其他自然灾害相伴发生，形成破坏严重的灾害链

重庆市地质灾害类型和数量均多，但致灾体规模不大，破坏范围大多在 1 平方公里以内，属漫布的星点状灾害，地质灾害点多沿地质构造破碎带、软弱岩性带、沿江和沿交通线呈带状分布。重庆市地质灾害诱发因素主要是暴雨、洪水、地震以及人工开挖和堆积活动。

重庆市地质灾害常常与其它自然灾害有密切的成生联系而相伴发生，形成灾害群。如暴雨灾害引发严重的滑坡、崩塌活动，而后由此形成的大量碎屑物融入洪流，转化为泥石流灾害，即从暴雨开始，然后崩塌滑坡，以泥石流告终。

（四）自然灾害呈现周期缩短、损失加重的趋势

自然灾害呈现明显的周期性，且周期有缩短的趋势。就气象灾害而言，旱灾、洪涝灾害每 10 年的发生次数表现为：40 年代、50 年代约 2—3 次，60 年代、70 年代约 5—6 次，从 70 年代末开始，洪涝灾害每年都有发生，而风雹、农作物病虫害也是年年都有。据重庆市气象局最新分析，近百年来重庆的有伏旱年达 84%，其中 30 年代、40 年代为 10 年 10 旱，50 年代旱年较少，60 年代增多，70 年代又达 10 年 10 旱，80 年代最少，仅 10 年 5 旱，90 年代又增多，与 60 年代相近。根据全国数十位专家对我

国气候形势的分析，自 20 世纪 80 年代到 21 世纪中期，全国总体表现为气候增暖，与此相关，重庆市未来十年旱涝灾害亦呈加重之势。

近年来，洪涝、干旱、风雹、地质灾害造成的损失呈现明显的上升趋势。一般年份，大多数区县（自治县、市）遭受不同程度的自然灾害，年均 1400 万人受灾，约占总人口的 47%。直辖以来因灾死亡 1237 人，房屋倒塌 140.23 万间，直接经济损失年平均 52 亿元（表 6—2）。

表 12—1　　　　重庆市 1998—2004 年自然灾害损失情况统计

年份	1998	1999	2000	2001	2002	2003	2004
受灾人口（万人）	1835	987	1344	1867.34	1627.76	1233.24	1380.7
死亡人口（万人）	439	58	172	126	120	135	187
房屋倒塌（万间）	17.2	33.68	22.72	11.83	16.03	19.27	19.50
经济损失（亿元）	72.45	39.43	59.98	43.44	45.01	51.89	——
占 GDP 比重（%）	5.02	2.64	3.74	2.46	2.26	2.28	——
重庆市 GDP（亿元）	1440.5	1491.99	1630.16	1765.68	1990.01	2272.8	2692.81

资料来源：重庆市救灾办。

二　重庆市自然灾害的自然地理背景

一个地区自然灾害的频繁发生，是多种复杂因素共同作用的结果。其最根本的原因，当然还在于该地区的地形地貌、气候、水系等自然地理环境因素与当地人们社会经济活动的人文环境因

素之相互叠加、相互作用、相互影响。这里，我们首先对重庆市
灾害的自然地理背景进行分析。

（一）地形地貌因素

1. 地质地貌环境

重庆市位于四川盆地东部，从地势上讲，位于我国第二级阶
梯上，属于青藏高原东坡向长江中下游平原的过渡地带，地势由
南北向长江河谷逐级降低，其地貌是由于该地区特有的地质构造
决定的。

该区地跨扬子准地台和秦岭褶皱系两个一级地质构造单元，
其主要区域位于扬子准地台上，受华蓥山断裂带、七曜山断裂
带、长寿—遵义断裂带的影响，扬子准地台上又分为上扬子台皱
带、四川台坳川东褶皱束、川东南弧形褶皱束、大巴山陷褶带，
北部巫溪至城口一带由一系列的东西向和北西向的弧形褶皱及逆
冲断层构成，中部和南部由一系列的北北东向、北东向展布的不
对称的紧密褶皱构成。重庆市的三级构造单元主要有大巴山褶陷
带、渝东南褶陷带、川中台拱以及重庆陷褶带，都属于扬子准地
台。褶皱方向多为北北东方向，次为北西向及南北向，褶皱形态
多为背斜狭窄、向斜宽缓的隔挡式梳状褶皱，次为背斜宽缓、向
斜狭窄的隔槽式箱状褶皱。

在这种类型多样的地质构造基础上，重庆市的地貌形态复杂
多样，重庆市西北部和中部丘陵、低山为主，东南部靠大巴山和
武陵山两座大山脉，其中，山地面积约 62400 平方公里，占总面
积的 75.8%；丘陵约 15000 平方公里，占总面积的 18.2%；台
地和平坝的面积分别为 2900 平方公里和 2000 平方公里，分别占
总面积的 3.65% 和 2.4%，主要地貌类型形成"二丘、七山、三
厘坝"的地貌组成结构格局。因处于中国大陆第二级阶梯的前
缘，与相邻的第三级阶梯相对下沉的江汉平原形成巨大的地形反

差，促使河流的强烈下切侵蚀，塑造了边缘山地地形破碎、高低起伏的局面。特殊的地貌对自然灾害的形成往往有很大的促进作用。

2. 灾害的地貌机制

重庆市区内地貌明显受地质构造控制，背斜成山、向斜成谷，山脉走向大体与构造线一致，全区地形起伏较大，以涪陵为界，涪陵以西主要为侵蚀、剥蚀深丘及中低山地貌，局部地带为浅丘平坝地貌和低中山地貌。斜坡形态多为凹形坡和复形坡，斜坡坡度 20°—30°。凹形坡主要由软质岩（泥岩、泥灰岩）构成；复形坡多由软、硬质岩体组合（泥岩、砂岩）构成。山体形态多为岭脊状、垄岗状或台状、桌状山。桌状山顶周边多为陡崖，常形成危岩和崩塌。在陡崖脚以下，斜坡地和垄岗状山地往往形成滑坡。涪陵以东多以深丘、低中山及中山地貌为主，沟谷发育，切割强烈，多形成峡谷，切割深度 700—1500 米。斜坡形态主要为直线形和复合形，地形坡度一般为 30°—40°。这一地区陡崖也较发育，崖高 30—300 米，地质灾害发育，且规模比西部偏大。加之沿江两岸多为村民聚居地带或城镇，地质灾害危害性较大。

重庆境内除东北部城口以北及东南角秀山有零星的轻度变质岩外，其余广大地区为沉积岩建造。其中碎屑岩主要由侏罗系、上三叠统、中上泥盆统、志留系、下寒武统及下震旦统的砂、泥（页）岩组成，抗风化能力差，常形成斜坡；碳酸盐岩主要由中、下三叠统，二叠系，中石炭统，奥陶系，中、上寒武统及震旦系上统组成，多出露于中—低山、背、向斜区，受侵蚀和溶蚀作用，常形成槽谷。由于褶皱挤压，断裂构造多见，岩溶发育，工程地质条件复杂，易产生岩溶塌陷、崩塌、地裂缝、滑坡、泥石流等。

长江在汛期流量大、水位高、流速快，含沙量大，冲刷力强，对岸坡的稳定性有重大影响。江水位上涨使岸坡范围扩大，增强了对岸坡前部岩（土）体的冲刷力，使岩体中的软弱夹层或亲水矿物软化及泥化，从而降低了岸坡的稳定性，产生滑坡。当江水位迅速下降时，又增大岸坡岩（土）体中的动水压力，促进岸坡产生崩塌和滑坡。据南江地质队对三峡库区崩、滑体的研究，库区有86.7%的典型及大型滑坡的剪出口位于长江洪水位以下，这充分说明了长江对岸坡的浸没、冲刷作用是引起滑坡的重要动力因素。

（二）气象气候因素

1. 气候环境

气候是自然灾害特别是气象灾害的基础。重庆市在全国气候区划中划入亚热带季风性湿润气候区，影响该地区的大气环流背景主要有两个方面，一是副热带太平洋高压和青藏高原冷高压，二是季风环流。影响该地区气候和天气的下垫面状况主要有长江、嘉陵江河谷低洼，北部的秦岭、东部的大巴山和东南部的武陵山的阻挡和抬升，具有冬暖夏热、雨热同期、热量丰富、雨量充沛、湿润多阴、湿度大立体气候规律十分明显等特点。

根据重庆市气象局的统计资料表明，重庆地区多年平均温度为17℃—18℃，较同纬度的其他地区要高1℃—3℃，盛夏重庆大部地区最高气温都在40℃以上，06年在綦江县测得日极端气温达44.5℃（表12—2）。重庆市大于35℃的高温日数较多，据重庆市气象台统计，重庆市区35天，綦江43天，涪陵36天，万州37天。重庆被誉为长江三大火炉之一，热量非常丰富，与长江沿岸其他地区相比，10℃的积温高，持续时间长（表12—2）。

表 12—2 重庆是与同纬度地区积温比较

地区	重庆	成都	长沙	武汉	上海
常年积温	6712	5956	6413	5954	5743
10 °C 积温	5641	5155	5450	5323	4918

资料来源：重庆市气象局。

重庆市属于我国降水量比较丰富的地之一大部年平均降雨量在 1150 毫米左右。就降水空间分布而言，降雨量最大的区域分别是重庆东北部和东南部，在东北部由于平行岭谷和大巴山对夏季风的抬升作用，城口、开县、万州和梁平一带形成一个多雨区，年降雨量 1280 毫米左右，巫溪县境内甚至形成一个暴雨区，年降雨量可达 1900 毫米以上。由于季风气候的影响，重庆市降水在季节分配上表现明显的不均衡性。就整体而言，夏季多余冬季，春秋二季介于其间。各地夏半年（5—10 月）降水量为 300—900 毫米，占全年的 75%—82%，冬半年降水量在 200—300 毫米之间，占全年的 18%—25%。就降水变率而言，重庆地区与长江中下游地区相当，略大于长江中下游以南地区和长江上游地区，而小于北方地区。其相对变率一般在 9%—16% 之间，即常年雨量变化在 1—1.5 毫米之间，重庆市各地的降水量的年际变化较大，大部地区最大年降水量可达 1400—2000 毫米。而最小年雨量仅为 650—800 毫米，最大年与最小年相差可达一倍以上。

2. 灾害的气象机制

气象气候灾害特别是重庆市旱灾和洪灾的发生时间、发生强度等直接受气温、降水等要素的影响，而气温、降水二要素的变化又直接受制于大气环流因素，因而大气环流异常是导致重庆市气象气候灾害发生的首要因素。任何外强迫因子对降水的影响总是通过直接或间接地调节和影响大气环流的形式或系统而实现的。

西太平洋副高的异常：西太平洋副热带高压（下称副高）活动是影响我国夏季降水的主要因素，也是造成重庆市夏季降水异常的主要物理致灾因子。副高对重庆市旱灾的影响具有复杂性特点，西太平洋副高位置的不同情况的异常，均可能造成重庆地区的干旱。

极涡的异常：在北半球对流层中上部，特别是在 500hpa 高度上，经常存在一个以极地为中心的冷性低压，即极涡，它冬季强而夏季弱，通常向南伸出两条或三条低槽：一条伸向亚洲，一条伸向北美，一条伸向太平洋。极涡及其这三条低槽的发展、分裂均会诱导极地强冷空气的爆发或冷空气路径的差异，与副热带高压相配合，对重庆市的旱涝产生影响。

南亚高压的异常：作为夏半年亚洲南部上空、对流层上部和平流层低层的一个强大而稳定的反气旋系统—南亚高压，其变化与重庆地区大范围环流系统的演变和旱涝冷暖等灾害性气候密切相关。

亚洲经纬向环流的异常：若亚洲中纬度地区盛行纬向环流，西风槽比较平浅，距平区小而弱，不利于北方冷空气南下，重庆市易旱；若亚洲中纬度地区盛行经向环流，距平区大且强，尤其在贝加尔湖到巴尔喀什湖地区有较大范围的负距平，说明该地低压槽比常年强且稳定，利于冷暖空气的交汇，重庆市易形成持续多雨的天气。

春季西风带环流的异常：根据 1957—1995 年 1—3 月西风带 500 hpa 位势高度距平合成场与四川盆地 6—8 月 20 个测站降水量之间的关系发现，当春季 500 hpa 北半球中高纬度西风带平均环流距平合成场为负时，通常四川盆地包括重庆市夏季少雨；反之，当春季 500 hPa 北半球中高纬度西风带平均环流距平合成场为正时，四川盆地包括重庆市夏季多雨[1]。

西风急流的异常：西风急流对重庆市降水的影响主要表现在其对重庆市盛夏天气过程的形成作用。常年 6 月下旬初，西风急流中心位置由原来的 34 °N 向北移至 40 °N 附近，重庆市夏季风盛行而进入多雨季节，此时副高脊前的副热带锋区稳定在 30 °N 附近，重庆市多雨。到了 7 月中旬至下旬初，西风急流会发生突变，中心位置向北移至 50 °N，重庆市开始进入少雨的盛夏季节。8 月上旬到中旬末，尽管西风急流有所南撤，但中心位置始终维持在 95 °N 以北附近，整个时段重庆市都处于盛夏少雨段。一旦西风急流异常，重庆市盛夏开始期和结束期就会发生很大的差异，从而导致降水多寡的不同，伏旱情况也不同

3. 水文因素

受四川盆地地形格局的影响，加之重庆市降水丰沛，重庆市河流以长江干流川江段为主干，市域内长江干流全长 786.0km，并汇集了发源于盆周山地的众多支流，形成不对称的树枝状向心水系，其中左岸支流多而长，主要有：嘉陵江、御临河、龙溪河、渠溪河、碧溪河、干井河、汝溪河、小江、汤溪河、大宁河等；右岸支流短而小（除乌江外），主要有乌江、綦江及其支流笋溪河、木洞小河、梨香河、龙河、磨刀溪、长滩溪、官渡河等；另有城口的任河、秀山的龙潭河、梅江河、酉水则分属汉江和沅江水系。众多河流中，流域面积超过 3000 平方公里，的支流有嘉陵江、乌江等 12 条，面积超过 500 平方公里的有 41 条，面积在 30—50 平方公里的有 436 条[2]。

重庆市境内水系成向心状辐集，山河多呈斜交。这一宽广的

①　马振锋：《西南地区夏季降北预测模型》，《气象》2002 年第 11 期。

②　陈德容、周竹渝、王勇等：《重庆水环境功能区划》，《四川环境》2004 年第 3 期。

向心状河网区，恰与冷暖气流的进退路径斜交，加之地形的影响，大范围的降水或局地暴雨，促成了川江水位及其支流水系的急涨急落，变化剧烈，且各河流的洪峰容易同时相遇顶托，形成特大洪水，造成严重的洪涝灾害。

4. 植被因素

重庆市主要自然植被类型丰富，分布着从亚热带到温带各种植被类型，主要有亚热带常绿阔叶林、落叶阔叶林、常绿落叶阔叶混交林、暖性针叶林和温带暗针叶林等五个。在浅丘谷地和丘坡还分布着多种竹林，从丘陵到中山广泛分布着各类灌丛。在海拔 1800 米以下较干旱的一些地带分布着亚热带草坡，在 1800 米以上的地段还分布着草甸。这些植被类型中，亚热带常绿阔叶林的物种密集程度最高，是本市境内最珍贵的地带性植被。但这一植被类型以及其他植被类型，经过几千年来人为活动的强烈和反复影响，原始植被破坏十分严重，低海拔区，已很难找到完整的自然植被类型，仅残存面积极小的，且受人类活动影响的植物群落片断，原始自然植被类型只有在中山山地才能见到。目前区内大片分布的是人工种植的马尾松、柏木等纯林以及各类灌木丛或草丛，农业植被亦占有重要的地位。随着国家大规模实施长治、长防、退耕还林和生态建设工程后，栽培植被会有不同程度的减少，植被恢复与植树造林将增加常绿阔叶林、针阔浑交林和人工草丛的比重，森林生态系统将向多样化、复杂化演替。

重庆市森林覆盖率仅为 30%，全市林地面积 87.42% 集中分布在重庆市东北部、东南部及南部的中低山区，长江沿线及中部平行岭谷区背斜低山两侧坡地也有集中成片的分布。林地面积占土地面积的 38.37%，在 8 种土地利用类型中比重最大。西部方山丘陵、低山区只有零星森林分布，多为人工次生林，面积不足全市林地面积的 10%。林地主要分布在从江津、綦江、南川、涪陵、丰都、忠县到梁平一线及其以南地区和从开县到云阳一线及其以东地区，这些地方国土面积占全市总面积的73%，而林地面积却占全市林地面积的90%[①]。

山区森林、植被的严重破坏，是导致崩塌、滑坡以及泥石流灾害发生的主要原因。由于植被破坏，山体植被等抗洪能力非常脆弱，稍有暴雨发生，随之就有泥浆砂石拥上路面。人类活动破坏植被，使很多地方变成了荒山秃岭，岩石裸露，加上雨季时降水增多，极易发生崩塌、滑坡、泥石流等地质灾害。

5. 全球变化因素

全球变化是指地球自然环境系统的某些关于人类生存的要素出现了异常变化，进而使得全球的环境恶化，引发全球性的灾害爆发。就重庆而言，全球变暖和厄尔尼诺现象可能也是重庆的灾害机制。

当前全球变化以全球变暖为主要特征。1995年全球平均温度超过14.8℃，是19世纪中叶有气象记录以来最高的一年。由于CO_2和其他多种微量气体增加的温室效应，预计本世纪的全球变暖较上世纪更为强烈。由于自然界生态系统和人类的生存环境已经开始并将继续发展一系列重大的人类不易适应的变化，有人称之为"潜在的全球灾变"，当这种潜在灾变或自然危险以激烈或突然变化形式出现并造成严重的生产力下降和生命财产损失时，就会成为自然灾害[②]。同时，全球变暖也会加剧干旱、洪涝、风暴潮、生物病虫害等自然灾害。

厄尔尼诺是赤道东太平洋水温异常升高的现象，往往在短短几周内温度可以升高1℃—5℃，通常发生在圣诞节期间，因此，

---

① 藤秀荣：《重庆市森林资源现状及经营策略》，《林业调查规划》2005年第6期。

② 陈家其：《全国增暖条件下我国旱涝灾害可能情景的初步研究》，《地理科学》1995年第3期。

也称为"耶稣圣婴"。一般情况下，这种现象会在 6—12 个月内消失，厄尔尼诺现象涉及大气—海洋—陆地相互作用，对全球气候格局产生重大影响，它的出现一般都会造成全球持续性的旱灾、暴雨、洪水等一系列灾害。

三　重庆市自然灾害的社会驱动因子分析

自然灾害是地球系统运动变化与人类社会经济系统相互作用的产物，只要地球在运动、在变化，只要人类在大规模地开发地面与工程建设，只要人类社会无休止的改造自然环境，自然灾害就会产生，因此自然灾害能否发生以及自然灾害的轻重，除取决于自然变异活动因素外，还与人及其社会经济条件密切相关。

人类在改造利用自然环境的过程中，对于环境施加的影响越来越显著。人类可以改变大范围的地貌、水系、土壤、植被和气候，也可以改变某些外营力作用的过程，甚至于干扰某些物质能量循环过程。因而，人类活动的影响也必然成为环境变迁的重要研究内容。为此，对重庆市自然灾害的分析若仅从其自然因素着手是不够的，必须同时深入分析灾害产生的人文地理背景，认识作用于生态环境的人类社会经济活动。某些灾害常常因为人的作用而变得更为频密，也有些灾害本身强度并无改变，但却因为当地社会对灾害适应能力的易损性而使灾情变得剧烈。

（一）重庆市灾害的人文地理背景

重庆具有 3000 多年的悠久历史，是我国著名的历史文化名城，中国西部唯一的直辖市，西部地区的重要增长极，长江上游经济中心，巴渝文化的发祥地。新中国成立初期，重庆为中央直辖市，是西南地区政治、经济、文化中心。1954 年西南大区撤销后，重庆改为四川省辖市。1983 年重庆率先进行经济体制综合改革试点，永川地区八县并入重庆市，实行计划单列，赋予省级经济管理权限。1992 年被批准为长江沿岸开放城市，享受沿海开放城市的政策优惠。1996 年重庆市代管万县市、涪陵市和黔江地区。1997 年设立重庆直辖市，管辖原重庆市和万县市、涪陵市、黔江地区。全市现辖 40 个区县（2009 年），其中有 19 个区，21 个县（含 4 个少数民族自治县）。

1. 人口与民族

据 2009 年统计资料，重庆市地域面积 8.24 万平方公里，总人口为 3275.61 万人，人口密度为 397.5 人/km^2，远远高于全国平均人口密度。市域内各地人口密度差异较大，以渝中区为最大，达 26589 人/km^2，其他主城区如沙坪坝区、大渡口区、江北区、南岸区、九龙坡区，人口密度在 2000 人/km^2 以上，东北部、东南部、南部地区人口密度则较小，一般在 300 人/km^2。

从重庆市人口的农业与非农业人口构成来看，农业人口 2326.92 万人，而非农业人口只有 948.69 万人，分别占总人口的 71% 和 29%，农业人口的比重远远高于其他三个直辖市，分别是京、津、沪的 2 倍、1.9 倍和 3 倍。

从重庆市的民族构成来看，以汉族为主，占总人口的 94% 左右，少数民族有苗族、土家族、蒙古族、回族、藏族、维吾尔族、彝族、壮族、布依族、朝鲜族、满族、侗族、白族、哈尼族、傣族、傈僳族、佤族、拉祜族、水族、纳西族、羌族、仡佬族等 49 个，共计人口 186 万，约占总人口的 6%。

2. 经济发展概况

重庆市直辖以来经济取得了快速的发展，但是由于原来经济基础差，面积占全国的 0.86%，人口占全国的 2.14%，作为直辖市 2009 年国内生产总值只有 6530 亿元，占全国国内生产总值的 1.95%，人均国内生产总值仅仅为 19935 元。与其他三个直辖市相比，人口最多、面积都是最大，而国内生产总值却是最低

的（2009 年，人均国内生产总值，北京 68788 元、天津 62403
元、上海 78255 元），经济发展水平相对落后。重庆市的经济发
展总体水平低，严重制约着重庆市作为长江上游、西南地区最大
的经济中心城市的职能的发挥，严重制约着我国西部大开发战略
的实施，影响着长江产业带的发展，同时也制约着本市社会的发
展和减灾防灾事业。

　　重庆市是传统农业与现代农业同在、城乡二元结构突出的直
辖市，全市农村面积广，农业人口多（占全市人口数的 71%）。
这一特点决定了重庆市的经济活动在很大程度上依赖于对气候等
自然条件敏感的农业部门。重庆市农业生产力水平不高，农业生
产经营粗放，农业自然资源的利用不充分，资源浪费严重，经济
效益比较差。农业生产经营粗放主要表现在农村从业人员素质
低，农业生产技术含量少，化肥、农药的大量不合理施用，靠天
吃饭和靠天养蓄的现象十分普遍。这实际表明了重庆市的农业社
会经济系统比较易损，一旦发生灾害特别是旱灾农业将受到沉重
打击，农民无力进行抗灾自救。

　　重庆是西部地区最大的工业城市。重庆市工业近年来发展较
快，但工业整体效益水平较低，工业总体实力亟待提高。都市区
工业集中度高，但大多是传统产业。重庆市产业结构上，依重畸
轻，重工业比重较大，轻工业发展相对滞后，劳动密集型产业发
展不快；传统产业比重较大，高新技术产业总体规模偏小，特别
是信息产业尚在起步阶段、带动作用不强；汽车、摩托车产业
"一枝独秀"，其它支柱产业的发展势头不突出，隐藏着一荣俱
荣、一损俱损的风险。大多数工业企业严重依赖于能源，处在高
能耗阶段。一旦发生自然灾害，比如高温干旱，就会引起电力供
应不足，结果是有些工业企业不得不停工、停产，就会引起灾害
的连锁反应，最终导致社会财富的损失，使灾害的影响扩大至其
他领域。

同时，由于自然环境和历史发展的差异，重庆市区域经济发展极不平衡，各区县的经济水平、产业结构差异较大，各区县GDP及经济密度表现出较大差异。主城区及近郊区、县经济、社会发展水平相对较高，以第二产业、第三产业为主，人民生活水平也较高，广大的边远区县，尤其是东北部、东南部的山地地区经济、社会发展落后，是落后的农业地区。主城区及近郊10区县面积仅占全市的 7.36%，人口占 20% 左右，而国内生产总值却占到 40%，工业产值占 60% 以上，其余占 92.64% 面积和80% 人口的区县国内生产总值占 60%，而工业产值只有 40%，农业产值占到 80% 以上。

这种经济及产业结构的区域差异对自然灾害的发生、发展有着极为重要的影响。主城区及近郊区由于人口密度、经济密度较大，自然灾害带来的人员伤亡相应较多，财产损失相应较大；边远地区由于人口密度、经济密度较小，自然灾害带来的人员伤亡相应较少，财产损失也相应较少。整体经济水平的低下是造成整个重庆市的防灾抗灾能力低下的主要原因；产业结构中第一产业的突出地位，相应的加剧了对自然环境的破坏，也是导致自然灾害频率较高的重要因素；经济、社会发展的地区差异是导致自然灾害地区分布、防灾抗灾能力区域差异的重要原因。因此，人文环境背景对自然灾害的发生、发展及防治有着极为重要的影响。

（二）自然灾害的社会驱动因子分析

1. 人口的急剧增加对生态环境形成沉重的压力

在人地关系中，人类与环境之间的作用是相互的。如果人类活动与资源环境承载能力协调，则生态环境处于正向演替；反之，生态环境将会逆向演替，并导致脆弱生态环境的产生、自然灾害的发生。人口的过快增长已经给全社会带来了许多负面影响，给环境造成压力，从而成为某些自然灾害的重要原因。

重庆市 2009 年总人口为 3275.16 万人，同直辖之初的 1997 年人口相比，共增加了 232.24 万人，平均每年增加 19 万人。人口的急剧增加，加之人均耕地的较少（重庆市每个农村人口平均耕地为 0.86 亩），且重庆市山地面积很大，坡耕地就有 98 万公顷，占耕地面积的 60.2%，其中 > 25°的坡耕地有 25 万公顷，为了养活庞大的人口，毁林开荒，陡坡地耕种就成了当地农民的首要选择，形成人山争地、人水争地的局面，供不应求的结果导致人类与自然界关系失衡，破坏生态环境，引起河道淤积，环境污染及土地退化，滑坡，泥石流等自然灾害等增加。

2. 城市化的加快对自然环境的胁迫

重庆市近年来随着社会经济的发展与西部大开发，城市化的进程加快，大量的非农人口聚集，城市人口急剧增加，城区面积逐年扩大（表 12—3），大量的城市生产活动和建设用地使得周围土地经济利益至上，大片的森林草地变为经济地，大片耕地变为建设用地。耕地面积的大幅减少，城市周围植被覆盖率大幅降低，同时也加剧了水土流失，尤其对于沿江城市和山地城市，这种现象危害很大。一方面植被覆盖率的降低使得森林的调蓄能力大大降低，森林的生态功能显著削弱；另一方面植被覆盖率的降低导致大量的水土流失，抬高河床，使得河流、湖泊水位自然抬高。例如，綦江流域设障严重，致使河床抬高，1998 年流域洪峰流量比 1968 年小，而水位却较 1968 年高出了 2m；酉阳县城的西山河因倾入大量弃土弃渣和侵占河道修房造屋较多，缩小了行洪断面，造成县城 3 次被淹[①]。

---

① 　秦志英：《重庆市洪涝灾害研究》，《重庆教育学院学报》1999 年第 1 期。

表 12—3　　　　重庆市直辖以来城市建成区面积（km²）

年份	1998	2000	2002	2004	2005	2006	2007	2008	2009
建成区	407	426	560	655	733	811	873	933	1026
建设用地			492	556	705	779	853	891	986

资料来源：《重庆市统计年鉴（2005—2010）》

城市化过程必然加深城市的建设，城市地面结构发生变化，改变了天然水的循环过程和分配方式，天然降水落到地面以后大约有 10% 形成地表径流，约有 40% 消耗于陆面的蒸发和充填洼地，大约有 50% 的降水通过渗蓄存在于地下水位之上的包气带，后又在重力的作用下补偿地下水，在城市化高速发展的今天，城市地面不透水层可达 70%—90%，这样对于洪灾的发生和强度有着很大的影响。

当然城市大多是用能中心，是大气污染与全球增温的源地，而城市的热岛效应增加，有可能提高城市区暴雨的频率。若市政建设无法跟上城市化进程，如不注意建筑质量或生产剧毒产品，就会带来新的灾害隐患。

3. 交通工程建设对地质灾害诱发

重庆市大多为山岭重丘区，公路、铁路建设大都要经过这些地区，高速公路所经路线尤为突出，荒滩野地，崇山峻岭，人烟稀少。在重庆山岭重丘区修建公路、铁路，必将有大量的挖、填方地段，挖方量和填方量的不平衡将产生大量的废方（罗祥荣，2003），这将在一定程度上造成公路、铁路沿线生态环境破坏、诱发崩塌滑坡、水土流失等自然灾害。

（1）由于工程建设造成地形结构破坏，山体失稳，诱发崩塌滑坡等灾害

修路开挖山脚造成山体失稳，发生崩塌滑坡的问题是非常常见的。特别是在重庆市雨季时，经常会见到坡面崩塌土石堵塞公

路的问题，其多半是由于开挖路基或拓宽路面时破坏了原坡面山体支撑，使公路上方坡面坡度变陡，基岩或土体失稳造成的。公路建设、管理或保护不当，不仅造成环境破坏，加重水土流失危害，还会堵塞交通甚至发生交通事故，给人民生命财产造成损失。

（2）主体工程沿途挤占河道、水体影响行洪蓄水

当铁路、公路等线型工程沿河建设时，一般都会出现路基侵占河道的问题，路基侵占河道，一方面会影响河道行洪，加大对岸洪水威胁，另一方面也会造成洪水对路基本身的危害，因此在山区经常会发生沿河公路被洪水冲坏的问题。

（3）废弃土石造成的不良影响

除乡间小路和输油、输气及光、电缆工程外，一般大中型输运工程，都需对原地形进行改造，主要削高填洼，碾压整平，为减少弃渣量，规划设计单位在规划时尽量以挖补填，做到挖填平衡，但由于地形、土质和投资等条件的限制，挖、填方量多数是不能平衡的。因此会在建设中产生大量的废弃土石，这些废石废渣如果处理不当，不仅直接造成水土流失，也会加大洪水灾害。

铁路、公路建设需要大量的土石填垫路基和砌护边坡，在取土和采石过程中都可能造成新的水土流失危害。取土采石场造成的水土流失也主要是破坏山坡植被和边坡失稳问题，但如在河道采砂有时也造成对河道的行洪、灌溉能力造成危害。

（4）施工便道和其他辅助工程造成的破坏

施工便道和其他辅助工程，如生活区和构件制造加工厂等，也是容易造成水土流失的地方。特别是工程建设期的施工便道，由于运料车多是重型卡车，车辆运行时不仅对地面破坏严重，还产生大量的粉尘和烟雾，直接造成尘雾污染和噪声污染。

如国道 G139 涪陵—武隆—彭水县城段，本身就处于乌江河床较窄、两岸不开阔，每年均会因洪水原因而诱发滑坡与塌陷地

段，但是加上道路施工过程中人为地破坏岸坡，大大加剧了滑坡、塌陷等的发生。据统计，涪陵段就有四大滑坡塌陷段，武隆段有三大滑动塌陷段。这些滑动带每年都有不同程度的塌陷，而导致交通中断。又如2003年省道S202城口境内的罕见水毁灾害、国道G212线北碚段的严重水毁灾害等都与道路施工过程中的人为破坏而诱发和加剧灾害的发生分不开的。

4. 三峡工程的修建对库区生态环境破坏

三峡库区人多地少，人均耕地面积低于全市平均水平，水库淹没耕地园地2.06万公顷，移民迁建需占用土地1.11万公顷，使得人地矛盾更加突出①。在水库淹没、移民搬迁、建设以及新的土地开发等高强度人类活动影响，库区生态环境将受到新的冲击，地质灾害风险加大。

5. 矿产开发对矿山灾害诱发

矿业开发为我市经济社会发展提供了大量的物质源，为增强我市经济实力作出了重要贡献，然而矿业开发活动本身是一柄双刃剑，它带给我们的不仅仅是经济的增长，随之而来的是地质灾害、大气、水体污染等诸多环境问题。

（1）矿山开采诱发地质灾害

由于地下采空，地面及边坡开挖影响了山体斜坡的稳定，往往导致地面塌陷、开裂、崩塌和滑坡等地质灾害频繁发生，而矿山排放的废渣堆积在山坡或沟谷，废石与泥土混合堆放，使废石的摩擦力减小，透水性增加而出现溃水，在暴雨下也极易诱发泥石流，井下开采闭坑后形成巨大采空区，几亿或上十亿吨水量的地下水涌入将导致周围边坡岩体内的地应力重新分布，地下水浸入后会使围岩体内软弱夹层的力学强度降低，从

---

① 杨宗干、赵汝植：《西南区自然地理》，西南师范大学出版社1994年版，第112页。

而造成采场边坡的大规模滑坡，并在周围地区诱发一系列地质灾害。

如重庆市綦江县松藻矿务局曾因兴建生产系统，在属古滑坡体的金鸡岩工业广场上增加储煤量，致使古滑坡体复活，滑坡体总量达21万方，为治理此滑坡即耗去资金千万元；巫山县横石溪左岸灯龙山，1969年在陡崖下部开采煤矿，致使1979年10月、1980年9—10月，前后两次发生崩塌性滑坡，直接威胁着仙女峰电站和长江航道的安全，最后迫使煤矿停产。

（2）矿山开采导致水体污染

矿山生产活动一方面可以改变地下水的水文条件，导致地下水系的枯竭或转移；更为严重的是还常常造成大面积的水体染污，矿业活动过程中产生大量的矿坑水、废石淋滤水、选矿水及冶炼废水及尾矿池水等，其中各种金属矿山的废水以酸性为主，主要是由各种硫化物在地表氧化作用形成。酸性矿业排水常含有大量可溶性离子、重金属及有毒、有害元素（如铜、铅、锌、砷、镉、六价铬、汞、氰化物），危害严重。

（3）矿山开采造成大气污染

矿山开采中废气、粉尘排放，产生大气污染和酸雨。主要污染物包括粉尘、SO_2、NO、CO、CO_2等，尤以SO_2、粉尘的影响为最。据测定一个大型尾矿场扬出的粉尘可以飘浮到10km以外，降尘量达$300t/hm^2$，粉尘污染可使谷物减产近三成（彭建，2005）；粉尘所造成的尘肺病直接威胁矿工的生命与健康，而且还给国家与企业带来巨大的经济损失和不良的社会影响。

6. 防灾意识淡薄，投入不足，减灾技术落后

灾害意识对人们的防灾减灾和治灾是有重大影响的。建立科学的灾害意识，人们对面临的灾害就会处于有准备的主动状态，包括应对灾害的警惕性，从而采取防患于未然的实际行动，建立

有力的预防灾害的恰当措施；相反，如果人们没有灾害意识或者没有正确的灾害观念，灾害到来时便会措手不及，从而增加灾害损失及不必要的人员伤亡。

就重庆市的情况来看，许多市民认为，灾害的预防和危机处置是政府和专业人员的事情，与自己无关，不少人自救互救的能力与防灾减灾的要求相差甚远，公众对灾害知识的了解层次较低、了解的渠道少、防灾技能低。知道的灾害种类较少，主要是交通和火灾，对其他的灾害知识及防备知识基本上没有。公众对灾害知识及防灾意识的薄弱主要是由于教育和宣传的不够而导致的，公众对灾害知识的了解主要是通过电视、专题节目等了解相关知识，且了解的内容有很大的限制。在一些条件较好的地区，相关部门会组织一系列的灾害宣传活动，但群众参与的积极性不是太高，而在条件较落后的地区，人们了解相关灾害知识的渠道就受到很大的限制，有的地方甚至没有可了解的途径，特别是在一些落后的偏远山区，连电视节目都没有，更谈不上对各种灾害知识的了解，而在这些地区唯一的方式就是通过学校教育而达到。同样，在经济比较好区县，人们往往注重自身的发展而忽略了灾害知识及防灾意识的教育和学习，人们对灾害知识的缺乏也表现得很明显，因此，对灾害知识的缺乏不单是偏远地区的突出问题，也是重庆市普遍的社会现象。

虽然重庆市是自然灾害多发地区，但大范围的、特别严重的、毁灭性的灾难很少发生，发生的灾害灾情不太严重，社会经济损失较小，人们思想麻痹，防灾意识不强，对可能发生的灾害及其严重后果大都估计不足，加上重庆社会经济实力不强，财力有限，用于防灾的投入严重不足，防灾工程及设施落后，抵御自然灾害的能力较弱，这在一定程度上加大了重庆市社会经济系统的易损性。水利设施是人类对水资源进行时空调配的农业工程，也是人类抵御旱灾的主要手段。重庆市为此也修建了大量的水利

工程，但从目前来看，水利设施的利用率很低，重庆市拥有的
18.4 万处水利工程，蓄水工程只有 2730 处，平均每座水库的库
容仅为 153.3 万方，而且，多数水利工程是 20 世纪 60—70 年代
的产物，工程投资少，建设质量差，病险工程多，难于真正起到
减灾防灾的作用。

重庆市自然灾害的形成因素是多种多样的，其形成背景也是
极其复杂的，各自然因素和社会因素之间也是相互联系，综合作
用从而导致重庆市自然灾害的形成的。自然驱动因子和社会驱动
因子的综合作用大大增强了处于发展中的重庆市自然生态系统和
社会经济系统的易损性，强化了致灾效应，提高了成灾率，加剧
了重庆市自然灾害灾情，放大了灾害的损失。

参考文献

重庆市统计局：《重庆统计年鉴 2005》，中国统计出版社 2005 年版。

重庆市统计局：《重庆统计年鉴 2006》，中国统计出版社 2006 年版。

重庆市统计局：《重庆统计年鉴 2007》，中国统计出版社 2007 年版。

重庆市统计局：《重庆统计年鉴 2008》，中国统计出版社 2008 年版。

重庆市统计局：《重庆统计年鉴 2009》，中国统计出版社 2009 年版。

重庆市统计局：《重庆统计年鉴 2010》，中国统计出版社 2010 年版。

高阳华、唐云辉、冉荣生：《重庆市伏旱发生分布规律研究》，《贵州气象》2002 年第 3 期。

姜建军：《五大问题危害矿山环境》，《人民日报》2005 年 4 月 8 日。

李淑庆、唐伯明、蒙华等：《重庆市国省干线公路灾害调查与特征分析》，《重庆交通学院学报》2006 年第 4 期。

刘伟、陈振楼、张菊等：《城市化发展对洪水灾害发生的影响》，《云南地理环境研究》，2003 年第 3 期。

罗祥荣、吴云：《重庆市交通环境保护现状及分析》，《交通环保》2003 年（增刊）。

彭建、蒋一军、吴健生等：《我国矿山开采的生态环境效应及土地复

垦典型技术》,《地理科学进展》2005 年第 2 期。

秦志英:《重庆市综合自然灾害分区研究》,《西南师范大学学报》(自然科学版) 2000 年第 3 期。

戚开静、姚海明、郝海周:《矿业开发环境问题与对策》,《资源与产业》2006 年第 2 期。

第十三章　重庆市自然灾害社会
易损性评价

　　重庆市是我国著名的以山地丘陵为主而多灾的地区，自然灾害是影响重庆发展的重要制约因素。对自然灾害的研究和减灾防灾工作历来是重庆社会和政府非常关注的热点。本章从社会易损性视角出发，通过构建一个灾害社会易损性评价体系揭示重庆市区域灾害社会易损性的特征，以"区或县"行政区为研究单元，评价重庆市区域灾害社会易损性状态，分析重庆灾害社会易损的空间结构，为重庆市的减灾防灾工作提供更加坚实的科学基础。

一　重庆市区域灾害社会易损性评价体系的构建

　　本书以第九章区域自然灾害社会易损性评价的指标体系为基础，结合重庆区域实际，构建了重庆市区域灾害社会易损性评价体系（表13—1）。这个评价体系是一个内部层次分明、逻辑结构清晰的定量式框架。分为目标层、系统层、状态层和要素层4个等级。目标层将表达区域自然灾害社会易损性的基本状况和综合特征。系统层以自然灾害社会易损性的概念及其内涵为基础，依据影响社会易损性的社会因素和自然灾害的区域背景，将内部的逻辑关系表达为：区域人口易损系统、区域社会结构易损系统、区域社会文化易损系统和区域自然灾害易损系统。状态层表示系统内部能够反映系统行为的关系结构，这里用具有一定综合性的指数加以代表。要素层采用可测得、可比的、可以获得的指标，它们从本质上反映了系统状态的行为、关系的原因。本研究筛选采用了 45 个指标、11 个指数构成评价指标体系。

表 13—1　　重庆市区域自然灾害社会易损性评价指标体系

目标层	系统层	状态层	要素层
区域自然灾害社会易损度	区域人口系统	弱势群体指数	女性人员数量、60 岁以上人口 4 岁以下儿童、城镇居民最低生活保障人数、丧失劳动力人口、流动人口
		易伤害职业指数	采矿业人数、交通运输业人数、建筑业从业人员
	社会结构系统	经济发展指数	人均地区国内生产总值、建城区面积比例基础设施、生命线工程投资、第三产业生产总值城镇化率、区内路网密度
		社会资本指数	地方财政收入、城乡居民储蓄余额、农民居民人均收入、在岗职工人均收入
		社会组织指数	公共管理和社会组织人员人均公共事业财政支出、城镇社区服务设施数量
		社会保障指数	社会福利收养单位、医疗卫生机构数、离婚率每万人的卫生技术人员、2 人以下户数比例
		社会安全指数	城乡收入水平差异、失业人口危旧房面积、万人刑事案件立案率
	社会文化系统	社会文明指数	大学学历人数、在校学生人数文盲比例、广播电视覆盖率
		灾害文化指数	单位职工人数、灾害发生频率科普宣传投入、少数民族人口比例
	区域灾害系统	灾害风险指数	洪涝灾害风险、旱灾风险地质灾害风险、水土流失强度
		地表保护指数	植被覆盖度、地形起伏度

二　重庆市自然灾害社会易损的系统评价

重庆市自然灾害社会易损性评价采取由下至上的方法，首先进行基础的状态指数评价，然后按照一定逻辑体系，进行系统评价，最后，进行整体的综合评价。

（一）基础数据采集与处理

依据区域自然灾害社会易损性指标体系所确定的指标项，进行了相关数据采集，其中，指标体系中的人口数据来源于《2005 年重庆市 1% 人口抽样调查资料》与《重庆统计年鉴2005》，其他数据来源于《重庆统计年鉴 2008》、区域自然灾害方面的数据来源于《"重庆市主体功能区规划"研究报告》及部分重庆市遥感影像解译的数据。

对于所有的年鉴数据和统计数据等非图形数据应用 SPSS 软件对数据进行标准化处理，从而消除量纲的差别。对于图形数据则给与不同的空间图形属性赋予相应的数据，把各自的影响程度分开。图形数据主要利用 ARC/MAP 将矢量数据转换成栅格数据。最后所有的运算结果都以图形的方式表现和参加运算。

对于灾害易损性的评价方法，本书主要采用了因子分析法和层次分析法，然后结合地理信息系统技术对重庆市自然灾害社会易损性进行分类和综合评价。

（二）重庆市区域人口易损系统评价

人口是社会的基本组成，也是灾害的直接承载体，但不同的人群灾害面前的易损性是不相同的。就灾害的易损性而言，区域人口易损系统主要由弱势群体指数和易伤害职业指数等 2 个易损指数来体现。

弱势群体指数主要指承灾能力较弱的人群，包含妇女、儿童、老人、生活贫困的低收入人群、丧失劳动力人口、流动人口等 6 个因素。根据因子分析法的基本步骤，计算弱势群体指数特征值、方差贡献率、弱势群体指数主因子负荷矩阵等相关参数，获得重庆市弱势群体易损指数评价公式为：

$$F = 0.621 \times F1 + 0.379 \times F2,$$

其中 $F1$ 为第一公共因子，$F2$ 为第二公共因子。

根据该公式，我们计算了重庆市 40 个区县的弱势群体指数（表 13—2）。易伤害职业指数主要表达易受伤害职业的人群，包括采矿业、交通运输业和建筑业从业人员，按照计算弱势群体易损指数评价值同样的方法，我们计算了重庆市 40 个区县的易伤害职业指数（表 13—2）。

表 13—2　　　　　　　　　重庆市区域人口易损评价

区县	弱势群体指数	易伤害职业指数	区县	弱势群体指数	易伤害职业指数
忠　县	0.777	0.243	南川区	0.359	0.168
万盛区	0.697	0.760	荣昌县	0.358	0.271
巫溪县	0.546	0.133	铜梁县	0.354	0.235
双桥区	0.533	0.383	酉阳县	0.352	0.022
丰都县	0.471	0.162	奉节县	0.346	0.096
万州区	0.454	0.363	巫山县	0.317	0.220
彭水县	0.427	0.086	开　县	0.310	0.212
江津区	0.423	0.336	秀山县	0.304	0.618
云阳县	0.396	0.150	黔江区	0.304	0.111
石柱县	0.392	0.077	涪陵区	0.300	0.327

区县	弱势群体指数	易伤害职业指数	区县	弱势群体指数	易伤害职业指数
永川区	0.391	0.500	垫江县	0.293	0.196
渝北区	0.376	0.720	巴南区	0.291	0.390
璧山县	0.375	0.303	梁平县	0.286	0.125
綦江县	0.364	0.164	潼南县	0.283	0.264
长寿区	0.240	0.320	大足县	0.239	0.150
大渡口	0.237	0.620	合川区	0.230	0.207
城口县	0.227	0.235	武隆县	0.220	0.116
北碚区	0.178	0.300	江北区	0.084	0.539
沙坪坝	0.079	0.441	南岸区	0.069	0.680
九龙坡	0.066	0.760	渝中区	0.050	0.612

　　运用层次分析法，分别获得重庆市弱势群体指数权重和重庆市易伤害职业指数权重，结合重庆市弱势群体指数值和重庆市易伤害职业指数值，计算求得区域人口易损值，按自然断裂法，将重庆市 40 个区县的区域人口易损值分为 5 个等级，到了重庆市区域人口易损性评价图（图 13—1）。

　　从图 13—1 可见，重庆市区域人口易损性空间分布较为零乱，空间分异格局不明显，这表明重庆市人口易损性不是由地域性因素所控制，而是由区域的非地域性因素所决定的。事实上，重庆市的弱势群体易损指数和易伤害职业易损指数都是非地域性的特征比较突出，它们的属性决定着重庆市人口易损的空间格局，就区域人口易损性来看，万盛区易损性是重庆市 40 个区县中最为突出的一个区，它是重庆市处于人口高度易损区的唯一的一个区，这与万盛区是重庆市重要的矿区有关。此外，渝北区、

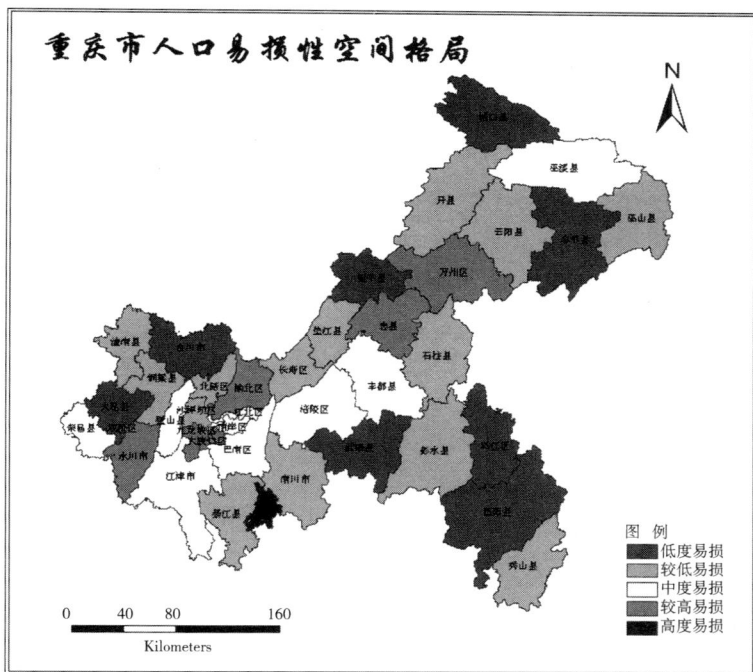

图 13—1　重庆市区域人口易损性

　　忠县、双桥区、永川区、大渡口、九龙坡、万州区等区县的人口易损性也是较强的，在制定重庆市区域减灾防灾规划时，应该充分考虑这些区县的易伤害职业特征和大量弱势群体的状况，给予特殊的救助和关怀。

（三）重庆市区域社会结构易损系统评价

　　区域社会结构是社会要素的组织和联系方式，它既是灾害的承载体，也是灾害的缓冲器，是自然灾害社会易损的重要组成部分。本书从经济发展易损指数、社会资本易损指数、社会组织易

损指数、社会保障易损指数和社会安全易损指数五个方面来综合
评价社会结构易损的特征（表13—3、图13—2）。这些易损指
数分别包含的指标要素见表13—1，易损指数评价值的计算方法
和步骤如前所述。

表 13—3 　　　　　 **重庆市区域社会结构易损评价**

区县	经济发展 指数	社会资本 指数	社会组织 指数	社会保障 指数	社会安全 指数
酉阳	1.134	1.106	0.945	0.853	0.245
巫溪	1.134	1.094	0.914	0.700	0.183
城口	1.116	1.047	0.858	0.622	0.103
巫山	1.086	1.057	0.936	0.858	0.103
彭水	1.085	0.987	0.904	0.898	0.352
秀山	1.082	0.990	0.628	0.856	0.290
石柱	1.080	0.997	0.846	0.822	0.289
丰都	1.053	0.973	0.836	0.794	0.318
武隆	1.042	0.998	0.842	0.708	0.197
黔江	1.042	0.867	0.798	0.713	0.417
垫江	1.035	0.851	0.834	0.928	0.302
潼南	1.028	0.913	0.895	0.747	0.247
奉节	1.019	0.998	0.933	0.751	0.176
荣昌	0.999	0.811	0.852	0.665	0.250
大足	0.995	0.858	0.583	0.845	0.205
云阳	0.989	0.941	0.831	0.862	0.317
忠县	0.984	0.863	0.808	0.758	0.501
綦江	0.981	0.763	0.870	0.822	0.404
梁平	0.972	0.892	0.850	0.862	0.310

区县	经济发展指数	社会资本指数	社会组织指数	社会保障指数	社会安全指数
璧山	0.957	0.717	0.754	0.725	0.247
开县	0.952	0.874	0.813	0.787	0.363
铜梁	0.946	0.750	0.763	0.699	0.273
万盛	0.928	0.929	0.634	0.722	0.171
南川	0.887	0.884	0.856	0.814	0.251
长寿	0.870	0.675	0.817	0.713	0.409
涪陵	0.849	0.685	0.772	0.752	0.289
合川	0.838	0.671	0.833	0.855	0.344
万州	0.816	0.706	0.760	0.598	0.413
江津	0.814	0.640	0.839	0.865	0.428
永川	0.780	0.669	0.800	0.724	0.502
双桥	0.776	0.809	0.318	0.571	0.263
巴南	0.756	0.670	0.763	0.679	0.474
北碚	0.712	0.626	0.630	0.688	0.503
大渡	0.530	0.533	0.386	0.486	0.485
渝北	0.484	0.411	0.599	0.853	0.595
南岸	0.464	0.362	0.345	0.688	0.666
沙区	0.410	0.181	0.509	0.717	0.638
江北	0.401	0.231	0.515	0.370	0.538
九龙	0.321	0.264	0.512	0.675	0.548
渝中	0.151	0.072	0.129	0.148	0.844

314   自然灾害与社会易损性

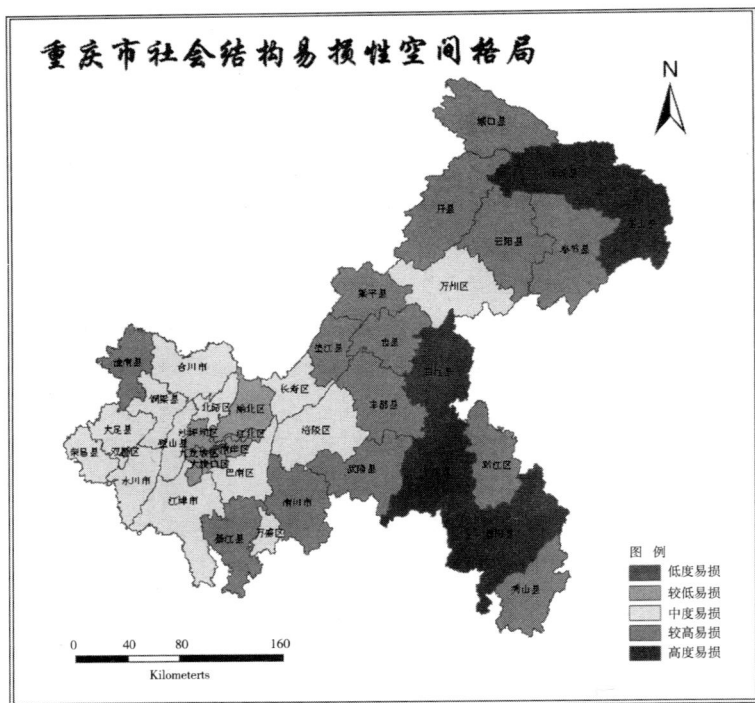

图 13—2　重庆市区域社会结构易损性

　　根据图 13—2 可见，重庆市社会结构易损性空间分布的区域
分异明显，主城地区是重庆市区域社会结构易损性最低的地区，
以主城区为中心，向外辐射，区域社会结构易损性逐渐增强，渝
东北和渝东南除了万州区外，其他区县全部都处于较高易损和高
度易损状态。重庆市社会结构易损性空间分布的这种格局主要有
以下几个方面的原因有关：（1）经济发展是各项社会事业发展
的基础，也是社会基础设施完善的必要条件，它决定着社会结构
的大趋势；（2）社会组织、社会保障、社会资本在社会结构中

的分布趋势与经济发展一致；（3）社会安全易损的布局趋势和其它指数差异较大，但是在整个社会结构评价过程中，社会安全易损仅占五分之一的权重，不是主导地位。因此，社会结构的综合评价的结果与重庆市社会发展关系十分密切。社会发展较好的地区，区域社会结构就愈趋合理，灾害的社会易损性愈小。反之，社会发展较为落后的地区，社会结构就较差，灾害的社会易损性就可能愈大。就区域社会结构易损性而言，彭水、酉阳、巫山、石柱、巫溪等县是重庆市社会易损性最强的地区，其次是库区丰都、垫江、云阳、忠县、梁平、奉节等县以及近郊的潼南县是社会易损较为严重的区域。

（四）重庆市区域社会文化易损系统评价

社会文化是影响一定社会群体生活和社会行为方式的重要因素。文化差异直接影响人们对待灾害的不同态度，从而产生不同的灾害易损性。就灾害而言，这里所述的区域文化主要指区域社会的文明程度和灾害文化两方面。本书从社会文明易损指数和灾害文化易损指数两方面来评价区域社会文化易损性（表13—4、图13—3）。

表 13—4　　　　　　　　重庆市区域文化易损评价

区县	社会文明指数	灾害文化指数	区县	社会文明指数	灾害文化指数
彭水	0.738	1.048	开县	0.526	0.710
石柱	0.678	0.977	潼南	0.503	0.816
忠县	0.635	1.003	万州	0.492	0.806
丰都	0.624	1.044	铜梁	0.485	0.843
云阳	0.602	0.858	涪陵	0.480	0.843
酉阳	0.592	0.802	武隆	0.464	0.895
巫溪	0.578	0.948	梁平	0.463	0.788

区县	社会文明指数	灾害文化指数	区县	社会文明指数	灾害文化指数
秀山	0.573	1.013	綦江	0.427	0.826
奉节	0.572	0.858	合川	0.407	0.719
垫江	0.570	0.854	璧山	0.400	0.788
巫山	0.551	0.911	江津	0.395	0.811
大足	0.550	0.923	荣昌	0.394	0.790
城口	0.539	0.969	永川	0.393	0.758
南川	0.527	0.909	渝中	0.018	0.158
黔江	0.334	0.436	双桥	0.279	0.642
长寿	0.316	0.679	大渡	0.188	0.571
巴南	0.296	0.697	沙区	0.180	0.395
万盛	0.213	0.655	北碚	0.163	0.437
渝北	0.194	0.543	九龙	0.116	0.415
南岸	0.190	0.448	江北	0.029	0.439

从图13—3可见，重庆市区域社会文化易损性有一定的分布规律，总体来说，渝西地区社会文化易损性较低，渝东地区社会文化的易损性较高，区域社会文化所有高度易损和绝大部分的较高易损区都在东部地区。这种分布格局与重庆市文化教育发展有较大关系，渝西地区社会文化教育较为发达，渝东北和渝东南地区社会文化教育相对落后。就社会文化易损性而言，彭水、丰都、忠县、石柱、秀山、城口县、巫溪县是重庆市灾害易损最严重的地区，因此，加强这些地区的社会文化和教育的发展，不仅是社会事业发展的需要，也是减灾防灾工作的重要措施。

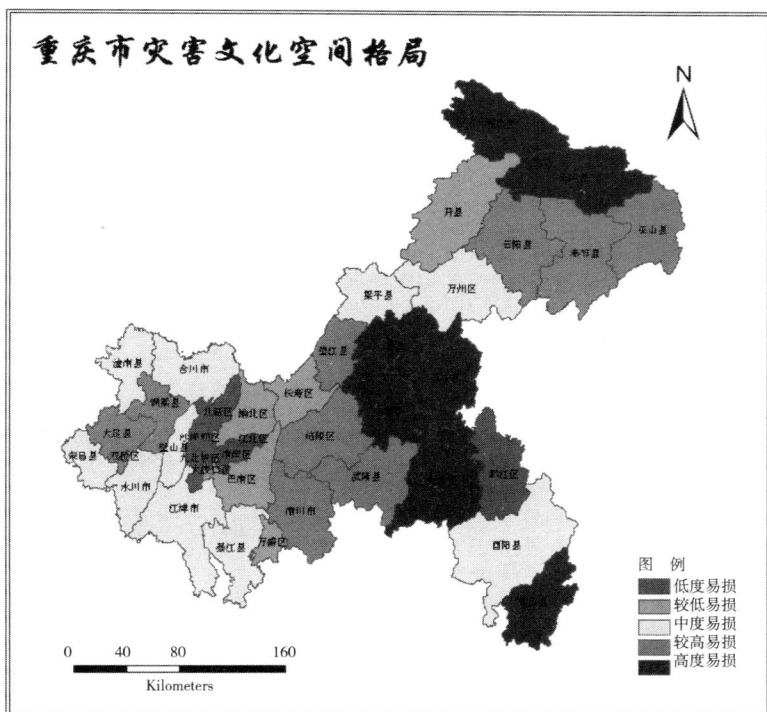

图13—3　重庆市区域社会文化易损性

（五）重庆市区域自然灾害易损系统评价

区域灾害易损性主要是考虑自然灾害和生态退化对环境系统的影响程度，良好的自然生态环境发生自然灾害的概率就小，灾害易损性自然就低。本书主要从灾害风险性和地表保护两个方面来对区域自然灾害易损性进行评价（表13—5，图13—4）。

表 13—5　　　　　　　**重庆市区域自然灾害易损评价**

区县	灾害风险指数	地表保护指数	区县	灾害风险指数	地表保护指数
开县	8.972	1.076	南岸	6.302	0.936
梁平	8.264	0.909	巴南	6.238	0.902
云阳	7.380	0.973	大渡	6.059	0.820
涪陵	7.331	0.887	秀山	6.045	0.389
奉节	7.207	0.994	武隆	5.978	0.892
綦江	7.206	1.045	渝中	5.954	1.056
万州	7.184	1.104	城口	5.898	1.145
巫山	7.001	1.065	黔江	5.866	1.148
巫溪	6.862	1.055	垫江	5.814	0.943
江津	6.832	0.504	九龙	5.693	0.706
酉阳	6.649	0.736	长寿	5.681	0.921
忠县	6.633	0.762	璧山	5.681	0.715
彭水	6.512	0.835	沙坪	5.630	0.716
江北	6.347	0.952	北碚	5.462	0.813
永川	5.050	0.714	丰都	5.437	0.880
石柱	4.959	0.769	南川	5.300	0.518
铜梁	4.879	0.790	万盛	5.180	0.859
合川	4.662	0.913	渝北	5.164	0.940
荣昌	4.476	0.928	大足	4.349	0.879
潼南	4.351	0.954	双桥	3.629	0.490

　　从图 13—4 可见，重庆市区域自然灾害高度易损区主要集中分布在库区开县梁平、云阳、涪陵、奉节、万州、巫山和南部山

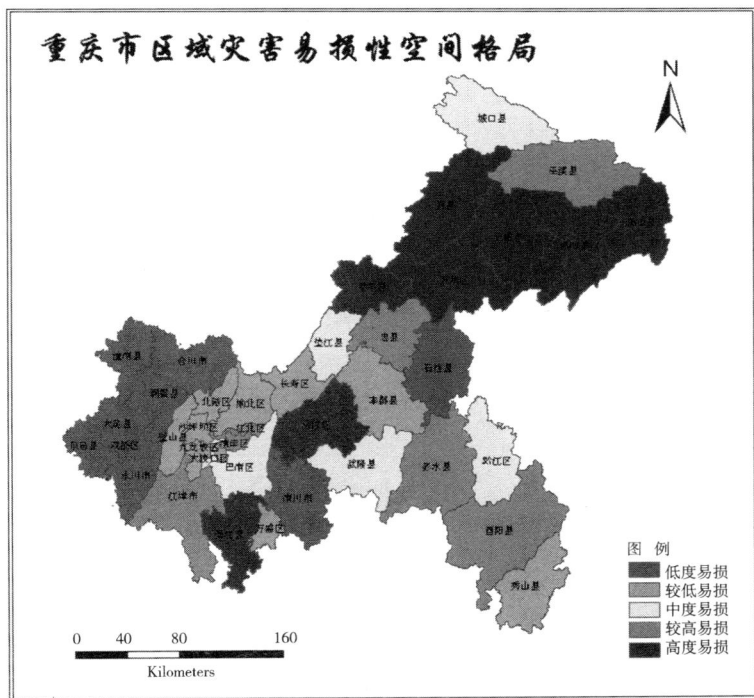

图 13—4　重庆市区域灾害易损性

区綦江县；而渝西北地区区域自然灾害易损性较低。重庆市区域自然灾害易损性这种空间分布态势主要还是自然地理特征所决定的。东部库区地形崎岖不平，地表河流切割破碎，加之地表植被破坏严重，生态环境脆弱，地质灾害频发，区域自然灾害的易损性突出。故就区域自然灾害易损性而言，我们应该高度关心库区开县、梁平、云阳、涪陵、奉节、万州、巫山和南部山区綦江县。

三　重庆市自然灾害社会易损性综合评价

利用 ARC/MAP 软件将区域人口易损、区域社会结构易损、区域社会文化易损和区域自然灾害易损四个系统的易损值进行整合计算和空间叠加分析，得出重庆市自然灾害社会易损性综合评价结果（表13—6、图13—5）。

表 13—6　　　重庆市自然灾害社会易损性综合评价

区县	区域人口易损	社会结构易损	社会文化易损	区域灾害易损	综合评价值
彭水	0.513	4.226	1.785	7.346	3.351
巫溪	0.679	4.024	1.526	7.919	3.245
酉阳	0.374	4.224	1.394	7.358	3.235
巫山	0.537	4.039	1.462	8.066	3.229
忠县	1.019	3.951	1.638	7.395	3.220
云阳	0.546	3.941	1.461	8.353	3.200
开县	0.522	3.789	1.237	10.048	3.192
梁平	0.411	3.886	1.252	9.713	3.164
奉节	0.442	3.875	1.430	8.201	3.131
丰都	0.634	3.974	1.668	6.316	3.122
綦江	0.528	3.841	1.253	8.252	3.084
石柱	0.469	4.033	1.655	5.729	3.082
垫江	0.489	3.950	1.424	6.757	3.063
城口	0.462	3.804	1.508	7.043	3.025
秀山	0.471	3.846	1.586	6.433	3.021

续表

区县	区域人口易损	社会结构易损	社会文化易损	区域灾害易损	综合评价值
武隆	0.336	3.787	1.358	6.757	2.947
江津	0.759	3.585	1.206	7.336	2.895
潼南	0.546	3.830	1.319	5.305	2.866
南川	0.527	3.701	1.436	5.818	2.865
涪陵	0.627	3.347	1.323	8.218	2.848
黔江	0.415	3.836	0.770	7.041	2.847
万州	0.817	3.293	1.298	8.198	2.838
永川	0.891	3.475	1.151	5.746	2.717
荣昌	0.629	3.587	1.184	5.404	2.717
万盛	1.525	3.384	0.868	6.040	2.705
璧山	0.678	3.400	1.177	6.395	2.705
长寿	0.561	3.484	0.994	6.601	2.703
大足	0.389	3.484	1.482	5.228	2.695
铜梁	0.588	3.431	1.328	5.669	2.690
合川	0.437	3.541	1.198	5.579	2.688
巴南	0.681	3.342	0.993	7.141	2.685
北碚	0.478	3.159	0.601	6.276	2.394
渝北	1.096	2.942	0.737	6.108	2.383
南岸	0.749	2.535	0.638	5.818	2.182
双桥	0.916	2.737	0.921	4.119	2.140
大渡	0.857	2.403	0.759	6.897	2.129

区县	区域人口易损	社会结构易损	社会文化易损	区域灾害易损	综合评价值
沙坪	0.519	2.454	0.575	6.346	2.022
九龙	0.825	2.320	0.531	6.399	1.985
江北	0.623	2.055	0.468	7.299	1.871
渝中	0.661	1.345	0.176	7.010	1.401

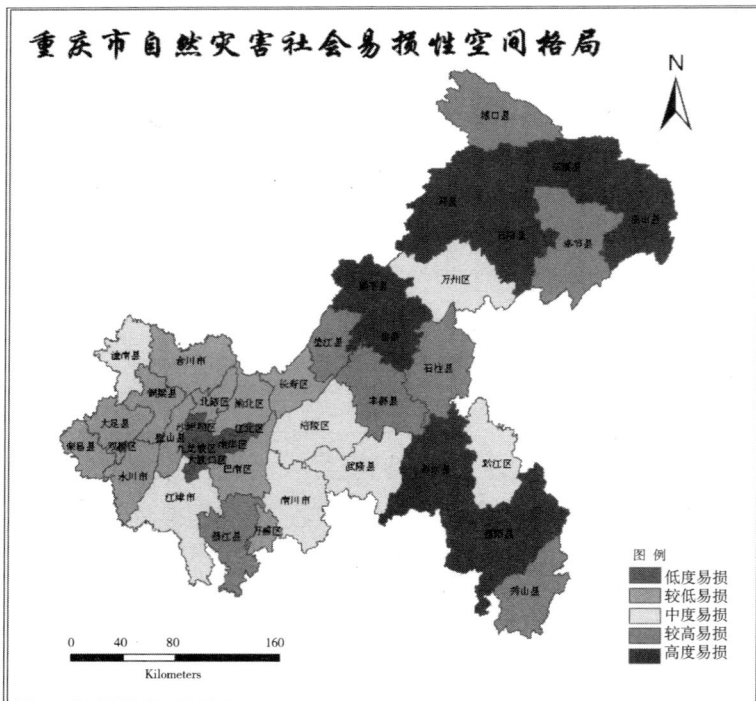

图 13—5　重庆市自然灾害社会易损性评价图

　　从重庆市自然灾害社会易损性评价图可以看出，重庆市灾害社会易损性以主城区为中心，向外逐渐增大。主城地区是重庆市灾害社会易损性最低的洼地，近郊地区是灾害社会易损性较低的环带，向外逐渐过渡为中度易损，到库区和渝东北、渝东南地区，社会易损性出现较高易损和高度易损。重庆市自然灾害社会易损性空间分布总体上看，与重庆市经济社会发展的空间分布基本一致。

　　造成这种布局的原因主要有以下 5 个方面：（1）灾害的社会易损性特征及空间布局特征主要是由区域社会结构所决定的，区域社会结构对社会易损性的贡献率达 53.4%，区域社会结构易损的空间分布格局基本上决定了重庆市自然灾害社会易损性的空间分布。（2）灾害的社会易损性主要是对社会因素的研究，社会经济的发展对灾害的社会易损性空间分布具有很强决定作用，因为所有社会运作都必须围绕经济进行，因此，自然灾害的社会易损性空间分布与社会经济发展分布具有相似性；（3）灾害的社会易损性具有复杂性，除了受社会经济因素的直接或间接影响外，还受文化、风俗等多种因子影响，区域社会文化对社会易损性的贡献率达 25.2%；（4）区域人口易损具有一些非地域性属性，主要呈离散性空间分布，它对重庆市自然灾害社会易损性的整体分布格局有一定影响，它的贡献率仅有 13%；（5）区域自然灾害本身或生态环境的脆弱性，主要属于自然事件的范畴，受自然规律控制，显示出独特的格局，但它对重庆市自然灾害社会易损性空间分布影响较弱。

　　重庆市区域社会易损性综合指数等级间数量分布大致相当，在 40 个区县中，低度易损区 7 个，较低易损区 11 个，中度易损区 7 个，较高易损区 7 个，高度易损区 8 个。低度易损区全都是重庆市主城的核心区，较低易损区则是由主城近郊区组成，中度易损区、较高易损区和高度易损区则位于三峡库区和渝东南、渝东北广大农村地区。

　　重庆市灾害社会易损性区域间差异较大。彭水县是重庆市灾害社会易损性最为严重的地区，就防灾减灾而言，彭水县是重庆市区域社会结构最差、区域社会文化最落后的地区，因此，社会抵御灾害的能力最弱；渝中区是重庆市灾害社会易损性最小的地区，事实上，渝中区是重庆市区域社会结构最完善、区域社会文化最先进的地区，因而也是重庆市区域社会抵御灾害能力最强的区域。彭水县社会易损强度很大，它是渝中区的 2.4 倍，这意味着在同样的自然灾害面前，彭水县与渝中区相比，更易受到破坏，破坏的程度也大得多，灾后恢复的能力也弱得多。

四　评价结论

　　本章以县（区）域作为灾害社会易损性研究的基本单元，运用统计和 GIS 空间分析法，选取了 45 个指标，按照构建的区域自然灾害社会易损性评价框架，从易损指数、易损系统和易损性综合三个层面，揭示了重庆市社会易损性的特征和区域空间结构状况，并进一步分析了社会易损性区域特征差异的空间机制，对重庆市减灾防灾战略和规划的制定，得出了一些有价值的认识。

　　（1）重庆市自然灾害社会易损度比较高，区域社会易损性综合指数平均值为 2.75，半数以上的县区区域社会易损性综合指数超过 2.75，社会易损性如此之高，意味着重庆市不少地区社会结构是脆弱的，难以经受住自然灾害的冲击。

　　（2）重庆市灾害社会易损度空间结构由一定规律，易损度以主城区为中心，向外逐渐增大。重庆市自然灾害社会易损性空间格局与重庆市经济社会发展的空间分布基本一致。

　　（3）重庆区域社会易损性的城乡差异较大，城市区域社会结构和社会文化较为发达，社会抵御灾害的能力较强，社会易损性较低，而农村地区社会结构和社会文化相对落后，以至于社会抵御灾害能力较弱，社会易损性较大。从社会易损性角度出发，大力推进城乡统筹，加快农村区域的社会组织结构和文化建设，都应该是重庆市减灾防灾战略的重要内容。

（4）重庆社会高度易损的县区有：彭水县、酉阳县、梁平县、忠县、巫山县、巫溪县、开县、云阳县；较高易损区有城口县、奉节县、石柱县、垫江县、丰都县、秀山县、綦江县。这些县区社会易损性强的宏观原因主要是这些区域的社会结构和社会文化的状况较差，但不同区县的微观原因还是不同的，比如区域经济发展、社会资本、社会组织、社会保障、社会安全、社会文明、灾害文化、弱势群体、易伤害职业等因素，不同区县间都有较差异。在重庆市制定减灾防灾战略和规划时，我们应该高度关注这些区域的社会结构和社会文化的建设，并根据各区县的实际状况，采取一些针对性的措施改善社会结构、提升文化素养，并将此作为区域减灾防灾能力建设的重要内容和措施。

五　重庆市自然灾害社会易损性评价结果验证

本书从社会学视角出发，依据我们对自然灾害与社会因素的逻辑分析，建立了自然灾害社会易损性的评价指标体系，并成功地运用于重庆市的自然灾害社会易损性评价，取得了较好的结果。为了更加严格的证实这个评价指标体系的合理性和科学性，还需进一步的实例验证。鉴于实例资料的困难，我们拟从重庆市自然灾害损失的现状和重庆市自然灾害的社会潜在损失（社会易损性）的拟合关系来验证自然灾害社会易损性的评价指标体系的合理性。灾害损失的现状就是灾害潜在损失的实现，潜在损失大，一般来说，灾害发生时，灾害破坏就大，现实损失就大，即易损性与现实的灾害损失存在着对应关系，我们可以通过这种对应关系拟合来验证易损性评价体系的可行性。

（一）建立验证模型

本书用灾害损毁模数来表示自然灾害的真实损失状况，区域灾害损毁指标主要包含区域灾害损失的最重要的两个方面：区域人的生命损失和经济损失，它基本反映了自然灾害对一个区域社会经济和人民生命的破坏

本书构建灾害损毁模数和重庆市自然灾害的社会易损性评价结果进行拟合，并利用 GIS 的空间分析功能来计算两者之间的拟合度。

在对灾害损毁模数和社会易损性综合评价指数两组数据进行拟合之前，利用 GIS 的自然分割法将两个数据分成 5 类，分别赋给 1、3、5、7、9 等 5 个值，得出一个组新的数据（表13—7），在这组数据中以"0"值为中心，距离"0"值越近，拟合度就越高，反之则就越低。然后再将这组数据以"0"为中心分成 5 类，即高度拟合、较高拟合、中度拟合、较低拟合和低度拟合。

表 13—7　　　　　　　　拟合数据的自然分割赋值

赋值	1	3	5	7	9
易损指数	1.401—2.182	2.182—2.717	2.717—2.947	2.947—3.131	3.131—3.351
损毁模数	0.100—0.410	0.410—0.790	0.790—1.110	1.110—1.940	1.940—4.390

（二）拟合结果分析

利用 ARCGIS9.0 系统的叠加功能，将灾害社会易损性综合

指数和灾害损毁模数进行拟合，结果为：

拟合效果最好的地区（高度拟合）有：江津、永川和綦江等3个区县。

拟合效果较好的地区（较高拟合）有：万盛、万州、双桥、北碚、南川、合川、大足、铜梁、璧山、忠县、巴南、长寿、涪陵、潼南、秀山、垫江、黔江、丰都、奉节和武隆等20个区县。

拟合效果一般的地区（基本拟合）有：开县、云阳、石柱、渝北、巴南和九龙坡等6个区县。

拟合效果较差的地区（较低拟合）有：沙坪坝、南岸、大渡口、城口、巫山、彭水、巫溪和酉阳等8个区县。

拟合效果不好的地区（低度拟合）有：渝中区、江北区和梁平县等3个区县。

总体上看，灾害社会易损性综合指数和灾害损毁模数拟合效果较好的区县23个，效果一般的有6个，它们共计占了全市区县的72.5％，全市地域面积的74.8％，而拟合效果不太理想的地区仅有11个区县。

根据拟合过程和拟合结果的意义，我们认为只要拟合度在中度以上都可认为其拟合结果是可以接受的。因为高度拟合表示社会易损综合指数与灾害损毁模数完全对应，较高拟合表示社会易损综合指数与灾害损毁模数有75％的拟合，中度拟合表示社会易损综合指数与灾害损毁模数有50％的拟合，两者之间的对应关系还基本存在。

需要说明的是拟合所用的灾害损失模数是根据近期自然灾害对人类社会破坏损失状况的概括。自然灾害的发生有自身的规律和周期，用一个时期的灾害的状况来代表灾害的整体特征有一定的局限性。而易损性则是灾害潜在损失的一个评估，表示的是一种可能的趋势。灾害损失的数据和易损性评估的数据在现实情况下完全对等的可能性不大，我们关注的是灾害损失和易损性评价的趋势是否一致。

重庆灾害社会易损综合指数与灾害损毁模数的拟合验证表明，在重庆市 72.5％ 的区县或 74.81％ 的地域，自然灾害的社会易损性和自然灾害损坏模数拟合关系成立。因此，我们可以认为，重庆市的自然灾害损毁状况与我们设计的自然灾害社会易损性评价的趋势是基本一致的，这种一致性说明我们设计的自然灾害社会易损性评价指标体系是科学的、合理的，它经受了过去历史的检验，也能够成为我们未来评价其他地区自然灾害社会易损性强弱的有效方法和工具。

参考文献：

重庆市统计局：《2005 年重庆市 1％ 人口抽样调查资料》，中国统计出版社 2007 年版。

重庆市统计局：《重庆统计年鉴 2005》，中国统计出版社 2005 年版。

重庆市统计局：《重庆统计年鉴 2008》，中国统计出版社 2008 年版。

郭跃：《自然灾害社会易损性评价指标体系框架的构建》，《灾害学》2010 年第 4 期。

何晓群：《现代统计分析方法与应用》，中国人民大学出版社 1998 年版。

吴晓伟：《因子分析模型在企业竞争力评价中的应用》，《工业技术经济》2004 年第 23 期。

第十四章　灾害易损性分析在防灾
减灾中的应用

灾害易损性不仅是一种概念，而且是一种科学的分析和管理方法。我们通过灾害易损性分析和评价，可以把人类社会政治、经济、文化过程与潜在的灾害损失风险联系起来，可以了解自然灾害背后的社会驱动力及其社会影响因素，可以预测什么区域将是灾害最为易损的地区、什么人群将是在灾害面前最为脆弱。怎样才能有效地增强人们抵御灾害的能力。因此，灾害易损性分析将是我们制定减灾防灾政策，实现灾害的科学管理，编制灾害防御规划、制定应急措施和减灾防灾措施的重要思想基础和科学依据。

一　社会易损性分析为灾害政策制定
开辟了新的理解范式

按人类生态学的观点，自然灾害是一种建立在自然现象基础之上的社会历史现象，人和聚落的易损状态是自然灾害形成的重要原因。

易损性作为人类社会对自然灾害敏感的程度，它是人类社会组成和结构的函数，这个函数是可以调整和改造的，它的减少或降低应该是人类减灾防灾的重要手段[1]。从一定程度上讲，自然

---

[1]　郭跃：《灾害易损性研究的回顾与展望》，《灾害学》2005 年第 4 期。

灾害是无法控制的，人类要在未来几十年完全认识自然灾害事件也是非常困难的，所以，从自然的角度，控制和预防自然灾害的成效是有限的，为了得到一个更加安全的环境，人类必须通过减少灾害易损性来实现。因此，需要我们正确地认识今天、明天的世界，认识自然灾害的复杂因素和相互的关联，重新认识自然灾害和人类社会的相互关系，调整我们防灾减灾的思路。

（一）人类应当承担灾害的主要责任

自然灾害虽然形式上是极端自然事件，但本质上是社会事件，是社会的动力驱使了灾害的产生，人类而非自然是导致灾害损失的根源。人类生活的区域与人类社会行为，决定了未来蒙受的灾害和付出的损失。目前，人类并没拥有解决自然灾害一劳永逸的办法，再先进的技术也不可能解除自然灾害对人类的威胁。

（二）从更为广阔的视角认识灾害及其后果

在对待灾害问题上，人类的局限性远比我们的想象要大得多。人类没有掌握减灾的王牌，有太多社会因素会加大自然灾害的损失。社会发展模式取决于人类的认识与人类的行为，由于人类认识自然和认识自身行为的能力有限，有时认为是合理的行为和发展模式，却会形成凌驾于其他自然动力之上的社会致灾的力量。在市场经济的背景下，人类追求效益的行为是天经地义的，于是大规模地开采自然资源，改造自然环境在地球表面随处可见，殊不知，这些"合理的"行为破坏了自然的平衡，促成了灾害的发生。另外，主流社会或政府自身的弱点也影响着人类调节灾害的能力，而且在有些情况下，甚至会助长并持续灾情。主导的社会阶层或政府由于某种原因有时会对即将到来的灾害视而不见，有时也会控制灾害信息从而影响了人类社会自身的减灾救灾。事实上，社会各阶层均可以利用自己的地位发挥减轻灾害的作用，也可能严重约束各个阶层之间的相互作用。例如，为保护脆弱环境而限制土地开发的公共政策，对一些社会阶层而言即有所得，对另一些则有所失；对经济损失的阶层很快就会利用法律阻碍一些自然保护和减灾措施的实施。

（三）放弃导致短期行为的思维模式

众所周知，洪水泛滥是影响人类社会的严重自然灾害，为了抵御洪水，许多国家和地区修建了的大坝和堤防工程，尽可能保护沿河两岸人们的生命和财产安全。现代工程技术条件下防洪措施实施几十年以来，人们也暂时免受了洪水淹没之灾，但是，我们对洪水灾害的问题实际思考有多少？实际上洪水灾害依然存在，而且潜在的危险和灾害损失却愈来愈严重，尽管目前我们已经付出一些努力，这些努力和工程延缓了灾害发生的时间，却累积了更多的恶果。当人类的堤防工程溃决时，那时的灾害将是毁灭性的。目前减灾的战略大都是眼光短浅的思维形式的产物。

未来的世界，我们将经历更多的自然灾害和人文灾害，灾害的危险预期超过以往经历过的灾害。未来灾害的所有根源都是过去或今天行为造成的后果。在易灾地区经济的迅猛发展，使这些区域的灾害大幅度地增加；大多数减灾目标短浅，并非考虑免除灾害，不过是将灾害的损失拖延到未来，人们千方百计地寻求控制自然的办法，通过技术措施实现他们安然无恙的幻想，因此，应该扩大我们减灾的思维空间，追求减灾的长期效益，努力建立"永久性"无灾环境，比如对于河流泛滥，应该遵循自然规律，保留滨河空间和湿地，让洪水有宣泄之地，就不会酿成大灾，真正关心未来的减灾战略是要维系自然环境，而非使一种灾害转换成另一种灾害，从一个地区转移到另一个地区。

（四）减灾行为不是固定的而是动态的

人类社会日趋错综复杂，其特征是相互关联的灾害问题瞬息万变，呈非线性状态。遗憾的是，目前绝大多数的减灾措施是为可预料的世界而设计的，未来的战略与目标也是事前知晓的，并且纳入现有的组织去实施。世界范围内的灾害管理似乎都在遵循一种类型的传统模式，即研究灾害问题，提出解决方案，选择其中一种，然后再面临下一轮灾害问题。这种模式视灾害为相对静止的，并认为减灾是主动的、正面的、线性趋势发展的。我们意识到减灾寄托了希望，认为可以通过某种途径减少将来灾害。

我们应将减灾行为视作不断演变的进程，他需要不断地从不同的领域采集新知识，它是社会共同工作的综合行为。人类对灾害的适应性与灾害本身演变的一样都是非线性的、动态的。

（五）维系自然环境和修复生态平衡才是减灾的最高境界

生态系统和人类社会及社会之间的相互作用是导致自然灾害的根源。因此，积极消除人类对生态环境破坏的影响，修复伤害了生态系统，使人类社会与自然环境和谐统一，自然灾害自然会逐步减少。

在一定地区，人类活动不应降低生态系统的承载能力。减灾行为应有效控制和逆转环境的退化，并通过减灾行动，使自然资源得到妥善管理，环境得到维护。人类使环境退化的日常行为必须纠正，建立有利于自然系统自我更新，人类有美好未来的社会活动模式。

要培育区域灾害的承受能力，培养公众对当地环境问题的重视，认识到环境灾害的危险，环境的可持续性对人们安全的影响，养成人们的责任心和灾后的恢复能力，建立适合于当地环境和社会的区域承灾能力和恢复措施。一旦灾害来临，区域社会就能抵御极端自然灾害袭击，承受暂时的破坏，很快就可以自我恢复正常的生活秩序。

因此，我们必须更新观念，充分认识灾害的社会本质属性，我们应该把灾害关注的重心从自然事件转移到人类社会本身，从依赖地球物理和工程知识转移到社会政治和历史环境，从关注自然机制和预测预报转移到关注人类社会的安全和可持续发展，关注社会的公平；把管理空间从灾后的响应和恢复拓宽到灾前的预防和备灾，从部门的应急行为拓展到全社会的日常行为，建立健全防灾减灾体制和机制，制定相应的政策和策略。

二 社会易损性分析是制定减灾防灾规划和政策的一个重要依据

（一）自然灾害形成的社会因素的分析依据

灾害的形成是自然环境和社会条件两个方面共同作用的结果，自然的方面的因素大多数是显而易见的，但是自然的力量常常又是人为难以控制的，比如地震、台风这些自然现象的发生，人类是无能为力的；另一方面虽然社会因素是复杂的，也是难以把握的，但是按照社会易损性的科学逻辑体系分析，可以找出促成灾害发生的社会原因，从而进行社会行为和结构的调整与控制，就能够降低或避免灾害带来损坏。社会易损性分析应该是我们制定减灾防灾规划的一个重要内容。

（二）自然灾害重点防御区域确定的前提

在自然灾害多发地区，灾害的防御理论上应该是全面展开和通盘部署，但在人力、财力和物力条件有限的情况下，灾害防御应该重点防御和一般部署的结合，合理的安排和分配防灾减灾设施，这是有效的预防和减轻自然灾害损失的有效措施。由于区域社会经济发展的不平衡，预防灾害的能力和灾害发生的重点区域并不对应，而且在很多情况下是逆向对应的，抗灾能力强的区域反而灾害发生的频率小，或者自然条件较好，不容易形成灾害；抗灾能力弱的区域，灾害发生的频率又高，灾害的潜在损失大。

自然灾害的区域社会易损性评价可以分析和判断区域灾害潜在损失状况的空间分布，可以预测哪些区域在灾害发生时易受破坏和伤害的，这些区域就是我们灾害防御的重点区域。

我们从重庆自然灾害的易损性分析中可以看出重庆的减灾防灾的工作重点在重庆的三峡库区及周边灾害易损性较大的地区，这些区域无论是从人口易损系统，社会结构易损系统，还是文化和区域灾害易损系统，灾害易损性都是较高的，一旦在同等程度自然灾害发生的情况下，这些区域容易造成损坏，而且三峡库区的自然灾害、生态环境灾害都将影响到三峡大坝所发挥的效益，在防御规划中由于当地的经济水平低，这些地区不论从物力还是人力方面都将成为防御的倾斜地区。

（三）自然灾害的区域防御及救济能力评价的依据

灾害的防御和救济能力是自然灾害社会易损性的主要反应对象，同时，灾害的易损性可以更为清楚反应影响灾害防御和救济能力的因素。它可以从具体的社会因子来分析区域的防御和自救能力的强弱。

自然灾害自防御能力和救济能力的强弱取决于区域的社会基础设施建设情况、社会组织结构、区域社会人员素质、人口结构、信息获取能力和政府指挥能力等要素。各个要素之间的综合配置决定自然灾害前、中和后期不同的结果，而且在每个时期都是起到决定性的作用。社会易损性则是比区域防御能力和救济能力更强的一个综合性评价概念模型，易损性大的地方，往往是自防能力和救济能力弱区域①，所以易损性的评价结果和其主要因素分析能够充分反映一个区域灾害自防能力和救济能力评价的客观依据。

（四）　灾害应急管理的一个重要支撑

灾害应急主要包括应急准备、预警预报与信息管理、应急响应和灾后救助与恢复重建四个方面②，易损性分析为应急准备、应急响应和救助以及应急物资的分配都提供了一定的依据。

通过社会易损性分析，我们可以针对弱势群体和易伤害职业，采取专门的心理干预和专业指导，同时要结合不同社会文化层次的特点，采取应急演练和广泛宣传的措施，使得应急措施能够在灾害发生时取得良好的效果和效益。对于经济基础落后、社会组织薄弱、社会安全较差的区域，在实施应急措施的过程中应该结合当地实际情况，必要时采取政府强制引导、军队全力协助、医护和警察积极配合的方式进行综合应急处理。总之，在制定和实施应急措施的过程中应该与区域社会结构密切联系，而不能搞"一刀切"，应该按照实际情况采取相应的应急方案。在制定实施应急措施的过程中，应该结合区域自然灾害易损系统的差异来划分不同的灾害等级，进而采用对应的应急措施。只要采用合理的应急措施等级，才不会导致在抢险救灾过程中发生应急物资调配混乱和不合理使用的情况。同时也能够较为适度地动用各种社会力量进行应急救灾，而不会出现反应过激或反应迟缓的现象。

---

① 孙蕾、石纯：《沿海城市自然灾害脆弱性评估研究进展》，《灾害学》2007年第1期。
② 王绍玉、冯百侠：《城市灾害应急与管理》，重庆出版社2005年版。

（五） 正确选择防灾救灾对策的科学依据

防灾主要是指在灾害发生前采取一些有效措施，阻止灾害造成损坏，包括基础设施建设、通信能力提高、社会组织的救灾协调能力强化、应急方案的可操作性能。救灾主要是指在灾害发生时对人员和财务的抢救。防灾救灾的对象是人和物，而防灾减灾的主体也是人和物，所以这个过程是一个社会性的行为。

社会易损性分析就是通过区域社会的构成主体人群、社会经济结构和社会文化的分析，探索各种灾害潜力与社会易损性的函数关系，为我们开辟了增强抵御自然灾害、减轻灾害损失的社会途径。因而这种社会易损性分析也是一种科学的减灾方法。从社会易损性出发，减灾防灾就是提高社会对灾害的承受能力，减低社会的易损性。事实上，只有切实增强了社会对灾害的承受能力，才能在灾害发生后不至于陷入极大的被动和恐慌之中，才能有效地降低灾害对社会所造成的损失。在制定减灾防灾政策时，首先，应该关注弱势群体的灾害救助，特别是对广大边远农村地区，灾害发生的频率高，弱势群体多，遭受的威胁大。其次，要不断地增强社会的经济实力，努力从根本上增强社会承受灾害的能力，这是防灾的根基所在。再次，要不断地进行社会结构调整，重点加强社会体系中薄弱环节，提高社会和政府应对灾害的组织能力，政府的强有力的领导和组织，是防灾减灾的一个重要保证。要根据不同地区的社会组织现状，积极采取措施，加强政府组织社会抵御灾害的能力。最后，要不断地提高社会文化的水平，提高人们的文化知识水平，在学校教育中要增设有关防灾减灾的专门内容，切实提高人们自身素质，增强其防灾能力和水平。这是减灾防灾工作真正得到贯彻实施的一个基础和保证。

三　重庆市防灾减灾的社会对策与措施

直辖以来，重庆市社会经济飞速发展，逐渐成为了我国西部最为重要的城市，"宜居重庆、畅通重庆、森林重庆、平安重庆、健康重庆"的建设更加增添了重庆的城市魅力。但由于地处我国地势二、三级阶梯的过渡地带和亚热带季风气候的区位，重庆自然灾害频发，山区地质灾害和旱灾洪灾尤为突出，给重庆社会和人民生命财产带来了巨大的损失。自然灾害始终是困扰重庆社会经济持续和安全发展的难题，减灾防灾是重庆社会经济建设和发展过程中，长期而艰巨的重要任务（孔圆圆，2007）。中央政府和重庆市地方政府高度重视重庆的防灾减灾工作，采取了许多有力的政策和措施，科技界和社会各界也贡献了大量的智慧和努力，减灾防灾工作也取得一定的成效。为了不断深化自然灾害及其防治的认识，提高减灾防灾工作的效益和针对性，作者根据重庆市自然灾害社会易损性评价结果，从灾害社会易损性出发，对重庆市减灾防灾提出以下对策和建议。

（一）重点关注和保护弱势群体，减少灾害对人们的伤害

我们知道灾害的发生具有突然性，往往在人们毫无预防的情况下发生，对人们造成的损害也是巨大的，尤其是一些社会弱势群体，如妇女、儿童、老人等一般都是最易受损的群体[1]。弱势群体对灾害的抵御能力较弱，灾害发生后很难在短时间内实现恢复和重建。所以在减灾和应急管理的时候，要对弱势群体进行重点的关注和保护。

---

[1]　文建龙、黄立平：《生态灾害与弱势群体》，《四川环境》2007 年第 1 期。

　　针对弱势群体指数较高的农村地区，尤其是忠县、万盛区、巫溪和双桥区社会易损性最高的区域，急需完善当地的防灾基础设施和对易损人群的特殊保护，要规划配备专门的救护人员以帮助弱势群体应对灾害的发生。因为以这些弱势群体在面对灾害发生时没有足够的能力去应付，此时必须要借助外界的力量。所以在政府进行防灾规划时需要特别考虑如何重点保护这部分群体，同时也应该计划通过组织建立弱势群体之间的互助团体，并通过不断的培训和学习，加强弱势群体防灾抗灾的能力。另外，弱势群体由于其自身的弱点，在采取应急措施时容易产生恐慌情绪。这会对应急措施的实施产生极大的干扰，如果不及时对其加以心理辅导和干预，极易产生不必要的混乱。反而会人为地给救灾抢险带来负面作用。所以在政府的应急预案中应专门针对弱势群体进行心理辅导。

　　在制定减灾措施的过程中应该加大对这部分群体的帮扶力度。灾害发生时要积极帮助受灾人群，尤其是弱势群体及时得到社会救助或亲友支持。必要时政府要保证其基本生活，并帮助其实施灾后的恢复重建。政府要积极动员全社会力量对受灾人群尤其是弱势群体的援助，加大对弱势群体的受损设施的重建和恢复，并注重对弱势群体的防灾减灾能力的帮助和提高。政府可以对其进行免费培训和提供工作机会，以尽快地使弱势群体恢复至灾前水平。同时加大对弱势群体的帮助也对整个社会救援起到积极的示范和鼓励作用，对提高整个社会积极抗灾的信心作用明显。

（二）推进易损职业减灾进程和科技投入，提升灾害的抵御能力

　　易损职业主要包括采矿业、交通运输业和建筑业从业人员，这些职业在灾害发生时相对于其他职业更易受到损害。职业易损

性较高的主要集中在重庆主城都市区和万盛区，与这些地区经济活动有关，其中万盛区尤以其矿业发达而表现较强的易损性指数。如何提高易损职业的减灾标准，切实保障这些特殊行业的安全性和可靠性，是减灾防灾的关键所在。要注重不断提高易伤害职业的防灾设施标准，以实现逐渐与国际针对特殊职业的防灾标准。加大对易伤害职业的防灾设施的科技投入，增强其利用高科技来监测灾害，防控灾害的能力。另外，要对从事易伤害职业的人群进行科学的教育和宣传，以帮助其正确认识防灾的必要性和重要性，并掌握防御灾害的方法。力争将灾害发生时所造成的损失降低到最低。

　　针对易损职业要制定严格的灾后重建方案，同时要严格要求易损职业加强防灾抗灾能力的建设，尽最大可能减少灾害所造成的损失。切实做好减灾防灾措施的落实和执行。灾害的发生是无法避免的，但是灾害所造成的损失却是可以降低的，这都有赖于灾前防灾措施的落实和灾后减灾措施的执行。必须要注意对易损职业的科学指导，需要建立专业的救灾抢险队伍，提高易损职业的减灾科技投入来帮助易损职业实施减灾措施，达到减灾目的。

（三）进一步完善社会组织结构，增强社会的抗灾能力

　　社会组织结构是社会在应对灾害时的有力保证。灾害的发生很大程度上受自然因素的影响，我们人为无法干预，更无法控制和消除。但是灾害所造成的影响却是更大程度上受到社会本身的影响。一个社会组织结构合理、组织机构完善、组织能力强大、组织措施严密的社会领导力量对减轻灾害对社会所造成的危害具有积极而必须的作用。要切实组建减灾防灾的有力的领导团体，以备发生灾害时能够高效科学地迅速组织抢险救灾，而不至于在

灾害发生后反应迟缓的被动局面①。同时在全市范围内要建立专门的减灾防灾机构，加强组织能力。特别是对社会组织能力较为薄弱的区域，如广大的农村地区，更需加强这方面的建设。同时要明确社会组织力量的工作任务和工作范围，以及工作条例和原则。在实施应急措施的过程中应该结合当地实际情况，综合各级各类组织力量和领导力量。必要时采取政府强制引导、军队全力协助、医护和警察积极配合的方式进行综合应急处理。真正消除现在一般所采取的单一部门减灾、多个机构负责的局面，实现综合减灾，统一指挥，完善管理，全面进行的新型减灾方案。

（四）加强贫困地区的基础设施的建设，增强社会的承灾能力

完善的基础设施是社会正常运作的重要保障，也是社会抵御自然灾害的重要基础。对于经济基础薄弱的区域，如巫溪县、酉阳县、城口县、巫山县和彭水县等经济发展比较落后的地区，社会基础设施建设都薄弱，以至于这些地区抵御自然灾害的能力较低，灾害的易损强度较大。为此，我们必须认识到加快这些地区的社会组织和基础设施建设，不仅是促进当地的经济发展的需要，也是推进城乡统筹、减灾防灾、促进社会进步的需要。要特别加强当地的公用基础设施建设，完善交通网络，提高防灾减灾的组织能力和机动能力，增强社会的抵御自然灾害的能力。

（五）加强城市地区的志愿者队伍建设，增强社区灾害自救的能力

重庆城市区域的自然灾害和公共安全事故频发、后果严重，

---

① 蔡昆：《论发挥社会组织在公共危机管理中作用》，《管理世界》2009年第2期。

原因很多，其中之一就是社区居民和公众自救互救能力低，社区安全和抗灾基础差，还没有形成以社区为中心的矩阵式的灾害和事故伤害管理模式。

社区是社会的细胞。社区安全是人们生产、生活安全和社会安全、稳定、和谐的基础。加强社区应急管理能力的建设，是全面建设小康社会、构建安全社区、和谐社会的重要组成部分，是落实以人为本，实现安全发展、科学发展、可持续发展的重要措施。

社区应急管理能力的建设是一个系统工程，它涉及社区的应急管理组织体系和工作机制，应急预案体系，相关法规政策，应急抗灾志愿者队伍，基层应急保障能力，应急管理知识的宣传教育活动和社区居民参加的应急预案演练等方面。这里，我们特别强调的是社区应急抗灾志愿者队伍的建设。

目前，在我国，灾害应急响应第一线的主要是部队、武装警察、公安、消防队。但在西方发达国家，当灾害发生时，有许多其他组织机构和民众以志愿者的身份参与应急抗灾行动。在澳大利亚，应急响应志愿者组织有大致 500000 名训练有素的志愿者，他们占澳大利亚人口的 2.5%，而警察、消防队等政府抗灾人员仅有 64000 人。

以志愿者为主的抗灾组织形式有许多好处。首先，它提高和培养了社区居民的公民意识和责任感，这为社区带来了更多的安全感；其次，它提高了应急反应的迅速，减少了灾害对社区的破坏程度；再有，它为社会节约了大量的经费。更重要的是志愿者组织通过他们的行为，在地方社区培育了一种团结和自助的精神，这种精神是建设一个更加富有活力的社会的基础。

因此，我们要充分认识抗灾志愿者在社区应急管理和安全社区、和谐社区建设的重要作用，在社区开展应急抗灾管理能力建设的工作中，把组织社区应急抗灾志愿者队伍的建设作为一项重要工作来抓。根据不同的公共社会安全事件和灾害类型，组织不同的应急抗灾队伍，比如，社区治安巡防、社区消防、社区灾害抢险救援、社区水上救生、安全灾害信息宣传等志愿者组织。社区要充分发挥卫生、城建、国土、农业、林业、海事等基层管理工作人员，以及基层警务人员、医务人员、民兵、预备役人员、物业保安、企事业单位有关人员以及社区居民的社会积极性，组织和动员他们参与相关的志愿者组织。应急抗灾救援工作是一个技术性较强的工作，志愿者不能是业余的，他们必须培训到达职业标准，熟练操作各种复杂的抗灾设备，才能履行其职能，发挥其作用。社区应急管理机构要对对志愿者进行一系列相关业务培训。要加强社区应急志愿者队伍的管理，建立相应的组织纪律和运作机制，配备必要装备，确保应急志愿者能成为招之即来、来之能战的应急救援人员。

（六）加强灾害危机管理队伍的建设，增强社会抗灾的驾驭能力

灾害危机的应对是专业性很强的管理工作，高效的灾害危机管理，需要专门的灾害危机管理队伍来支撑。针对目前灾害危机管理队伍的现状，我们认为应该采取以下三个措施来提升灾害危机管理队伍的能力：一是对人力资源进行有效整合。由于灾害危机管理涉及的范围非常广，是由公共卫生系统、突发事件管理机构、行政执法部门、医疗服务系统和现场抢险抢救力量等要素，以一定的组织形式构成的多维度、多领域的综合、联动、协作整体，涉及自然学科和社会学科等多个学科，因此需要多种类型的人力资源共同参与、联合作战才能应对；二是加强灾害危机管理人力资源培训的前期分析。灾害危机管理缺乏的人才类型有多种，既有决策、信息收集处理人才也有执行和精神卫生救助人才，而每种人才所需要的知识、技能、能力等有很大的差别，只有进行科学的分析才能制定出合理的培训计划；三是制定切实可行的培训内容和方法。按照培训相关理论，培训的目的包括授予工作所需的知识和技能；培养与改变态度；传达各种情报消息。因此从培训内容上看，对灾害危机管理的人力资源培训除了重视工作所需的知识和技能外，更要注意培养人员的危机意识、价值观、合作精神、团队精神等，从知识和心理等多方面进行培训；四是加强对培训效果的评估。一个完整的培训流程应该包括四个步骤：首先，要从培训需求分析做起，了解现有人力资源所需提高的技能和能力；其次，根据需求设计、选择培训内容；再次，针对培训内容和对象选择培训方法；最后对培训效果进行评估。只有做好这四个环节才能提高培训的效果。而目前重庆市在灾害危机管理的人力资源培训中，对培训效果的评估基本上是一个空白，因此对培训效果的评估亟待加强。

（七）保证社会安全稳定，减轻灾害损失

社会安全是社会要素所起作用和正常互动的一个反应条件，也是社会结构的重要组成部分。灾害属于一种紧急事件，而社会在紧急状态下最容易出现混乱和分层，从而为社会系统的正常运行造成不利影响。因此，社会安全直接影响灾害的最终损坏结果，社会越安全，那么灾害造成的损坏就越小，反之则就越大。

必须要切实采取措施保证灾害发生后社会能够继续维持正常的秩序而不会出现任何的混乱。可以动员社会力量协助警察维持社会安全。尤其是对于社会安全指数不高的主城区域，可以组织一定的社会力量以志愿者的形式参与维护社会的安全和稳定。同时也要加大对社会安全的检查和执法力度，尤其是灾害发生的非常时期，更需要重点实施。因为主城区域使经济基础最好的区域，减灾条件和基础也是最好的。但是灾害发生所造成的损失也是最容易上升的。而如果由于社会安全易损性过高的影响而引起

更多人为损失的产生，则是需要高度重视的一个方面。

（八）利用制度创新，降低社会的易损性

转型期和谐社会的建构在很大程度上取决于公正制度的设计与实施，而制度的公正性虽是我们所欲求的，然而不是怀有善良愿望即可达成的，而是需要在制度的生产过程中，真正赋予不同的社会群体尤其是弱势群体，博弈的社会权利，使制度能够在多元的社会利益主体的反复博弈的利益均衡中达成，以减少制度非公正的利益倾斜性[①]。重庆市就业滞后于整个国民经济市场化和现代化而未具有转型状态表现得更为充分；大量下岗职工就业难直接影响到社会稳定和城市安全；而分配制度又不能有效协调社会中低阶层人群与高收入阶层的差距，社会矛盾将会更加突出。如果是社会保障不能把更多的弱势群体纳入保障范围，为今后很长一个时期抵御自然灾害能力将受到严重挑战。保险是被世界各国普遍认为缓冲社会风险的有效制度。

经济快速发展和转型过程中，新制度是一种稀有资源，是和谐社会在追求的主要目标之一。缩小社会阶层差距，壮大中间阶层降低人群的社会易损性，除了要引起决策者们的高度重视之外，关键是要制度创新，壮大中间阶层保护弱势群体、保障社会公平是现代社会的创新制度的一个重要的出发点。重庆可以借新农村建设之机，增加农业投入，对农村的基础设施进行完善，建立以村级为主的农村公共服务中心，有效改善农村边远地区的医疗卫生、教育和交通条件，同时要建立起村级管理服务的有效长期组织，这就要在制度和队伍建设上要有创新。另外，农业生产是极不稳定的，受自然灾害的影响较大，涉及的人口数量也是很

----

　　① 宋丽丽：《我国巨灾保险制度和建立和完善》，《法制与社会》2009 年第 2 期。

大的，农业保险是考虑减轻农村社会抵御风险的主要途径。针对重庆市一些极度贫困的农村地区还有加大农业补贴的力度。对于中小城镇和城市来讲，新型的社区制度和社区服务体系是现代社会和谐的重要方向，着手点在于如何加强社区的组织化程度，加强社区成员之间的联系和交往，完善社区的服务功能。在城乡联系上，户籍管理制度和农民进城务工人员的服务和管理上有待进一步加强，减少因大量流动人口缺少社会组织化而造成的社会易损性。

（九）积极推进灾害保险，提高社会的救灾保障和恢复能力

重庆市由于经济发展水平和社会意识的限制，社会保障能力整体偏低。包括主城区在内的绝大多数地区，社会保障设施和制度都不完善，很难在灾害发生后及时地进行经济救助和帮扶。仅仅依靠社会捐款和政府补贴来减低灾害损失显得比较困难。救灾既是减灾的有效手段，也是发展经济的一个重要组成部分（陈柏，2009）。救灾是一种社会经济活动，在经济社会里就必然受社会经济规律的制约。传统的救灾方式以人道主义援助和政府无偿发放救济品为主，这不仅使一些政府部门和非受灾地区把救灾看成是一个影响经济发展的负担，从而影响救助者的积极性；而且也在客观上助长了一些灾民和基层组织中存在的对待灾害的消极行为。因此，重庆市应该实践有偿救灾，建立以灾害保险与国家财政后备相结合、自保自救及社会捐赠相结合等其他多种形式的综合救灾保障体系，全面提升社会的救灾保障能力。

保险虽然不能减轻灾害所造成的损失，但是却可以最大限度地利用社会力量来分担灾害所造成的损失。同时通过保险制度的推广来加强减灾防灾意识在社会群体中的认可和接受。要在全市范围内实行最大程度的保险覆盖范围和保险种类，对于易发灾害和易损区域要实行强制上险，同时政府财政也要保证这方面的投

入。应积极完善全市的保障体系建设，努力扩展保险覆盖范围和参保人数，提高保险理赔的标准和效率。

（十）提高社会文化素养，增强社会防灾减灾意识

社会文化是影响一定社会群体生活和社会行为方式的重要因素，对于灾害而言亦是如此。社会文明程度很大程度上是与当地的人民文化水平密切相关，而文化水平的高低则深刻影响着对灾害本身和减灾防灾的认识。社会文明程度越高的地方，受到灾害的损坏就会随着人们采取的科学而积极的措施而减小，相反，文明程度越低的地方，由于人们对灾害的认识不够或采取的措施不当，受到的灾害损坏就越大，还有可能因为人们的不当措施，扩大灾害的损坏程度

因此，采取积极措施提高社会文化素养，增强社会的防灾减灾的知识和意识，也应该是我们主动提高社会防灾减灾能力的重要举措。要广泛开展形式多样、务求实效的防灾减灾知识教育，加强多学科、跨专业间的相互交流与合作，培养公众应急意识，各级各类学校适当地开设相关的教育课程，并将设立相关的课程标准，同时设立灾害管理的专门教育机构，提供专业训练，培养专业人才，选择条件适当的院校开设灾害管理的专门课程，在组建相应的专业救援组织的同时，做好全民性的危机应对常识教育和常规演练，提高普通群众应对灾害的心理素质和实际能力。新闻媒体要积极发挥应有的作用，全社会都应为防灾减灾作出贡献。总之，要使得人们对灾害有深刻的了解，具备一定的灾害知识，从而可以在灾害发生时能够起到减灾救灾的实质性作用。

参考文献

R. W. Kates，"Sustainability Science"，*Science*，2922001，pp. 641—642.

Dennis Militi，*Disaster by Design：A Reassessment of Nature Hazards in the*

United States, Washington, D. C. : Joseph Henry Press, 1999.

陈柏、陈培:《我国巨灾保险的现状与对策》,《中国减灾》2009 年第 5 期。

姜彤、许朋柱:《自然灾害研究的新趋势——社会易损性分析》,《灾害学》1996 年第 2 期。

孔圆圆、徐刚:《重庆市自然灾害对农业经济发展的影响与对策》,《安徽农业科学》2007 年第 11 期。

李学举:《灾害应急管理》,中国社会出版社 2005 年版。

李保俊、袁艺、邹铭等:《中国自然灾害应急管理研究进展与对策》,《自然灾害学报》2004 年第 3 期。

第十五章　全球化与自然灾害社会易损性

全球化（globalization）是一种概念，也是一种人类社会发展的现象过程，指全球联系不断增强，人类生活在全球规模的基础上发展及全球意识的崛起。20 世纪 90 年代后，全球化浪潮席卷全球，全面、深刻地影响人类社会的方方面面。在全球化背景下自然灾害对人类社会影响的范围和深度都在不断增大，未来自然灾害发生的频率和不确定性也在增加，极端的自然灾害事件越来越多、人为导致的自然灾害事件、技术风险性灾害事件在不断增加，这对人类灾害管理提出了严峻的挑战。

一　全球化及其本质特征

"全球化"一词最早是美国学者塞尔德勒·列维特于 1985 年在《哈佛商报》上的"谈市场的全球化"一文中首先提出的，用全球化这个词来表述前 20 年间的国际经济发生的巨大变化。事实上，全球化作为一种事实，或者人类社会的一种过程，对很多国家和地区来说不是什么新的东西。欧洲经济遍及全球各地可以追溯到 15 和 16 世纪。

全球化的本质就是生产社会化和国际分工的发展和扩大，它是生产社会化和国际分工发展超越民族国家疆界，而愈来愈向全球范围扩展和延伸的过程，这个过程表现为历史前进的一种客观趋势。全球化带来了一种人类生产和生活相互联系、相互依赖的状态，形成了"你中有我，我中有你"的错综复杂的局面，客观上全球化要求全球各组成部分之间生产和生活冲突和摩擦的逐步减少，相互影响和协调的增加，但现实中，不公平竞争主导着今日的全球化进程，这种全球体系内在的不平等，占支配地位的国家拥有建立不平等贸易关系和使不发达国家形成经济依赖的力量，这种依赖性的模式会导致不发达地区经济更加贫困，使得当地社会在自然灾害面前非常脆弱，增加自然灾害的风险。

作为一个客观的历史进程，全球化的二元性特征突出，它既是客观的过程，也是主观的过程，既是普遍的进程，也是特殊的进程，既有正面的影响，也有负面的效应，在 21 世纪，全球化过程表现出一些新的特点：

一是时间和空间的压缩，使人们生活在一个时间密集、空间压缩的环境中，这一进程加快改变了人们的时空观，引起了人们价值观的激变，人们交往的速度、强度、广度和深度前所未有。这种情况使人们几乎来不及判断自身的需要和利益就匆匆被裹挟进全球化的洪流之中。

时空压缩对自然灾害的风险产生深远影响。它可以间接从经济和社会的角度带动地理学的发展，降低某地区乃至全球范围内人类对自然界变化的脆弱性。更重要的是，时空压缩可以帮助人类观察自然灾害，并有效应对。但另一方面，全球化也间接地与社会脆弱性的产生相关联。如果一个国家侵犯了跨国公司的自由贸易权，跨国公司有权对相应国家采取措施，这是世贸组织赋予跨国公司的一项权利。这种现象事实上削弱和破坏了国家的主权和民主进程，同时也会压制劳工权利，这些都显示出全球化进程增加了当地的脆弱性。

二是全球化表现为一种过程，而不是一个结果和一种制度或意识形态。全球化是一把双刃剑，其负面作用对发展中国家比发达国家更大。历史上社会进步和飞跃最终都对人类社会有利，但不可避免地都伴随着剧烈的社会阵痛。一方面,现有的全球化导致南方国家经济与社会解体,民族工业面临严峻的生存和发展危机,发达国家将其发展模式强加给发展中国家,试图消除南方国家的文化及其特性。另一方面,由于现行的国际经济秩序不合理,发达国家的合作、财政和信贷政策没有考虑到发展中国家的经济要求,全球化进程中"资本流遍全球,利润留向西方"的现象,导致南北矛盾进一步激化,在经济全球化迅猛推进的过程中,南北差距日益加大。发达国家在世界技术发展中掌握着大部分的先进技术、雄厚的资产、资本、资金,带来的是在新形势下国际竞争中的优势。发展中国家,技术、资金实力相对比较薄弱,大多依靠廉价劳动力、本国的矿产资源换取外汇资金,其资产效率转化率低、社会发展的环境成本相对较高,造成不同地区之间的贫富差距不断增大。如欧美发达国家与非洲、拉美等发展中国家之间的经济差距在不断的拉大。

全球化的发展导致财富地区分布不均、群体分布不均。一些发展中国家由于经济发展相对落后,其城市的基础设施建设、交通、通信以及信息技术方面与发达国家之间存在较大的差距。在灾害防御中基础设施建设和先进的技术是减小社会易损性的重要方面,可以降低人们在面对自然灾害时的风险程度。因此,在自然灾害面前一些发展中国显得尤为易损和脆弱。无论是在发展中国家还是在发达国家,经济发展导致社会财富的分布不均。一些居住于贫民窟者、流浪汉、无家可归者、得不到社会救济的底层社会人员,在社会群体中属于弱势群体,灾害的防御能力极差,易成为最广泛的灾害受害者。

三是高风险成为全球化时代的主要特征,社会发展的不确定性增加。风险的全球化已成事实,越来越多的技术事故和过去几乎不存在的意外事件层出不穷。例如,目前许多国家正准备处理化学、生物、核事故和大规模毁灭性武器对人类健康和生命可能造成的威胁日益增加，更大、更致命的自然危害—包括天气事件、大地震、海啸的时常爆发，以及新的"信息时代"出现新的技术事故和灾害种类可能带来的社会风险日益突出（比如，一次电讯瘫痪的技术事故可以造成银行系统混乱，由于通信的中断，个人、企业、银行之间不能有效联系，付款、信用卡验证以及检查结算等都会出现重大问题；随着越来越多的先进的工业社会的关键系统迁移到互联网，他们变得容易受到间谍、黑客和其他的恶作剧等新形式的破坏活动）。面对风险，我们不能消极地对待，风险总是要规避的，但积极地冒险精神是一个充满活力的经济和不断创新的社会中最积极的因素。生活在全球化的时代意味着我们要面对更多的各种各样风险。

二　全球化背景下的自然灾害发展新特点

全球化的发展增强了人类征服自然世界的能力，也加快了人们改造自然环境的速度。在一定程度上，全球化的发展间接导致全球环境的变化，包括全球大气环境的变化、全球气候的变化、全球地表利用形式的变化、全球水环境的变化等。人类行为的干扰导致全球环境的变化已经成为共识，全球气候变化更是对自然生态系统和人类社会系统造成巨大的、深远的影响。我们将会面临更多新的、不确定的灾害风险。

从工业化发展开始，大量化石燃料的燃烧，二氧化碳、甲烷等温室气体的排放导致全球气候变暖出现温室效应；大量的硫氧化物、氮氧化物的排放导致酸雨危害的加重；大量含氟氯烃化合物的制冷剂的使用导致大气臭氧层的破坏，紫外线对地球辐射的增强；人类活动对大气环境的改变，引起了全球气候环境的变化，进而打破全球的水圈、生物圈、智慧圈层的平衡状态，引发各种自然灾害。在全球化和全球气候变化的背景下，新时期自然灾害又表现出新的特点：

（1）由人类不合理的生产活动导致的自然灾害事件或技术性的灾害事件在持续增多。包括，生态环境破坏、环境污染、生物科技风险、海洋污染、核辐射等。如：2010 年 8 月 7 日甘肃舟曲特大泥石流，造成 1434 人死亡，失踪 430 人，给人民的生命安全带来巨大的危险。舟曲泥石流的爆发原因，除了特殊的自然地理条件、地质地貌、持续的强降水有关之外，与当地的植被破坏、生态环境持续恶化有一定的关系。2011 年 3 月 11 日日本东北部发生 9.0 级地震，大地震造成的次生灾害福岛核电站核泄漏，核辐射对日本福岛地区的影响是非常深远的。人类社会技术的飞速发展，给社会带来便捷、改造自然能力增强的同时也增加了诱发各种自然灾害的风险。

（2）全球气候环境的变化，导致局部地区和全球环境频繁出现极端的气候事件，其强度和频率在不断增加。在全球天气气候变化背景下的台风（飓风）、高温热浪、浓雾等极端的天气气候现象呈现出强度加强、破坏力增大的趋势。最近 35 年来，全球强台风（飓风）已明显增加，自 20 世纪中期以来在北太平洋、北大西洋大约出现约 4500 次台风（飓风），能量平均增强了 50%。在孟加拉，1970 年 11 月和 1991 年 4 月的飓风分别造成超过 30 万人死亡和近 14 万人死亡的灾难。在印度，2002 年出现持续罕见高温，622 人死于热浪。部分地区甚至达到了49.5℃。在海德拉巴，即使在一些降雨充足的沿海地区，也有很多人因为中暑而死亡。因热浪而死亡的人主要是穷人、老人和苦力。如，农民和人力车夫。[1]

在全球气候变暖背景下，极端天气气候事件出现了趋强增多

---

[1]　http://www.chinadaily.com.cn/gb/doc/2002—05/17/content ＿ 23018.htm[EB/OL]，2002—2012。

之势。造成天气气候异常的原因很复杂，但最直接的原因是水循环发生了变化、大气环流出现了异常。2010 年长江中下游地区旱涝急转，6 月份之前，长江中下游地区发生了近 60 年来最严重的冬春持续气象干旱；进入 6 月份后，这一地区遭受严重暴雨洪涝灾害，接连 4 轮强降水过程的降水量为近 60 年历史同期最多。①

　　2011 年冬天的强劲寒流横扫欧亚大陆，多地出现百年一遇的极端低温现象。低温雨雪天气引发了交通瘫痪、电力供应中断，供暖供电供气受影响，学校停课，多国进入紧急状态，300多人死于严寒或与寒冷天气相关的疾病与事故。有科学家称欧洲之寒未改全球变暖趋势，全球冷热不均将成常态。厄尔尼诺现象、拉尼娜现象等影响全球性的极端气候事件将会不断增加。（ http：//scitech. people. com. cn/GB/17025918. html ［ EB/OL ］，2012）

　　（3）自然灾害的影响更为深远、灾害链更长、引发更多、更复杂的次生灾害或衍生灾害。自然灾害的发生并不是单一的、孤立的，往往会在某一时间、某一地区集中出现、形成灾害链和灾害群。在新时期，社会构成越来越复杂、人类对自然的影响范围不断扩大，灾害对社会的影响深度和广度也在不断的增加。2008 年中国南方湖南、湖北、贵州、安徽等地受强冷空气影响，出现极端的寒冷天气，造成大范围的降温和雨雪天气过程。冰冻灾害导致道路中断，大量旅客滞留；冰冻灾害造成输电线路大面积损毁，大部分县市的电力瘫痪，不仅对受灾地区的经济带来巨大损失，还对人民的生活、生命财产安全产生重大影响。此次雪灾造成 10 省区 3287 万人受灾，倒塌房屋 3. 1 万间；直接经济损

①　http：//news. enorth. com. cn/system/2011/06/06/006693352. shtml ［EB/OL］，2011.

失 62.3 亿元。

（4）自然灾害之间的相互影响作用不断加强，相关联性的灾害之间有可能会出现恶性循环。如，洪涝灾害在冲毁房屋农田的同时又加剧水土流失和崩塌、滑坡、泥石流，崩塌、滑坡、泥石流等自然灾害反过来又加剧了水土流失和洪水灾害的发生几率和破坏程度；旱灾加剧了风灾、沙尘暴等灾害，风沙、沙尘暴等自然灾害反过来又促使旱灾的发展，多种自然灾害之间相互作用，形成恶性循环。

三　全球化引起灾害社会风险的增加

全球化的发展引起地区之间、社会群体之间的贫富差距在不断扩大。发达国家掌握着大部分的先进技术、雄厚的资产、资本、资金，在新形势下具有国际竞争的优势，是国际新秩序的倡导者和建立者。发展中国家，技术、资金实力相对比较薄弱，大多依靠廉价劳动力、本国的矿产资源换取外汇资金，其资产效率转化率低、社会发展的环境成本相对较高。最终结果，造成不同地区之间的贫富差距不断增大。如，欧美发达国家与非洲、拉美等发展中国家之间的经济差距在不断的拉大。一些发展中国家由于经济发展相对落后，其城市的基础设施建设、交通、通信以及信息技术方面与发达国家之间存在较大的差距。用于自然灾害防御的基础设施，社会保障、社会救助的制度建设、管理资金等存在明显的差距。在自然灾害面前，一些发展中国显得尤为易损和脆弱。在社会群体中，经济发展必然导致社会财富的分布不均，以财富占有量的不同出现不同的社会阶层。一些居住于贫民窟、流浪汉、无家可归者、得不到社会救济的社会底层人员，在社会群体中属于弱势群体，灾害的防御能力极差，易成为最广泛的灾害受害者。

全球化的发展使得发达国家越来越多的高能耗的、对环境破坏严重的企业转移到不发达国家和地区。将诱发自然灾害的风险转移到其他国家，但同时又缺乏合理的生态补偿机制和法律措施，导致一些不发达国家面临更高的自然灾害风险。

当今世界和平与发展是时代主题，但也存在着局部冲突与战争。世界经济的迅猛发展，导致不同国家和地区的利益关系发生矛盾冲突。一旦矛盾不可调和将会爆发局部的战争和冲突，尤其是资源和战略位置的争夺。陷于战争和武装冲突的地区，社会难以稳定，恐怖主义和极端分子活动猖獗。战争造成社会动乱，经济生产遭到了破坏、失业人口的不断增加、社会保障、社会救助机制成为空谈、难民数量在不断增加、社会环境不断恶化、医疗救助难以为继、社会的易损程度陡然升高，甚至爆发人道主义危机。此时在自然灾害面前，人们只能被动地接受和适应，生活极其困难、社会保障难以实现，增加了社会的易损性。

随着世界经济、政治、文化发展的全球化进程不断加速，人员交流越来越密切，导致某些疾病的传播速度在加快、影响范围在扩大。比如：SARS、禽流感、艾滋病等。从1983年，人类首次发现艾滋病（HIV）患者到目前全世界艾滋病患者达4000万人，而且受感染的人群还在不断地增加。全球化的发展导致，自然灾害的影响范围、影响程度都在不同程度地扩大。全球化发展对自然灾害的影响，给社会的自然灾害管理带来了新的压力和挑战。在全球化背景下，没有哪一个国家能够完全脱离全球经济系统，免受全球性的困扰而独善其身，特别是大范围的自然灾害和巨灾来袭。全球性的灾害问题，需要国际之间的合作和交流，需要建立全球性的灾害应急管理体制。自然灾害的全球治理也将会成为未来灾害管理的一种趋势。全球化背景下，自然灾害不再是单一国家、单一部门、单一区域性的灾害问题，而成为全人类共同面临的全球性问题，需要国际之间的合作和交流。由此而产生了许多的减灾组织，它不仅包括街道社区范围内的减灾组织、还包括了众多的国际减灾合作组织，如国际红十字会、中华慈善总会、双边和多边组织、跨国公司和一些非营利性组织，甚至还有个别私人部门也参与到防灾减灾的过程中。全球化的发展使得国际联合防灾减灾成为可能，同时也成为一种必然的趋势。全球化要求防灾减灾组织形成社会化、组织化、全民参与性的更为广泛的防灾减灾体系，去应对出现的复杂的多变的各种灾害。

全球化的发展对自然灾害管理，提出了新的机遇与挑战。由于，全球社会、经济、文化、交通和各种交流手段的革新，世界联系更加密切。在应对自然灾害管理时，同时也表现出全球合作治理的优势。如，世界各国政府、人道主义组织、保险企业、跨国公司等在汶川地震、海地地震中给予了大力的支持与帮助，成为救灾中的有效力量之一，在国际防灾救灾合作与交流中起到了积极的作用。

四　全球化对灾害社会易损性的双重影响

全球化对于自然灾害管理既是机遇又是挑战。如果全球化发展有助于社会的应对自然灾害的防御能力加强，社会易损性减小，就有可能会减小灾害所带来的损失；相反，如果全球化的发展导致人类不合理的行为加剧，加重人地关系的矛盾，自然灾害的社会易损性就有可能会升高，放大自然灾害给人类社会带来的损失。

（一）全球化发展对自然灾害的社会易损性缓冲

自然灾害既具有自然属性又具有社会属性，最根本、最终作用的是其社会属性。某些自然灾害的发生方式是客观的、不以人的意志为转移的。比如，地震、火山喷发、海啸等破坏力强大的自然灾害。一些自然灾害是由人为活动引起并加强其破坏力的。比如，环境污染和生态破坏等人为引起的自然灾害。无论是哪一种自然灾害，其发生发展都具有一定的规律性。只要能正确认识自然灾害发生的客观规律，就有可能减小自然灾害对人类社会环境带来的损失。

自然灾害对社会造成的损失大小和影响程度，与一个国家的经济、科技发展水平、综合国力、社会制度以及相关的防灾减灾体系有着密切的关系。一般情况下，科技、经济发展水平越发达，综合国力越强、防御和减轻自然灾害的能力越强，自然灾害社会易损性就越低，造成的人员伤亡和对社会的影响就越小。

在全球化进程的推动下和国际减灾十年（IDNDR）的倡导下，中国积极参与到国际防灾减灾中。特别是进入 21 世纪之后，中国政府高度重视自然灾害的防御和灾害的恢复工作。先后发射了风云系列卫星、遥感、雷达、地理信息系统等新兴技术在防灾科技中的应用，为国家防灾减灾体系提供了技术的支持。另外，在全国建立了 3 万多个气象观测站，并加强了天气气候灾害人员预报预测能力的培养。在台风、暴风雨（雪）、沙尘暴、高温热浪等气象灾害来临之前能够准确地进行预测和预报，使人们及时做好防灾减灾的应对准备。现在，国际之间不断建立新课题，加强对新技术、新方法的研究，使其应用到自然灾害的防范和管理中。实践证明全球化能够推动全世界的科学技术进步，而科学技术的进步是实施防灾减灾、减小自然灾害社会易损性的重要方面。

国际防灾减灾体系的建立，有助于加强地区的自然灾害管理，自然灾害管理是减小自然灾害社会易损性的重要手段。国际减灾十年（IDNDR）、全球变化人类行动计划（IHDP）、全球气候变化大会等国际间政府、非政府组织之间积极参与全球的自然灾害治理，致力于提高社会对灾害的防范能力和适应能力，特别是发展中国家在防灾减灾方面的管理、教育、培训，推广灾害管理的经验、技术和管理方法等，着眼于范围更为广阔的国际灾害防灾减灾合作计划。基于社区减灾，加强社区的灾害防御宣传教育和灾害的管理能力，不断完善自然灾害的直接管理体系。贫穷是造成自然灾害社会易损性加重的主要原因之一，国际扶贫基金会、国际红十字会、国际人道主义协会等非政府组织积极参与国家和地区的扶贫工作，消除贫穷是增强社会对自然灾害的抵抗能力、减小社会的易损性的重要手段。

在全球防灾减灾管理体系的推动下，防灾减灾工程建设成为减小自然灾害社会易损性的重要途径。在灾害防范工程建设方面，我国家积极开展水利工程、水土保持、生命线工程等方面的建设。在重大流域进行了水利建设，如三峡工程、小浪底工程等有效地调节了水量的时间分配，加强了长江、黄河的防洪能力；南水北调工程、农村饮水保障工程等有效地缓解了区域旱情、长期缺水的状况以及人畜饮水困难的状况。在生态环境保护方面，在全国范围内实施了防止水土流失的小流域水土保持综合治理工程等。如，在国家战略上建立了东北、华北、西北生态防护林带工程，沿海防护林工程等；在区域上，建立了长江中上游防护林工程、黄土高原水土流失小流域治理工程、南方低山丘陵地区水土流失防护林工程等，为促进国家生态环境建设起到了有效的作用。

全球化有助于全球防灾减灾体系的建立，有助于全球防灾减灾的经验、技术、资源的共享和自然灾害救助模式的建立。在全球社会防灾减灾体系的基础之上，一定程度上能够减小地区的社会易损性的程度，增强社会抵御自然灾害的能力。比如，在汶川地震中我国得到了俄罗斯、日本等国家提供的灾害搜救队员的帮助，并在技术上得到了欧洲航空局、美国等国家和地区的技术支持。因此，国际救灾的合作和防灾减灾经验的交流，将成为防灾减灾和国际救灾的必然要求。

（二） 全球化发展对自然灾害的社会易损性加剧

全球化发展对自然灾害影响具有两面性，在一定程度上既具有减小社会易损性的作用，同时也具有扩大社会易损性的作用。全球化的发展带动了世界经济的飞速发展、促进了世界在灾害防御技术、管理等方面的交流合作，在很大程度上有助于减小整个社会的易损性程度，但是全球化进程中不可避免地对自然环境、社会环境产生负面的影响，从而加大了部分地区的社会易损性程度。

全球化的发展加速了城市化的进程，城市化的发展已经进入了飞速发展的阶段。比如，中国的城市化水平 1990 年时只有 26.4%，而到了 2010 年城市化水平已经上升到 49.95%。改革开放 30 年间中国的人口城市化水平几乎增加了一倍。城市化造成人口集中在城市和城镇，一批大城市、特大城市不断涌现，而大城市人口的不断膨胀造成了许多城市问题，人口增加的速度超过了城市市政建设的速度，道路拥堵、排水不畅、城市内涝、大面积路面硬化、高层建筑的不断增多、社会财富的两极分化、犯罪率的上升等，增加了灾害爆发的给社会灾害管理、灾害增加了社会的易损性程度。

全球化使得全球科学技术的通过合作交流不断进步，为灾害管理和灾害防御提供了大量的技术支持，有助于减小灾害的社会易损性。但是，科学技术是一把双刃剑，对人们生活水平的提高和灾害防御具有有益的一面，同时也增加了潜在的灾害风险。比如，2011 年 3 月 11 日发生在日本宫城县东部太平洋的大地震引发大规模海啸，造成重大人员伤亡，并引发日本福岛第一核电站发生核泄漏事故。核能利用是 20 世纪之后的新技术，和平利用核能有助于缓解地区能源不足带来的压力。但是，核能的利用反

而增加了地区的危险程度，一旦遭遇不可抗拒的自然力量而发生
核泄漏，其核辐射对地区环境的影响是难以在短时间内消除的。
另外，生物和化学技术的应用也增加了潜在的灾害风险。比如，
在现在农业生产中过度使用化肥，造成土地板结肥力下降；过度
使用农药造成食物中农药残留超标危害人们的身体健康；食品中
防腐剂等添加剂的使用导致现在社会对食品安全的担忧。所以
说，具有潜在危险的新技术的利用，在一定程度上也是增加了社
会潜在的灾害风险和易损程度。

全球化的发展导致国家和地区之间的矛盾和利益冲突在不断
加剧，局部战争社会风险也在不断的上升。局部地区的社会不安
定因素导致社会的极端主义组织、恐怖主义组织、国家分裂组织
的存在。这些组织的极端做法不仅破坏了人们和平安定的生活环
境，而且加重了地区在遭遇自然灾害时的易损程度。如果没有安
定和平的社会环境、人类抵御自然灾害的能力将会下降、在自然
灾害面前将会遭受巨大的损失。

五   全球化背景下的防灾减灾全球合作的必要性

在灾害管理中从古至今都在寻求躲避灾难和灾害的方法和措
施，也积累了很多有价值的经验。随着全球化进程的加速，全球
化又给人们在防灾减灾领域带来了新的压力和思考，使人们对防
灾减灾又有了新的认识。

全球化是社会经济大发展和科技进步的结果，它是一种发展
过程，也是一种不可阻挡的发展趋势。全球化给人类带来了巨大
的发展机会，促进了全球城市化的飞速发展，经济一体化的发
展，以及人类科技的巨大进步。然而，在短期内也带来了很大的
风险，产生一些负面的影响：贫富差距的扩大、局部地区或某些
行业失业人口的剧增、某些地方艾滋病的流行、环境的恶化等

等。据联合国网站报道，联合国国际减灾战略（UNISDR）2010年1月24日公布的最新统计数据显示，2010年自然灾害频发，使近30万人失去生命，2亿1000万民众受影响，造成预计高达1100多亿美元的经济损失。根据减灾战略提供的数据，2010年全球共计发生了373起自然灾害，洪水是发生频率最高的自然灾害，全球共有大小洪灾182起。另外，全球范围内还发生了83起风暴、29起极端天气以及23起地震。减灾战略指出，2010年发生的自然灾害造成了20年来最为严重的人员伤亡。其中，2010年1月12日发生在海地的强地震以及发生在俄罗斯的热浪和森林大火造成的人员伤亡最为惨重。由此联合国秘书长减少灾害风险特别代表瓦尔斯特伦（Margareta Wahlstrom）说："灾难预警机制再也不应当只是一个可有可无的选择，如果各国不从现在就开始行动起来，人类将为自然灾害付出更大的代价。"

全球化背景下，自然灾害不再是单一国家、单一部门、单一区域性的灾害问题，而成为全人类共同面临的、全球性的问题，需要国际之间的合作和交流。由此而产生了许多的减灾组织，他不仅包括街道社区范围内的减灾组织、还包括了众多的国际减灾合作组织如：国际红十字会、中华慈善总会、双边和多边组织、跨国公司和一些非营利性组织，甚至还有个别的私人部门也参与到防灾减灾的过程中。全球化的发展使得国际联合防灾减灾成为可能，同时也成为一种必然的趋势。全球化要求防灾减灾组织形成社会化、组织化、全民参与性的更为广泛的防灾减灾体系，去应对出现的复杂的多变的各种灾害。

六　全球化背景下自然灾害社会易损性研究的趋势

随着全球化的不断发展，自然灾害发生和发展都出现了一些新的特征，在自然灾害管理中也提出了新的、更高的要求。自然灾害社会易损性是人类社会在灾害面前固有的社会属性，其研究从灾害作用的最终对象为基础和出发点，以提高社会经济水平和灾害管理水平为基本途径，以增强社会抵御自然灾害的能力为目的。

自然灾害社会易损性是一个复杂的、多要素、非线性的开放系统研究，是潜在的灾害可能对人类社会带来的损失，这种损失既是社会个体的损失，也是社会整体的损失，同时也是社会整体抗灾能力的综合反映。它涉及人们的生命安全、健康状况、生存条件、社会财富、生产能力、社会秩序、社会恢复能力等方面，是人类自身、社会建构和文化价值的固有特征和社会的固有属性。

（1）现在易损性的概念界定和研究方法上还有一定的差别，但是国家、社会和个人逐渐认识到社会易损性研究对自然灾害防御工作的重要性、可行性。社会易损性研究具有多要素、多维度、多尺度性的特点，进行社会易损性的评价对国家、省区、县域乃至社区、个人规避自然灾害风险，具有一定的指导意义和参考价值。可是，现在对灾害社会易损性研究的方法还没有形成统一的评价模式和标准，造成不同的研究结果之间难以进行统一比较。

（2）易损性的概念也是一种管理，它把灾害关注的重心从自然事件转移到人类社会本身，关注人类社会的安全和可持续发展，关注社会弱势群体和落后地区，关注社会的公平；它把管理空间从灾后的响应和恢复拓宽到灾前的预防和备灾，从部门的应急行为拓展到全社会的日常行为。因此，易损性的概念将有利于区域社会发展规划和开发过程的改善，也有利于社会民主化和人权的发展。

（3）社会易损性研究是一个跨学科的科学问题，它涉及自然、社会、经济、文化、道德伦理、心理等多种复杂因素，需要社会学家、科学家、经济学家、医学家和工程家等的合作，为寻求科学的减灾防灾方法，建立更加安全的、可持续发展的社会共同努力。

（4）目前，社会易损性研究主要是对地区社会易损性作出评价，以社会易损度来衡量社会易损性大小和易损程度。随着社会易损性研究的发展，逐渐转向社会易损性与保险、社会易损性与灾害恢复建设、社会易损性与土地利用评价、社会易损性与区域规划、社会易损性与区域开发、社会易损性与社会结构等多层次、多方面的具体研究。

参考文献

戴维·哈维：《后现代的状况：对文化变迁之缘起研究》，商务印书馆2003年版，第284页。

戴星翼、唐松江、马涛：《经济全球化与生态安全》，科学出版社2005年版。

郭跃：《灾害易损性的回顾与展望》，《灾害学》，2005，20（4）：92—96。

李鑫、郭安宁、赵泽贤：《日本东北9.0级大地震与台风的成链关系》，《灾害学》2012年第2期。

民政系统应对低温雨雪冰冻灾害专题网站［EB/OL］http：//www. mca. gov. cn/article/special/xz/。

《南方六省旱区出现强降雨天气》，http：//news. enorth. com. cn/system/2011/06/06/006693352. shtml［EB/OL］，2011—06—06/2011—04—06。

《欧亚现百年低温极端天气》，http：//scitech. people. com. cn/GB/17025918. html［EB/OL］，2012—02—06/2011—04—06。

秦大河：《区域应对与防灾减灾：气候变化背景下极端事件相关灾害影响及应对策略》，科学出版社2009年版。

《印度持续罕见高温，622人死于热浪》，http：//www. chinadaily. com. cn/gb/doc/2002—05/17/content_ 23018. htm［EB/OL］，2002—05—17/2012—04—06。